全国高等卫生职业教育高素质技能型
人才培养"十三五"规划教材

供药学、医学检验技术及生物等相关专业使用

无机化学

主　编　付煜荣　罗孟君　卢庆祥

副主编　刘忠丽　丁润梅　李海霞

编　者　(以姓氏笔画为序)

丁润梅　宁夏医科大学

付煜荣　海南医学院

卢庆祥　枣庄科技职业学院

白　熙　长治医学院

刘忠丽　枣庄科技职业学院

李海霞　海南医学院

罗孟君　益阳医学高等专科学校

蒋广敏　枣庄科技职业学院

谢小雪　皖北卫生职业学院

华中科技大学出版社
http://www.hustp.com
中国·武汉

内 容 提 要

　　本书是全国高职高专药学、医学检验技术专业"十三五"规划教材。

　　本书内容包括绪论、溶液和胶体、化学反应速率和化学平衡、电解质溶液和酸碱平衡、沉淀-溶解平衡、氧化还原与电极电势、原子结构和元素周期律、共价键和分子间作用力、配位化合物、s区元素、p区元素、d区和ds区元素，以及元素与人体健康。在理论知识之后，编排有无机化学实验。正文后列有能力检测答案、附录和参考文献等。

　　本书适合高职高专药学、医学检验技术专业学生使用，也适合生物等相关专业学生使用。

图书在版编目(CIP)数据

无机化学/付煜荣，罗孟君，卢庆祥主编.—武汉：华中科技大学出版社，2016.7(2021.8重印)
全国高等卫生职业教育高素质技能型人才培养"十三五"规划教材.药学及医学检验专业
ISBN 978-7-5680-1697-1

Ⅰ.①无…　Ⅱ.①付…　②罗…　③卢…　Ⅲ.①无机化学-高等职业教育-教材　Ⅳ.①O61

中国版本图书馆 CIP 数据核字(2016)第 080489 号

无机化学　　　　　　　　　　　　　　付煜荣　罗孟君　卢庆祥　主编
Wuji Huaxue

策划编辑：荣　静
责任编辑：王新华
封面设计：原色设计
责任校对：张　琳
责任监印：周治超
出版发行：华中科技大学出版社(中国·武汉)　　电话：(027)81321913
　　　　　武汉市东湖新技术开发区华工科技园　　邮编：430223
录　　排：华中科技大学惠友文印中心
印　　刷：武汉中科兴业印务有限公司
开　　本：787mm×1092mm　1/16
印　　张：14.5　插页：1
字　　数：351千字
版　　次：2021年8月第1版第5次印刷
定　　价：39.80元

前言

QIANYAN

本书根据华中科技大学出版社组织的"十三五"规划教材编写研讨会精神,突出高素质、技能型人才的培养要求,强调"三基"(基础理论、基本知识、基本技能),坚持"必需、够用为度"的原则。根据高等卫生职业教育药学及医学检验技术专业的培养目标和要求,本书重点阐述无机化学基本概念和基本理论,充实专业实例,突出药学、医学检验技术等专业特点,优化了教材内容,对一些内容进行了删减或合并。比如,考虑到后续开设的物理化学课程中会对"化学热力学"和"化学动力学"两部分内容有较为详细的叙述,为避免重复教授,在本书中压缩了这两部分内容,合并为"化学反应速率和化学平衡"。合并后的章节包含"化学平衡常数的表达",与后续的"酸碱平衡"等平衡理论可以很好地衔接。

为适应化学与医药学相互渗透的发展需求,适当增加了自学内容(标有 * 号)和"知识拓展",有利于激发学生学习无机化学的兴趣。为方便教学,在每章正文前列出与教学大纲相对应的"本章要求",正文后提供"能力检测",便于学生在学习过程中对照要求自我检测,及时查找不足,补齐"短板",在理论知识之后,编排有无机化学实验。实验内容既与理论知识相联系,又相对独立;既包括基本操作练习的内容(实验1、实验2),也有综合性实验(实验3~实验10),还增加了有助于提高学生创新思维的方案设计实验(实验11)。全书正文后列有能力检测答案、附录和参考文献等。

本书适应高等卫生职业教育教学特点,避免成为本科教材的精编版。

本书采用以国际单位制(SI)为基础的中华人民共和国法定计量单位和国家标准(GB 3100~3102—1993)中所规定的符号和单位。

本书按照65~70学时,分12章编写,编写人员包括:海南医学院付煜荣(绪论、第六章"原子结构和元素周期律"和实验1)、益阳医学高等专科学校罗孟君(第一章"溶液和胶体"、第七章"共价键和分子间作用力"和实验2)、枣庄科技职业学院刘忠丽(第二章"化学反应速率和化学平衡"和实验3)、枣庄科技职业学院蒋广敏(第三章"电解质溶液和酸碱平衡"和实验6)、枣庄科技职业学院卢庆祥(第四章"沉淀溶解平衡"、实验4和实验5)、宁夏医科大学丁润梅(第五章"氧化还原与电极电势"和实验7)、海南医学院李海霞(第八章"配位化合物"和实验8)、长治医学院白熙(第九章"s区元素"、第十章"p区元素"和实验9、实验11)和皖北卫生职业学院谢小雪(第十一章"d区和ds区元素"、第十二章"元素与人体健康"和实验10)。海南医学院李海霞协助主编对全书进行了整理。

在本书编写过程中得到了宝鸡职业技术学院宋克让教授、南京医科大学祁嘉义教授的帮助与支持,在此表示衷心感谢!

由于编者水平所限,书中不足之处在所难免,恳请广大读者批评指正!

编 者
2016 年 1 月

目录

MULU

绪论

一、化学研究的对象和发展史

化学是研究物质组成、结构、性质、变化规律和变化过程中能量关系的一门科学。化学变化的基本特征是有物质发生质变，并同时伴随着能量变化。

化学研究的对象是自然界中的各种各样的物质。浩瀚的宇宙和地球上人类用肉眼能见到的和不能直接观察到的以原子或分子形态存在的物质，都是我们要了解和研究的对象。

化学学科从古代就已经开始了。中国的原始人已会用黏土烧制陶器，并逐渐改进和研制出彩陶、白陶、釉陶和瓷器等。在金属冶炼方面，观察到铜矿石如孔雀石（碱式碳酸铜）与燃烧的木炭接触而被分解为氧化铜，进而掌握了以木炭还原铜矿石的炼铜技术。以后又陆续掌握炼锡、炼锌、炼镍等技术。在春秋战国时期中国已掌握了从铁矿冶铁和由铁炼钢的技术，公元前 2 世纪发现铁能与铜化合物溶液反应产生金属铜，这个反应后来成为生产铜的方法之一。

化学学科的发展和药物密不可分。药物的制备要追溯到古代。古代的"炼丹术士"是化学科学的先驱者，他们最初的目的是炼制出能让人长生不老的"仙丹"和发现"点石成金"的"仙术"。公元 2 世纪，我国东汉时期著名医学家华佗发明了"麻沸散"，被中国世界纪录协会列为世界最早的麻醉剂；公元 7 世纪，中国即有用焰硝（硝酸钾）、硫黄和木炭做成火药的记载。明朝宋应星在 1637 年刊行的《天工开物》中详细记述了中国古代手工业技术，其中有陶瓷器、铜、钢铁、食盐、焰硝、石灰、红矾和黄矾等几十种无机物的生产过程。此外，中国传统中药中有矿物药石膏（硫酸钙，有清热作用）、朱砂（硫化汞，有镇惊安神之功）等。西医用笑气（一氧化二氮）、乙醚、氯仿等化学麻醉剂进行外科手术已有 150 年左右的历史。西药都是纯度较高的化学品，有 200 多年的历史。

在欧洲文艺复兴时期，出版了一些有关化学的书籍，第一次有了"化学（chemistry）"这个名词。英语的"chemistry"起源于"alchemy"，即炼金术。"chemist"至今还保留着"化学家"和"药剂师"两个含义。这也证明了化学最早来源于炼金术和制药业。

化学的发展经历了燃素化学时期、定量化学时期和现代化学时期。

（1）燃素化学时期：从 1650 年到 1775 年，随着人们在冶金和实践经验的不断积累，人们认为可燃物的燃烧是因为它含有"燃素"，燃烧的过程是其中"燃素"放出的过程，可燃物放出"燃素"后成为灰烬。

（2）定量化学时期：1775 年前后，拉瓦锡用定量化学实验证明了燃烧是氧化过程，开创了定量化学时期。这一时期建立了不少化学基本定律，提出了原子学说，发现了元素周期律,发展了有机结构理论。所有这一切都为现代化学的发展奠定了坚实的基础。

（3）现代化学时期:二十世纪初,量子论的发展使化学和物理学有了共同的语言,解决了化学上许多悬而未决的问题;另一方面,化学又向生物学和地质学等学科渗透,使蛋白质、酶的结构问题逐步得到解决。

二、化学的分支学科

1. 无机化学

研究的主要对象:元素及其化合物(除碳氢化合物及其衍生物外)。

研究的主要内容:元素、单质及无机化合物的来源、制备、性质、变化和应用。

2. 分析化学

主要研究对象:分析方法及其有关理论。包括对物质进行定性分析和定量分析研究。

3. 有机化学

研究的主要对象:碳氢化合物及其衍生物。

研究的主要内容:有机物性质、结构、合成方法、有机物间的相互转变及其变化规律和理论。

4. 物理化学

主要研究内容:化学热力学、化学动力学、电化学、表面化学以及物质结构。

化学的发展,使化学各分支的界限越来越模糊,交叉学科、应用学科不断涌现。如生物化学、环境化学、食品化学、精细化学品化学和材料化学等。

现在,化学和我们的日常生活息息相关,化学科学的发展也促进了人类社会文明的进步,提高了人们的生活质量。各领域科学技术的创新也离不开化学,化学的重要地位逐渐被科学界认可,化学已成为各门自然科学的中心学科。

三、化学与医学、药学和临床检验等学科的关系

医学的许多领域都涉及化学知识。如医学所研究的生理和病理现象与体内物质的代谢作用密切相关,而代谢与体内的化学变化相关联。疾病的诊断需进行血、尿等生物样品的检验,临床检验常依靠化学方法进行。疾病的治疗所使用的药物,常采用化学合成和化学分离方法制备,其药理作用、毒副作用和药物间的配伍也与其化学性质密切相关。

在卫生监督、疾病预防等方面常需进行饮水分析、食品检验、环境检测,都依赖于化学。

四、无机化学的重要性

无机化学是化学类课程的基础,主要研究元素及其化合物,研究的具体内容如下:

（1）四大化学平衡:包括酸碱平衡、沉淀溶解平衡、氧化还原平衡和配位平衡等。

（2）物质结构理论:包括原子结构理论、分子结构理论。

（3）化学热力学和化学动力学基本理论。

（4）元素化学:包括元素周期表中 s 区、p 区、d 区和 ds 区等主要元素、单质及无机化合物的性质、来源、制备和应用等。

对于药学和医学检验技术专业,不论在学习后续课程还是在以后的临床实践过程中,都会涉及无机化学的知识。例如,开设的后续课程有有机化学、分析化学、物理化学、仪器

分析、生物化学、药物化学等,要学好这些课程,必须有无机化学的基础知识。新药的研发、检验新方法的建立都和无机化学息息相关。

无机化学是一门理论和实践相结合的学科。通过本课程理论知识的学习,学生可以掌握无机化学理论基础;通过实践活动,学生可以在巩固和验证基本理论的同时,掌握基本的实验技能,培养严谨的科学态度,获得分析问题和解决问题的能力,有利于创新型人才的培养。

五、学习无机化学的方法

要想学好无机化学课程,应做到以下几点:

(1)课前预习。预习的过程中,会产生疑问,带着问题听课,会特别注意课前预习中自己不理解的部分,做到有的放矢。

(2)课堂上认真听讲。课堂是教学中的重要环节。听讲时要紧跟老师的思路,积极思考,听课时适当做些笔记,这样有利于课后复习,提高自学能力。

(3)课后及时归纳总结。本门课程理论性较强,有些概念比较抽象。对于较难学的知识,只靠听讲是不能完全掌握的,要通过不断思考和归纳总结才能逐渐加深理解并掌握其实质。

(4)课后完成作业:课后完成一定量的习题有助于深入理解课堂所学内容。学完一个章节后,要"趁热打铁",按时完成作业,及时消化。

(5)查阅参考书及互联网资源。在学习过程中,阅读一定量的课外参考书是必要的。大学的图书馆和阅览室为我们创造了很好的条件,应根据本人情况善于利用。另外,互联网日趋普及,闲暇时也可以上网查阅相关资料,这对养成独立思考的习惯和提高自学能力有益。

(6)重视实验课。化学是建立在实验基础上的学科,除了学好理论知识外,还必须重视无机化学实验。进行实验不仅能验证理论,而且还能提高动手能力、培养科学素养、形成团队合作精神。只有理论联系实际,才能学好无机化学。

(付煜荣)

第一章 溶液和胶体

本章要求

1. 掌握溶液组成标度的表示方法、渗透压的有关概念及其有关计算、溶胶的稳定性及聚沉。
2. 熟悉非电解质稀溶液的依数性、胶体的性质、渗透压在医学中的意义。
3. 了解分散系的分类和性质、大分子溶液的性质及对溶胶的保护作用。

 第一节 分 散 系

一、分散系

分散系（dispersion system）是一种或几种物质的微粒分散在另一种物质中所形成的体系。其中，被分散的物质称为分散相（dispersion phase）或分散质，容纳分散相的物质称为分散介质（dispersion medium）或分散剂。例如，消毒用的碘酊就是碘分散在乙醇中形成的分散系，其中碘是分散相，乙醇是分散介质。

二、分散系的分类

不同分散系中的分散相粒子大小不一样，根据分散相粒子大小可将分散系（见表 1-1）分为三种类型：分子或离子分散系、胶体分散系和粗分散系。

表 1-1　分散系的分类及主要性质

分散系类型	溶液	分散相粒子	粒子直径/nm	主 要 特 征
分子或离子分散系	真溶液	小分子或离子	<1	均匀、稳定、透明、能透过滤纸和半透膜
胶体分散系	溶胶	分子或离子的聚集体	1~100	透明度不一、不均匀、相对稳定、不易聚沉、能透过滤纸而不能透过半透膜
	大分子溶液	单个大分子		

续表

分散系类型	溶液	分散相粒子	粒子直径/nm	主 要 特 征
粗分散系	悬浊液	固体颗粒	>100	混浊、不均匀、不稳定、容易聚沉、不能透过滤纸和半透膜
	乳浊液	液体小滴		

1. 分子或离子分散系

分散相粒子直径小于 1 nm（1 nm ＝ 10⁻⁹ m）的分散系称为分子或离子分散系（molecular and ionic dispersion system），又称为真溶液。通常把溶液中的分散相称为溶质，把分散介质称为溶剂。水是一种常用的溶剂，不具体注明溶剂的溶液就是指水溶液，如葡萄糖溶液、氯化钠溶液。

分子或离子分散系中分散相粒子为单个的分子或离子。由于分散相粒子太小，因而它能让光线通过，分散相与分散介质之间也不存在界面，它是一类均匀、稳定、透明的分散系。分子或离子分散系中分散相粒子能透过滤纸和半透膜。

2. 胶体分散系

分散相粒子直径在 1～100 nm 的分散系称为胶体分散系（colloidal dispersion system），主要包括溶胶和大分子溶液。其中把固态分散相分散在液态分散介质中形成的胶体溶液，称为溶胶。

溶胶的胶粒是许多分子、原子或离子的聚集体，分散相与分散介质之间有界面，能让部分光线通过，因而透明度不一。溶胶的主要特征是不均匀、相对稳定、胶粒能透过滤纸但不能透过半透膜。大分子溶液，其分散相粒子是单个大分子，粒子大小在胶体分散系范围内；分散相与分散介质之间没有界面，它是均匀、稳定、透明的体系；分散相粒子能透过滤纸但不能透过半透膜。

3. 粗分散系

分散相粒子直径大于 100 nm 的分散系称为粗分散系（coarse dispersion system）。其分散相粒子是由较多的分子聚集而成。根据分散相状态不同，粗分散系分为悬浊液和乳浊液。如泥浆水、外用皮肤杀菌剂——硫黄合剂等。

分散相是以小液滴分散在另一互不相溶的液体分散介质中所形成的粗分散系称为乳浊液。如乳汁、敌百虫乳剂、外用松节油搽剂等。

粗分散系的分散相和分散介质之间有界面，能阻止光线通过，故粗分散系不均匀、不稳定、外观混浊，不能透过滤纸和半透膜。放置后，悬浊液会出现沉淀，乳浊液会出现分层。

乳浊液在医药上又叫乳剂。乳剂一般不稳定，要使其稳定，必须加入使其稳定的物质，这种物质叫乳化剂。乳化剂是一类表面活性剂，含有亲水基和亲油基，可使分散相的小液滴上形成一层乳化剂薄膜，使小液滴间不易相互聚集。常见的表面活性剂有肥皂、合成洗涤剂、构成细胞膜的磷脂、血液中的某些蛋白质、体内的胆汁盐酸等。

乳化作用在医学上有重要的意义。油脂在体内的消化吸收过程中，依赖于胆汁中胆汁盐酸的乳化作用，可以加速油脂的水解，使水解产物易被小肠吸收。药用油类物质常需乳化后才能内服，如鱼肝油乳剂，其目的是便于吸收和尽量少扰乱胃肠功能。

第二节 溶液的浓度

溶液的性质常与溶液中溶质和溶剂的相对组成有关。稀硫酸能与铁发生置换反应放出氢气;浓硫酸则可使铁钝化,在铁表面生成一层致密的氧化膜以阻止硫酸继续与铁反应。同为硫酸,浓度不同,则性质不同。因此,配制一种溶液,不仅要标明溶质和溶剂的名称,还必须标明溶液的浓度(concentration)。

溶液的浓度是指溶液中溶质和溶剂的相对含量。同一种溶液,根据不同的需要,可选择不同的浓度表示方法。常见溶液的浓度表示方法有物质的量浓度、质量浓度、质量摩尔浓度、摩尔分数、质量分数和体积分数等。

一、物质的量浓度和质量浓度

1. 物质的量浓度 c_B

物质的量浓度(amount of substance concentration),简称为浓度(concentration)。单位体积溶液中所含溶质 B 的物质的量,叫做溶质 B 的物质的量浓度,用符号 c_B 表示,也可用 $c(B)$ 表示。即

$$c_B = \frac{n_B}{V} \tag{1-1}$$

式中 c_B 为溶质 B 的物质的量浓度,n_B 为溶质 B 的物质的量,V 为溶液的体积。物质的量浓度常用的单位为摩尔每升(mol/L)、毫摩尔每升(mmol/L)和微摩尔每升(μmol/L)等。

【例 1-1】 正常人每 100 mL 血浆中含葡萄糖($C_6H_{12}O_6$)100 mg、HCO_3^- 164.7 mg、Ca^{2+} 10.0 mg,求它们的物质的量浓度(单位:mmol/L)。

解: $c_{C_6H_{12}O_6} = \frac{100}{180} \div \frac{100}{1000}$ mmol/L $= 5.6$ mmol/L

$c_{HCO_3^-} = \frac{164.7}{61.0} \div \frac{100}{1000}$ mmol/L $= 27.0$ mmol/L

$c_{Ca^{2+}} = \frac{10.0}{40.0} \div \frac{100}{1000}$ mmol/L $= 2.5$ mmol/L

2. 质量浓度

质量浓度(mass concentration)用 ρ_B 表示。单位体积溶液中所含溶质 B 的质量,叫做溶质 B 的质量浓度。即

$$\rho_B = \frac{m_B}{V} \tag{1-2}$$

在临床检验中,世界卫生组织建议,凡是相对分子质量(M_r)已知的物质,统一用物质的量浓度表示含量,对于 M_r 未知的物质,在人体内的含量可用质量浓度 ρ_B 表示。

物质 B 的质量浓度 ρ_B 与物质 B 的物质的量浓度 c_B 之间的关系为

$$c_B = \frac{\rho_B}{M_B} \tag{1-3}$$

二、质量摩尔浓度和摩尔分数

1. 质量摩尔浓度 b_B

质量摩尔浓度(molality),用符号 b_B 表示,定义为溶质 B 的物质的量除以溶剂 A 的质量,即

$$b_B = \frac{n_B}{m_A} \tag{1-4}$$

式中 n_B 为溶质 B 的物质的量(mol 或 mmol),m_A 为溶剂 A 的质量(kg)。质量摩尔浓度的单位为摩尔每千克(mol/kg)或毫摩尔每千克(mmol/kg)。

【例 1-2】 将 36 g 葡萄糖(摩尔质量是 180 g/mol)溶于 2000 g 水中,求溶液的质量摩尔浓度。

$$b_{C_6H_{12}O_6} = \frac{\dfrac{36\ g}{180\ g/mol}}{2\ kg} = 0.1\ mol/kg$$

对于很稀的水溶液,1 mol/kg 约为 1 mol/L。

2. 摩尔分数 x_B

摩尔分数(mole fraction),用符号 x_B 表示,定义为混合物中物质 B 的物质的量与混合物总物质的量之比。即

$$x_B = \frac{n_B}{\sum_i n_i} \tag{1-5}$$

式中 n_B 为物质 B 的物质的量,$\sum_i n_i$ 为混合物中各组分物质的量之和。x_B 的单位为1。

若溶液由溶质 B 和溶剂 A 两种物质组成,则溶质 B 和溶剂 A 的摩尔分数分别为

$$x_B = \frac{n_B}{n_A + n_B}, \quad x_A = \frac{n_A}{n_A + n_B}$$

式中 n_A 为溶剂 A 的物质的量,n_B 为溶质 B 的物质的量,并且 $x_A + x_B = 1$。

由于质量摩尔浓度和摩尔分数与温度无关,因此在物理化学中应用广泛。

三、质量分数与体积分数

1. 质量分数 w_B

物质 B 的质量分数(mass fraction),用符号 w_B 表示,定义为混合物中物质 B 的质量除以混合物的总质量,即

$$w_B = \frac{m_B}{\sum_i m_i} \tag{1-6}$$

式中 m_B 为溶质 B 的质量,$\sum_i m_i$ 为混合物中各组分质量之和。w_B 的单位为1。

2. 体积分数 φ_B

体积分数(volume fraction),用符号 φ_B 表示,定义为混合物中物质 B 的体积除以混合物的总体积,即

$$\varphi_{B} = \frac{V_{B}}{\sum_{i} V_{i}} \tag{1-7}$$

式中 V_{B} 为物质 B 的体积，$\sum_{i} V_{i}$ 为混合物中各组分体积之和。φ_{B} 的单位为 1。

【例 1-3】 市售浓硫酸的密度为 1.84 kg/L，质量分数为 96%，试求该难挥发非电解质稀溶液的 $c_{H_2SO_4}$、$x_{H_2SO_4}$ 和 $b_{H_2SO_4}$。

解： $M_{H_2SO_4} = 98$ g/mol

(1) 以 1 L 浓硫酸计：

$$c_{H_2SO_4} = (1.84 \times 1000) \times 0.96/98 \text{ mol/L} = 18 \text{ mol/L}$$

(2) 以 100 g 浓硫酸计：

$$x_{H_2SO_4} = \frac{n_{H_2SO_4}}{n_{H_2O} + n_{H_2SO_4}} = \frac{96/98}{96/98 + 4/18} = 0.815$$

(3) 以 100 g 浓硫酸计：

$$b_{H_2SO_4} = \frac{n_{H_2SO_4}}{m_{H_2O}} = \frac{96/98}{4/1000} \text{ mol/kg} = 245 \text{ mol/kg}$$

第三节　稀溶液的依数性

溶解过程是物理-化学过程。当溶质溶解于溶剂中形成溶液后，溶液的性质已不同于原来的溶质和溶剂。溶液的一些性质与溶质的种类（亦即本性）有关，如稀溶液的颜色、味道、状态、密度、体积、导电性和表面张力等。溶液的另一些性质（如蒸气压、沸点、凝固点以及渗透压等）却与溶质的种类（亦即本性）无关，仅仅取决于溶液中溶质粒子的浓度。由于这类性质的变化依赖于溶质的粒子数且又只适用于稀溶液，所以 Ostwald 将这类性质称为稀溶液的依数性（colligative properties of dilute solutions）。本教材主要介绍难挥发非电解质稀溶液，简称为稀溶液。

人体中含有难挥发非电解质和弱电解质，如葡萄糖、氨基酸、多肽、蛋白质等，其在血液中的浓度极低，近似于稀溶液。

一、稀溶液的蒸气压下降

1. 溶剂的蒸气压

在一定温度下，将某纯溶剂，如水置于一密闭容器中，一部分动能较高的水分子将克服液体分子间的引力自液面逸出，成为蒸气分子，形成气相（系统中物理性质和化学性质都相同的部分称为一相），这一过程称为蒸发（evaporation）。同时，蒸气分子也会接触到液面并被吸引转化为液态水，这一过程称为凝结（condensation）。开始时，蒸发速率大，但随着气态水的密度增大，凝结的速率也随之增大。当液态水蒸发的速率与气态水凝结的速率相等时，气相（gas phase，g）与液相（liquid phase，l）达到平衡：

$$H_2O(l) \Longrightarrow H_2O(g)$$

这时，水蒸气的密度不再改变，其压力也不再改变。纯溶剂气、液相平衡时，蒸气所具有的压力称为该溶剂在该温度下的饱和蒸气压,简称蒸气压(vapor pressure),用符号 p 表示,单位是帕(Pa)或千帕(kPa)。

蒸气压与物质的本性有关。由表 1-2 可知,同一温度下,不同物质的蒸气压不同,蒸气压大的称为易挥发性物质,蒸气压小的则称为难挥发性物质。

表 1-2　一些液体的蒸气压

物质	水	乙醇	苯	乙醚	汞
蒸气压/kPa	2.34	5.85	9.96	57.6	1.6×10^{-4}

蒸气压除与物质的本性有关外,还和外界温度有关。同一物质的蒸气压随温度升高而增大,比如水的蒸气压(详见表 1-3)。

表 1-3　不同温度下水的蒸气压

T/K	p/kPa	T/K	p/kPa
273	0.61	333	19.92
283	1.23	343	31.16
293	2.34	353	47.34
303	4.24	363	70.10
313	7.38	373	101.32
323	12.33	393	198.54

2. 稀溶液的蒸气压下降

实验证明,在相同温度下,当难挥发的非电解质溶于溶剂形成稀溶液后,其蒸气压比纯溶剂的蒸气压低,这种现象称为稀溶液的蒸气压下降(vapor lowering)。由于溶质是难挥发性物质,稀溶液的部分表面被溶质分子所占据,从溶液中蒸发出的溶剂分子数比从纯溶剂中蒸发出的分子数少,因此,稀溶液的蒸气压必然低于纯溶剂的蒸气压。且稀溶液的浓度越大,其蒸气压下降就越多。图 1-1 表示纯溶剂与稀溶液的蒸气压曲线。

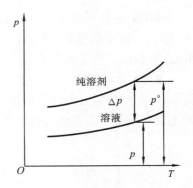

图 1-1　溶液的蒸气压下降

1887 年法国化学家拉乌尔(Raoult F. M.)根据大量实验结果总结出如下规律:在一定温度下,难挥发性非电解质稀溶液的蒸气压(p)等于纯溶剂的蒸气压($p°$)乘以溶液中溶剂的摩尔分数(x_A)。即

$$p = p° x_A \tag{1-8}$$

或

$$\Delta p = p° x_B \tag{1-9}$$

拉乌尔定律也可表述为:在一定温度下,难挥发性非电解质稀溶液的蒸气压下降值(Δp)与溶质的摩尔分数(x_B)成正比。

在稀溶液中,溶剂的物质的量 n_A 远远大于溶质的物质的量 n_B。所以有

$$x_B = \frac{n_B}{n_A + n_B} \approx \frac{n_B}{n_A}$$

而

$$n_A = \frac{m_A}{M_A}$$

则

$$\Delta p = p^\circ M_A \frac{n_B}{m_A} = p^\circ M_A b_B$$

在一定温度下，$p^\circ M_A$ 为一常数，用 K_p 表示，即

$$\Delta p = K_p b_B \tag{1-10}$$

其中 m_A 为溶剂的质量，M_A 为溶剂摩尔质量，b_B 为稀溶液的质量摩尔浓度。

式(1-10)表明稀溶液的蒸气压下降值与稀溶液的质量摩尔浓度成正比。它说明了难挥发性非电解质稀溶液的蒸气压下降只与一定量的溶剂中所含溶质的微粒数有关，而与溶质的本性无关。

二、稀溶液的沸点升高

1. 溶剂的沸点

当加热一种纯液体时，它的蒸气压随着温度的不断升高而逐渐增大。当温度升高到使液体的蒸气压等于外界的大气压时，就产生沸腾现象。因此，液体的沸点(boiling point)是指液体的蒸气压等于外压时的温度。达到沸点时，继续加热保持沸腾，液体的温度不再上升，此时提供的热能全部用于克服液体分子间作用力而不断蒸发，直至液体完全蒸发为止。因此，纯液体的沸点是恒定的。

当外压等于标准大气压(101.325 kPa)时的沸点叫做液体的正常沸点(normal boiling point)。通常情况下，没有注明压力条件的沸点都是指正常沸点。如水的正常沸点为373 K。

液体的沸点与外界压力关系很大，外界压力越大，液体的沸点就越高。例如，水在标准大气压下，其沸点为373 K；当外界大气压较高时，水的沸点会高于373 K；当外界大气压较低时，水的沸点会低于373 K。

液体的沸点随外界压力的改变而改变的性质，已在生产和科学实验中得到广泛应用。例如，采用减压装置可以降低液体蒸发的温度，防止某些对热不稳定的物质遭到破坏。临床上常采用高压灭菌法来缩短灭菌时间，以提高灭菌效能。

2. 稀溶液的沸点升高

实验证明，难挥发性非电解质稀溶液的沸点高于纯溶剂的沸点，这一现象称为稀溶液的沸点升高(boiling point elevation)。这一实验结果产生的原因还是在于稀溶液的蒸气压下降。如图 1-2 所示，AA' 表示纯水的蒸气压曲线，BB' 表示稀溶液的蒸气压曲线。从图中曲线可以看出，稀溶液的蒸气压在任何温度下都低于同温度下纯水的蒸气压，所以 BB' 始终位于 AA' 的下方。

当温度达到 373 K 时，纯水的蒸气压等于标准

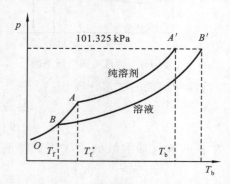

图1-2 溶液的沸点升高和凝固点降低

大气压,纯水开始沸腾。373 K 为纯水的沸点。由于稀溶液的蒸气压低于纯溶剂的蒸气压,373 K 时稀溶液的蒸气压低于101.325 kPa,溶液并不沸腾,只有将温度升高到 T_b 时,稀溶液的蒸气压等于外压(101.325 kPa),溶液才沸腾,故 T_b 为稀溶液的沸点。此时,T_b 高于纯溶剂(水)的沸点(T_b°),稀溶液的沸点升高值 $\Delta T_b = T_b - T_b^\circ$。溶液越浓,其蒸气压下降越多,沸点升高就越多。即稀溶液的沸点升高值与蒸气压下降值成正比,也与质量摩尔浓度成正比。

$$\Delta T_b = K_b b_B \tag{1-11}$$

式中 K_b 称为溶剂的质量摩尔沸点升高常数,只与溶剂的本性有关。

从式(1-11)知,在一定条件下,难挥发性非电解质稀溶液的沸点升高值只与稀溶液的质量摩尔浓度成正比,而与溶质的本性无关。常见溶剂的沸点及 K_b 值见表1-4。

表 1-4 常见溶剂的 T_b°、K_b、T_f° 和 K_f

溶剂	$T_b^\circ/℃$	$K_b/(K \cdot kg/mol)$	$T_f^\circ/℃$	$K_f/(K \cdot kg/mol)$
水	100.0	0.512	0.00	1.86
醋酸(乙酸)	118.0	2.93	17.00	3.90
苯	80.0	2.53	5.50	5.10
乙醇	78.4	1.22	−117.30	1.99
四氯化碳	76.7	5.03	−22.90	32.00
乙醚	34.7	2.02	−116.20	1.80
萘	218.0	5.80	80.00	6.90

三、稀溶液的凝固点降低

1. 物质的凝固点

物质的凝固点(freezing point)是指在一定的外界压力下,物质的固相与其液相平衡共存时的温度。若两相蒸气压不等,则蒸气压大的一相向蒸气压小的一相转化。

纯溶剂的固相与其液相平衡共存时的温度就是该溶剂的凝固点(T_f°),在此温度下,液相的蒸气压与固相的蒸气压相等。例如,水的凝固点(又称为冰点)为 273 K,在此温度时水和冰的蒸气压相等。

2. 稀溶液的凝固点降低

实验证明,稀溶液的凝固点总是低于纯溶剂的凝固点,这一现象称为稀溶液的凝固点降低(freezing point depression)。降低温度时,首先从溶液中析出的固相应为纯溶剂(只有当溶液达到饱和时,才会有溶质固相析出)。因此,稀溶液的凝固点是指纯溶剂固相与溶液蒸气压相等时的温度(T_f),且低于 T_f°。这也是由稀溶液的蒸气压下降所引起的。如图 1-2 所示,AA'、BB'、OA 分别为纯水、溶液和冰的蒸气压曲线。OA 与 AA' 相交于 A 点,即冰和水两相平衡点,对应的温度即纯水的凝固点 273 K。但在 273 K 时稀水溶液的蒸气压低于纯水的蒸气压,这时溶液与冰不能共存,蒸气压大的相向蒸气压小的相转化,故冰将融化。

若继续降低温度,冰的蒸气压相对稀溶液的蒸气压而言,随温度降低得更快。当温度降至 B 点对应的温度时,冰和溶液蒸气压相等。此时,两者共存,这个平衡温度就是稀溶液的凝固点 T_f,故 $T_f < T_f^\circ$。

对于稀溶液而言,稀溶液的凝固点降低值与稀溶液的蒸气压下降值 Δp 成正比,即与溶液质量摩尔浓度 b_B 成正比。所以有

$$\Delta T_f = K_f b_B \tag{1-12}$$

式中 K_f 称为溶剂的凝固点降低常数,它只与溶剂的本性有关。

由式(1-12)可见,难挥发性非电解质稀溶液的凝固点降低值与稀溶液的质量摩尔浓度成正比,而与溶质的本性无关。

凝固点降低法最重要的应用是测定溶质的相对分子质量。

将 $b_B = \dfrac{n_B}{m_A} = \dfrac{m_B}{M_B m_A}$ 代入式(1-12)中,得

$$\Delta T_f = K_f b_B = K_f \frac{m_B}{M_B m_A}$$

则

$$M_B = \frac{K_f m_B}{\Delta T_f \cdot m_A} \tag{1-13}$$

显然,只要实验中测出了稀溶液的凝固点降低值 ΔT_f,就可结合 m_A、m_B 的数值计算出溶质的摩尔质量 M_B。式中 m_B 为溶质 B 的质量(g),m_A 为溶剂 A 的质量(kg),M_B 为溶质 B 的摩尔质量(g/mol)。常见溶剂的凝固点及 K_f 见表 1-4。

【例 1-4】 将 1.276 g 尿素溶于 250 g 水中,测得此稀溶液的凝固点降低值 ΔT_f 为 0.158 K,试求尿素的相对分子质量。

解: 水的 $K_f = 1.86$ K·kg/mol,根据式(1-13)得

$$M_B = \frac{K_f m_B}{\Delta T_f \cdot m_A} = \frac{1.86 \times 1.276}{0.158 \times 250 \times 10^{-3}} \text{ g/mol} = 60 \text{ g/mol}$$

所以,尿素的相对分子质量为 60。

通过测定稀溶液的沸点升高值或凝固点降低值,可以推算溶质的摩尔质量(或相对分子质量)。但在实际工作中,多采用凝固点降低法。因为对于大多数溶剂,有 $K_f > K_b$,因此同一稀溶液的凝固点降低值比沸点升高值大,因而灵敏度高且相对误差小。而且稀溶液的凝固点测定是在低温下进行的,也不会引起生物样品的变性或破坏,溶液浓度也不会变化,因此,在医学和生物科学实验中凝固点降低法的应用更为广泛。

利用凝固点降低原理,可制作防冻剂和冷冻剂。我国北方冬天寒冷,常在汽车水箱中加入甘油或乙二醇以降低水的凝固点,以防止水箱冻裂。在实验室中,常用食盐和冰的混合物作制冷剂,可使温度最低降至 251 K(−22 ℃);用氯化钙和冰混合,可使温度降至 218 K(−55 ℃)。在水产业和食品储藏及运输中,广泛使用食盐和冰混合而成的冷却剂。

▌讨论 ▌

1. 取两块冰,分别在其表面滴加数滴水和盐水,观察冰的变化情况;取冰一块,撒上少许盐,观察现象。

2. 在结冰的道路上撒融雪剂可快速融化冰雪。

四、稀溶液的渗透压

1. 渗透现象与渗透压

若在浓的蔗糖溶液表面上小心地加一层水,在避免任何机械振动的情况下静置一段时间,则蔗糖分子将由溶液层向水层扩散,同时,水分子也将从水层向溶液层扩散,直到浓度均匀一致。这种物质由高浓度向低浓度自动迁移的过程叫做扩散(diffusion)。如果不让浓蔗糖溶液与水直接接触,用一种只允许溶剂分子通过而溶质分子不能通过的半透膜把它们隔开,并使两液面相等,如图 1-3(a)所示。这样会有什么现象发生呢?

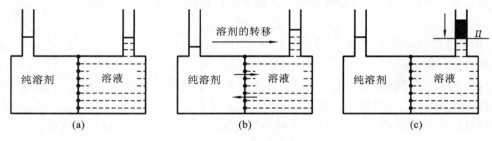

图 1-3 渗透现象和渗透压

半透膜是一种只允许某些物质透过,而不允许另一些物质透过的薄膜。例如,动物的肠衣、细胞膜、人工制得的羊皮纸、火棉胶、人的皮肤等都属于半透膜。理想的半透膜只允许溶剂分子(如水分子)透过,而溶质分子或离子不能透过薄膜(若没有特别指明时,均为理想半透膜)。

一段时间后,可以看到蔗糖溶液一侧液面上升(见图 1-3(b)),说明水分子不断地通过半透膜由纯水转移到蔗糖溶液中。这种溶剂分子透过半透膜进入溶液的现象称为渗透现象,简称渗透(osmosis)。渗透的方向就是溶剂分子从纯溶剂向溶液或是由稀溶液向浓溶液进行转移。

渗透的产生,是由于膜两侧单位体积内溶剂分子数不相等,单位时间内由纯溶剂进入溶液的溶剂分子数要比由溶液进入纯溶剂的溶剂分子数多,结果溶液一侧的液面上升,纯溶剂一侧的液面下降。因此,渗透现象的产生必须具备两个条件:一是有半透膜存在;二是膜两侧液体的单位体积内溶剂分子数不相等。

随着溶液液面的升高,其液柱产生的静水压力逐渐增强,从而使溶液中的溶剂分子加速透过半透膜,同时使纯溶剂中的溶剂分子向溶液的渗透速率减小。当溶液静水压力增大到一定值后,两个方向的渗透速率就会相等,达到渗透平衡,两液面高度不再变化。

若在溶液液面上施加与该溶液的渗透压大小相等的外压,就能恰好阻止渗透现象的发生而直接达到渗透平衡,如图 1-3(c)所示。这种为维持溶液与溶剂(只允许溶剂分子通过的膜所隔开)之间的渗透平衡所需要的超额压力,称为该溶液的渗透压(osmotic pressure)。溶液的渗透压用 Π 表示,单位为帕(Pa)或千帕(kPa)。

若选用一种高强度且耐高压的半透膜将溶液和纯溶剂隔开,此时,若在溶液上方施加的外压大于渗透压,则反而会出现溶剂分子由溶液向纯溶剂一侧渗透。渗透现象逆向进行的过程称为反向渗透(reverse osmosis)。反向渗透常用于海水淡化及污水处理等方面。

▌讨论▐

1. 渗透现象除在溶液和纯溶剂之间可以发生外,在浓度不同的两种溶液之间是否可以发生?

2. 如果被半透膜隔开的是两种不同浓度的溶液,为阻止渗透现象发生,应在浓溶液液面上施加一超额压力,这一压力是渗透压吗?

1886 年,荷兰物理学家范特霍夫(van't Hoff)根据实验数据得出一条规律:难挥发性非电解质稀溶液的渗透压与溶液的浓度及热力学温度的乘积成正比。即

$$\Pi = c_B R T \tag{1-14}$$

式中:Π 为渗透压,kPa;c 为物质的量浓度,mol/L;R 为气体摩尔常数,8.314 J/(mol·K);T 为热力学温度,K。

范特霍夫方程指出:在一定温度下,难挥发性非电解质稀溶液的渗透压与稀溶液的物质的量浓度成正比,与溶质本性无关。

通过测定稀溶液的渗透压,可以求得溶质的摩尔质量(M_B)或相对分子质量。

根据

$$\Pi = c_B RT, \quad c_B = \frac{n_B}{V} = \frac{m_B}{M_B V}$$

整理得

$$M_B = \frac{m_B RT}{\Pi V} \tag{1-15}$$

式中:M_B 为溶质的摩尔质量,g/mol;m_B 为溶质质量,g;V 为溶液体积,L。

渗透压法测定高分子化合物的摩尔质量要比凝固点降低法灵敏,是测摩尔质量的常用方法之一。

对于稀水溶液,由于其密度近似等于 1 kg/L,因此,质量摩尔浓度 b_B 与物质的量浓度 c_B 在数值上近似相等,即 $c_B \approx b_B$,则

$$\Pi \approx b_B RT \tag{1-16}$$

【例 1-5】 将 1.00 g 血红蛋白溶于适量水中,配制成 100 mL 溶液,在 293 K 时,测得稀溶液的渗透压为 369 Pa(37.4 mmH₂O),试求该血红蛋白的相对分子质量。

解: 设该血红蛋白的摩尔质量为 M_B,根据式(1-15)有

$$M_B = \frac{m_B RT}{\Pi V} = \frac{1.00 \times 8.314 \times 293}{(369 \times 10^{-3}) \times (100 \times 10^{-3})} \text{ g/mol} = 6.60 \times 10^4 \text{ g/mol}$$

所以,该血红蛋白的相对分子质量为 6.66×10^4。

▌讨论▐

1. 比较 0.1 mol/L 葡萄糖溶液和 0.1 mol/L 蔗糖溶液渗透压的大小。

2. 为什么测定普通物质的相对分子质量常用凝固点降低法而不用沸点升高法,而测定生物大分子的相对分子质量又常用渗透压法?

综上所述,难挥发性非电解质稀溶液的蒸气压降低值、沸点升高值、凝固点降低值和渗透压数值等都与溶液中所含溶质的质量摩尔浓度(b_B)成正比。亦即 Δp、ΔT_f、ΔT_b、Π 与溶液中所含溶质的微粒数(b_B)成正比,而与溶质的本性无关,这四种性质统称为难挥发非电

解质稀溶液的依数性。

电解质稀溶液和难挥发非电解质稀溶液不一样。一个电解质分子在水中能够解离成多个阴、阳离子，单位体积溶液中溶质的微粒（分子和离子）数多于相同浓度的非电解质，电解质稀溶液依数性的实验测定值与理论计算值之间存在着较大的偏差。因此，涉及电解质稀溶液的依数性时，其公式中应引入一个校正因子 i（i 为 1 分子电解质在水中解离出粒子的个数）：

$$\Delta p = iK_pb_B$$
$$\Delta T_f = iK_fb_B$$
$$\Delta T_b = iK_bb_B$$
$$\Pi = ic_BRT$$

校正因子 i 的数值，严格说来应由实验测定，不过常近似取整数进行计算。例如：对于 $CaCl_2$ 溶液，$i=3$；对于 $NaHCO_3$ 溶液，$i=2$。

稀溶液的渗透压仅与溶液中溶质粒子的浓度有关，而与溶质本性无关。

2. 渗透浓度

人体体液是一个复杂的溶液体系，溶质既有分子，也有离子，它们的渗透效果是相同的。因此，医学上通常用渗透浓度比较溶液渗透压的大小。

渗透浓度（osmolarity）定义为：溶液中能产生渗透效应的所有溶质粒子（分子或离子）的总物质的量浓度，用 c_{os} 表示，单位为 mol/L 或 mmol/L。

【例 1-6】 临床上常用的生理盐水是 9.0 g/L NaCl 溶液，求该稀溶液的渗透浓度。

解： NaCl 在水溶液中完全解离，$i=2$，$M_{NaCl}=58.5$ g/mol，则

$$c_{os}=ic_{NaCl}=2\times\frac{9.0}{58.5}\times1000 \text{ mmol/L}=308 \text{ mmol/L}$$

3. 等渗、低渗和高渗溶液及其在医学上的意义

在生命科学中，稀溶液的渗透压在细胞内、外物质的交换和运输以及临床输液等方面，具有一定的理论指导意义。

在临床上，划分等渗、低渗和高渗溶液是以血浆的渗透浓度为标准来衡量的。正常人血浆的渗透浓度平均值约为 303.7 mmol/L，一般波动范围为 280～320 mmol/L。据此临床上规定：凡是渗透浓度在 280～320 mmol/L，则为等渗溶液（isotonic solution）；渗透浓度小于 280 mmol/L，为低渗溶液（hypotonic solution）；渗透浓度大于 320 mmol/L，为高渗溶液（hypertonic solution）。临床常用的等渗溶液有 50 g/L 葡萄糖溶液、9.0 g/L NaCl 溶液、12.5 g/L $NaHCO_3$ 溶液和 18.7 g/L 乳酸钠溶液等。

细胞只有在等渗溶液中才能维持活性，保持正常的生理功能。溶液渗透压过高（导致红细胞皱缩）或过低（导致红细胞溶胀）都会使细胞活性遭到破坏，如图 1-4 所示。

所以在临床上，当病人需要大剂量补液时，一般要用等渗溶液。但在有些特殊情况下，也会用到高渗溶液。如在抢救脑水肿病人时，可用 20％甘露醇溶液。在使用高渗溶液时，应注意一次输入剂量不宜过大，注射或输液速率要慢一些。

4. 晶体渗透压和胶体渗透压

在生物体液中含有多种电解质（如 NaCl、KCl、$NaHCO_3$）、小分子物质（如糖、氨基酸、尿素），以及大分子物质（如蛋白质、核酸）等。其中电解质解离出的离子和小分子物质产生

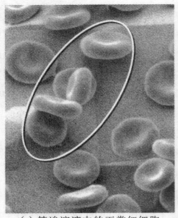
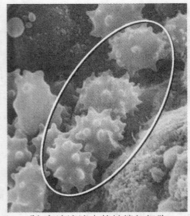

(a) 等渗溶液中的正常红细胞　　　(b) 高渗溶液中的皱缩红细胞

图 1-4　电镜下等渗溶液中的正常红细胞与高渗溶液中的皱缩红细胞

的渗透压,称为晶体渗透压($\Pi_{晶体}$,crystal osmotic pressure);蛋白质等大分子化合物产生的渗透压,称为胶体渗透压($\Pi_{胶体}$,colloidal osmotic pressure)。血浆中胶体物质的含量(约为 70 g/L),虽高于晶体物质的含量(约为 7.5 g/L),但是晶体物质的相对分子质量小,并且其中的电解质可以解离,故 c_{os} 较大。而胶体物质的相对分子质量很大,其 c_{os} 反而较小。因此,人体血浆的渗透压主要是由晶体物质产生的。如 310 K 时,血浆的总渗透压约为 7.7 $\times 10^2$ kPa,其中 $\Pi_{胶体}$ 仅为 2.9~4.0 kPa。

由于人体内各种半透膜的通透性不同,$\Pi_{晶体}$ 和 $\Pi_{胶体}$ 在维持体内水盐平衡功能上也各不相同。

细胞膜是生物体内一种半透膜,它将细胞内液和细胞外液隔开,并且只让水分子自由通过,而 K^+、Na^+ 等离子不易通过。因此,晶体渗透压对维持细胞内、外的水盐平衡和细胞正常形态起主要作用。如果某种原因引起人体内缺水,则细胞外液中盐的浓度将相对升高,晶体渗透压增大,于是细胞内液的水分子透过细胞膜向细胞外液渗透,造成细胞内失水。若大量饮水或输入过多葡萄糖溶液,则使细胞外液中盐的浓度降低,晶体渗透压减小,细胞外液中的水分子就向细胞内液渗透,严重时可产生水中毒。向高温作业者供给盐汽水,就是为了维持细胞外液 $\Pi_{胶体}$ 的恒定。

毛细血管壁与细胞膜不同,它允许水分子和各种小离子自由透过,而不允许蛋白质等大分子透过。因此,$\Pi_{胶体}$ 虽然很小,却对维持毛细血管内、外的水盐平衡起主要作用。如果某种疾病造成血浆蛋白质减少,则血浆的 $\Pi_{胶体}$ 降低,血浆中的水和盐等小分子物质就会透过毛细血管壁进入组织间液,严重时会形成水肿。因此,临床上对大面积烧伤或失血的病人,除补给电解质溶液外,还要输给血浆或右旋糖酐等代血浆,以恢复血浆的 $\Pi_{胶体}$。

通常,人体血液的渗透压值较为恒定,而尿液渗透压值的变化较大。在临床检验时,测定尿液的渗透压对于评价肾脏功能和对一些疾病的诊断有重要意义。

▌讨论▐

你所知道的临床大输液有哪些?它们分别属于等渗、低渗还是高渗溶液?活体组织检验标本的稀释为什么必须用生理盐水?

第四节　溶胶的结构和性质

分散相粒子直径在 $1\sim100$ nm 的胶体分散系,包括溶胶和高分子溶液。溶胶的分散相包含许多小分子、离子或原子,高度分散在不相溶的介质中,属于非均相亚稳定体系,如 $Fe(OH)_3$ 溶胶。

一、溶胶的性质

溶胶与溶液相比有着特殊的性质,如丁铎尔现象(光学性质)、布朗运动(力学性质)、电泳(电学性质)。

1. 丁铎尔效应

1869 年,英国科学家丁铎尔实验时发现,当一束光线透过胶体时,从入射光的垂直方向可以观察到胶体里出现一条光亮的"通路",这种现象叫做丁铎尔现象,也叫丁铎尔效应(Tyndall effect)。

光射到微粒上可以发生三种情况:一是当微粒直径大于入射光波长很多倍时,发生光的反射,悬(乳)浊液分散质微粒直径特别大,对于入射光只反射而不散射。二是当微粒直径小于入射光的波长时,发生光的散射。溶胶粒子的直径在 $1\sim100$ nm,小于入射光的波长($400\sim760$ nm),因此发生光的散射作用而产生丁铎尔现象,散射出来的光称为乳光。三是像分子或离子分散系(溶液)中,粒子太小(1 nm 以下),散射现象很弱,则主要发生的是光的透射。

丁铎尔效应是溶胶颗粒大小的光学验证,利用丁铎尔效应能区分常见的三种分散系。丁铎尔效应观测仪工作原理如图 1-5 所示。用激光笔也可以进行简单的实验,如图 1-6 所示。由于高分子的粒径大小和溶胶胶团相当,高分子溶液也能产生丁铎尔现象。

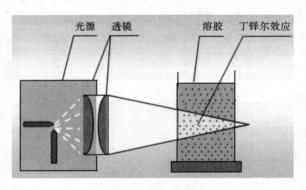

图 1-5　丁铎尔效应观测仪工作原理

讨论

怎么用一支激光笔来区分硫酸钠溶液、氯化银溶胶?

(a) Fe(OH)₃溶胶   (b) CuSO₄溶液

图 1-6　激光笔下的丁铎尔效应

2. 布朗运动

1827 年,苏格兰植物学家 R. Brown 发现水中的花粉及其他悬浮的微小颗粒不停地做不规则的曲线运动。我们今天在显微镜(或高倍显微镜)下观察花粉溶液(或溶胶)时,能看到植物的花粉颗粒(或溶胶粒子)发光点在不断地做无规则的热运动。这种悬浮在流体中的微粒受到流体分子与粒子的碰撞而发生的不停息的随机运动叫做布朗(Brown)运动。参见图 1-7。

在溶胶中,溶胶粒子由于本身的重力作用而会沉降,沉降过程导致粒子浓度不均匀,即溶胶下半部分较浓而上半部分较稀。而布朗运动会使溶胶粒子由下部向上部扩散,因而在一定程度上抵消了由于溶胶粒子的重力作用而引起的沉降,使溶胶具有一定的稳定性。布朗运动这一动力学因素是维持溶胶稳定的重要因素之一。

3. 电泳

电泳仪中装入棕褐色的 Fe(OH)₃溶胶,通电 30 min 后,棕褐色界面在电场作用下会向负极移动,如图 1-8 所示。这说明 Fe(OH)₃溶胶为正溶胶。

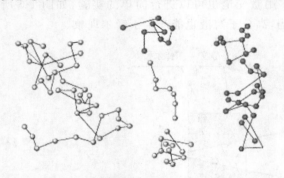
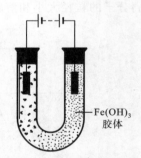

图 1-7　布朗运动示意图　　　　　**图 1-8　Fe(OH)₃溶胶的电泳现象**

把 H_2S 通入 H_3AsO_3 稀溶液中,可制备 As_2S_3 溶胶。溶液中部分 H_2S 解离,生成的 HS^- 被优先吸附在 As_2S_3 表面上,使 As_2S_3 溶胶粒子带负电,而 H^+ 则留在分散剂中成为反离子,使分散剂带正电。As_2S_3 溶胶在电泳仪中,通电后黄色的界面会向正极移动,表明胶粒带负电荷,即 As_2S_3 溶胶为负溶胶。

二、胶团的结构

为什么胶体微粒会在电场中定向移动呢? 物质的性质是由物质的结构决定的,下面仍

以 $Fe(OH)_3$ 溶胶为例,就其形成过程与胶团结构进行讨论。

把 $FeCl_3$ 稀溶液逐滴滴加到沸水中,$FeCl_3$ 水解可以制得 $Fe(OH)_3$ 溶胶。在 $Fe(OH)_3$ 溶胶的形成过程中,首先是由许多个 $Fe(OH)_3$ 分子聚集成直径在 $1\sim100$ nm 范围内的固相颗粒作为分散相粒子,它是溶胶的核心,称为胶核。

$Fe(OH)_3$ 与 $FeCl_3$ 的水解产物 HCl 反应能生成 $FeOCl$,$FeOCl$ 再解离生成 FeO^+ 和 Cl^-。胶核是固相,它是溶胶的核心,具有很大的表面积和表面能,它优先吸附与其组成相似的 FeO^+,由于本身的热运动较强烈而离开胶核表面扩散到分散剂中去,疏散地分布在胶粒周围形成扩散层。胶粒与扩散层一起构成胶团,胶团是电中性的。胶团中的吸附层和扩散层合称为扩散双电层。

胶团结构也可以用胶团结构式表示,$Fe(OH)_3$ 正溶胶的胶团结构式如图 1-9 所示。

用 KI 溶液和 $AgNO_3$ 溶液可制备 AgI 正溶胶和 AgI 负溶胶。若 KI 过量,则形成负溶胶;若 $AgNO_3$ 过量,则形成正溶胶。胶团结构如下:

(1) 负溶胶(见图 1-10) $[(AgI)_m nI^- (n-x)K^+]^{x-} \cdot xK^+$

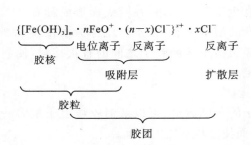

$$\underbrace{\underbrace{\{\underbrace{[Fe(OH)_3]_m}_{\text{胶核}} \cdot \underbrace{nFeO^+}_{\text{电位离子}} \cdot \underbrace{(n-x)Cl^-}_{\text{反离子}}\}^{x+}}_{\text{胶粒}} \cdot \underbrace{xCl^-}_{\text{反离子}}}_{\text{胶团}}$$

$$\underbrace{}_{\text{吸附层}} \quad \text{扩散层}$$

图 1-9 $Fe(OH)_3$ 正溶胶的胶团结构式

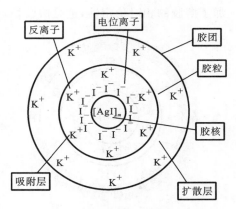

图 1-10 AgI 负溶胶的胶团结构示意图

(2) 正溶胶 $[(AgI)_m nAg^+ (n-x)NO_3^-]^{x+} \cdot xNO_3^-$

由以上胶团结构可知,胶粒带电,整个胶团是呈中性的。电泳时,胶粒作为一个整体向与其电性相反的电极移动,而扩散层中的反离子则向另一电极移动。

三、透析

把 10 mL 淀粉胶体和 5 mL NaCl 溶液的混合液体,加入用半透膜(半透膜可用鸡蛋壳膜、牛皮纸、胶棉薄膜、玻璃纸等制成,只能允许较小的溶质离子、溶质分子及溶剂分子透过)制成的袋内,将此袋浸入蒸馏水中,如图 1-11 所示。2 min 后,用两支试管各取烧杯中的液体 5 mL,向其中一支试管里滴加少量 $AgNO_3$ 溶液,试管里出现白色沉淀;向另一支试管里滴加少量碘水,试管里并没有发生变化。可见,淀粉胶体不能透过半透膜。胶体分散质的粒子比溶液分散质的粒子大得多,而半透膜的孔径介于两者之间。

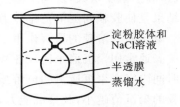

淀粉胶体和 NaCl 溶液
半透膜
蒸馏水

图 1-11 NaCl 的透析

因此,半透膜袋中 NaCl 解离出的 Na^+、Cl^- 可以透过半透膜扩散到烧杯中的蒸馏水中,袋中的淀粉胶体则不能透过半透膜。这种盐或其他小分子从半透膜袋中渗透析出,大分子则不能透过半透膜的现象叫做透析或者渗析。临床上用人工合成的高分子膜制成人工肾,对肾功能衰竭病人进行血液透析,以帮助病人清除血液毒素,恢复血液功能;一些分子较大的天然药物成分(如蛋白质、多糖、皂苷等)中的无机盐杂质也可利用渗析的方法除去,这是药物生产中常用的药物纯化方法。

四、溶胶的稳定性和聚沉

1. 溶胶的稳定性

胶团的扩散双电层结构是电泳现象发生的基础,也是胶体稳定的关键。布朗运动及溶剂化膜也是溶胶稳定必不可少的因素。

1)胶粒带电的稳定作用——抗聚结稳定性

从结构来看,由于胶粒带电,同种电荷相斥,使胶粒难以接近,从而阻止其聚集变大,增加了溶胶的相对稳定性,这是溶胶稳定的主要因素。

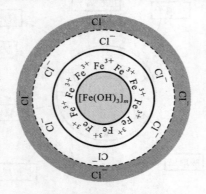

图 1-12 胶团的双电层及溶剂化膜

2)胶粒溶剂化膜的稳定作用

如图 1-12 所示,在溶胶中,胶粒的电位离子和反离子都能发生溶剂化作用,在其表面形成具有一定强度和弹性的溶剂化膜(在水中就称为水化膜),这层溶剂化膜阻碍了溶胶粒子之间的直接接触,使溶胶相对稳定。

3)布朗运动

溶胶粒子的布朗运动,可以抵消胶粒由于重力作用的沉降,而使胶粒不发生聚沉。

2. 溶胶的聚沉

溶胶粒子表面积较大,表面能也较高,有自动聚结在一起降低其表面能的趋势,即具有易于聚沉的不稳定性,溶胶是热力学不稳定体系。溶胶只有发生凝聚才能降低能量。因此,溶胶的稳定是暂时的、有条件的、相对的。只要外界条件改变,溶胶粒子就会聚结变大而沉降。这种在外界因素影响下,胶团粒子由小变大、相互聚集,最后沉淀析出的过程称为溶胶的聚沉。

1)电解质的聚沉作用

往溶胶中加入少量强电解质就会使溶胶出现很明显的聚沉现象。这是由于加入电解质后,离子浓度增大,反离子浓度也增大,进入吸附层的反离子数目就会增多,扩散层变薄,其结果是使胶粒间的电荷排斥力减小,使胶粒在碰撞过程中相互结合变大而聚沉。

电解质对溶胶的聚沉作用不仅与电解质的性质、浓度有关,还与胶粒所带电荷的电性有关。通常用聚沉值来比较各种电解质对溶胶的聚沉能力的大小。使一定量的溶胶在一定时间内完全聚沉所需的电解质的最低浓度(mmol/L)称为聚沉值。显然,某一电解质对溶胶的聚沉值越小,其聚沉能力就越大;反之,聚沉值越大,其聚沉能力就越小。

电解质负离子对正溶胶的聚沉起主要作用,正离子对负溶胶的聚沉起主要作用。黄河、长江入海口处几十平方公里的三角洲即由此产生,人体各种结石(如口腔结石、胆结石、肾结石等)的成因也与此有关。

2)加热聚沉

加热可使溶胶发生聚沉。这是由于加热能加快胶粒的运动速度,从而增加了胶粒相互碰撞的机会,同时也降低了胶核对电位离子的吸附能力,减少了胶粒所带的电荷,即减弱了使溶胶稳定的主要因素,使胶粒间碰撞聚结的可能性大大增加。

3)溶胶的相互聚沉

当把两种电性相反的溶胶以适当比例混合时,溶胶也会发生聚沉,这种聚沉称为溶胶的相互聚沉。这是由于两种溶胶的胶粒电性相反,互相吸引,电性中和而发生聚沉。

溶胶的相互聚沉具有很重要的实际意义。例如,用明矾净水,就是利用这个原理。水混浊的主要原因是水中含有硅酸等负溶胶,加入明矾后,在水中形成 $Al(OH)_3$ 正溶胶,两者相遇,电性中和而聚沉,从而使水变清。在土壤中有 $Fe(OH)_3$、$Al(OH)_3$ 等正溶胶和带负电的黏土、腐殖质等负溶胶,它们的互相聚沉对土壤颗粒结构的形成和性质都具有很重要的作用。

 # 第五节 大分子化合物溶液和凝胶

一、大分子化合物溶液

1. 大分子化合物溶液的特征

大分子化合物是指相对分子质量高于 10000 的化合物,也称高分子化合物。它们由相对分子质量较小的单体分子缩合而成,分散相粒径为 $1\sim100$ nm,与溶胶相当,因而具有溶胶的某些性质,如丁铎尔现象、不能透过半透膜、扩散速率慢等。但是,由于大分子化合物溶液(简称大分子溶液)的分散相粒子是单个分子,其组成和结构与胶粒不同,并且该溶液又是稳定的均相体系,所以大分子溶液的性质与溶胶不同,而更类似于真溶液。

淀粉、纤维素、蛋白质等是最常见的天然有机高分子化合物,其单体分子依次为葡萄糖(含极性基团——羟基)、α-氨基酸(含极性基团——羧基、氨基)等,聚合物由于富含极性基团,与水很好地互溶或被水润湿。

2. 大分子溶液的稳定性

当大分子化合物溶于溶剂时,溶剂分子能进入大分子化合物分子链空隙中而使其溶剂化,形成稳定的大分子溶液。当溶于水时,在大分子化合物表面吸附着许多水分子而形成水化膜,这层水化膜与胶粒的水化膜相比,在厚度上和紧密程度上都要大得多,这也是大分子溶液具有稳定性的主要原因。

对于溶胶来说,加入少量电解质就可以使它聚沉,并且属不可逆过程。而对于大分子溶液,要使分散相粒子从溶液中沉淀出来,就必须加入大量的电解质。加入大量电解质使大分子化合物从溶液中沉淀出来的作用,称为盐析。例如,向蛋白质溶液中加入大量的电解质(如 $(NH_4)_2SO_4$ 等),使蛋白质在水中的溶解度降低而析出沉淀。这主要是由于电解质离子的强烈水化作用,破坏了蛋白质的水化膜。盐析并不能破坏蛋白质的结构,不会引起蛋白质变性,加入溶剂后,蛋白质可以重新溶解形成溶液。

3. 大分子溶液对溶胶的保护作用

溶胶对电解质很敏感，少量电解质即可使溶胶聚沉。在溶胶中加入大分子化合物，能降低溶胶对电解质的敏感性而提高溶胶的稳定性，这种作用称为大分子化合物对溶胶的保护作用。值得注意的是，大分子化合物之所以对溶胶具有保护作用，是因为大分子化合物具有线形结构，能被卷曲地吸附在胶粒表面上，包住胶粒，形成保护层。同时由于大分子化合物含有亲水基团，在它的外面又形成一层水化膜，阻止了胶粒之间的聚集，从而使胶粒更稳定。参见图 1-13。

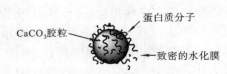

CaCO$_3$胶粒　蛋白质分子　致密的水化膜

图 1-13　大分子化合物对溶胶的保护作用

大分子化合物对溶胶的保护作用在生理过程中具有重要的意义。例如，健康人的血液中所含的难溶盐 $MgCO_3$、$Ca_3(PO_4)_2$ 等，都是以溶胶状态存在的，并且被血清蛋白等大分子化合物保护着。但是当发生某些疾病时，这些大分子化合物在血清中的含量就会减少，这会使溶胶得不到保护而发生聚积并堆积在身体的某些部位，形成各种结石，对人体新陈代谢过程产生障碍。

┃讨论┃

大分子溶液与溶胶有哪些区别？最本质的区别是什么？

二、凝胶

凝胶（gel）是大分子（或溶胶）在一定条件下互相连接而形成的具有空间网状结构的半固体物质。形成凝胶的过程称为胶凝（gelation function）。凝胶的网状结构空隙中充满了作为分散介质的液体，没有流动性，是富有弹性的半固体。

将琼脂或动物胶等物质放在热水中溶解，静置冷却后便形成凝胶。

凝胶体系中允许一些药物小分子、水分子、离子自由有序地流动。许多无机盐大量存在于肌体的凝胶组织中；注射到肌肉凝胶中的药物成分，即通过凝胶的特殊结构来实现对药物的吸收、转运和缓释。

生活中，淀粉、蛋白质是典型的大分子，由其制成的各种面食、皮冻、蛋白胨等食品属于凝胶，生物体中的肌肉、皮肤、脏器、细胞膜、软骨也可以看作凝胶。一方面，它们具有一定强度的网状骨架以维持某种形态；另一方面，又可以进行物质交换。人体中约占体重三分之二的水，也基本上保存于凝胶里。

凝胶电泳、凝胶色谱技术是医学临床检验的重要技术。制药工业中，胶体、凝胶（触变胶）也发挥着十分重要的作用。如溶胶剂就是将药物制成溶胶分散体系，可改善药物的吸收，使药效增大或异常，对药物的刺激性也会产生影响。高分子溶液作为亲水性分子溶液，在药剂中应用较多。如混悬剂中的助悬剂、乳剂中的乳化剂、片剂的包衣材料、血浆代用品、微囊、缓释制剂等都涉及大分子溶液。

■ 知识拓展 ■

渗 透 泵 片

渗透泵片是由药物、半透膜材料、渗透压活性物质和推动剂等组成的,以渗透压作为释药能源的控释片。其基本结构是先将药物与适宜辅料压制成片芯,外包一层半透膜,后用激光在膜上打一小孔。口服该药之后胃肠道水分透过半透膜进入片芯使药物溶解,药物溶解后产生渗透压,可透过半透膜将水分源源不断地吸入片芯,由于半透膜内容积的限制,药物的近饱和浓度溶液又不断地通过激光孔移向片外,这样就使药物以恒定的速率释放到片外,因此称为渗透泵。常用辅料不能产生足够大的渗透压时,可在片芯中加入增加渗透压的物质,如氯化钾、氯化钠等电解质,以增加药物的溶解度,提高渗透压。如心血管类药普鲁卡因酰胺渗透泵控释片。渗透泵片具有以下优点:①可使血药浓度稳定地保持在治疗浓度范围内,弱化了峰谷现象,使药物血药浓度波动所产生的毒副反应降低到最小;②相对于普通制剂药物恒速释放时间明显延长(通常为12～24 h),因此可减少服药次数,方便病人,对于半衰期短、需频繁服用的药物相当适用;③相对于其他缓控释制剂,其释药速率受外界环境因素(如 pH 值、胃肠道蠕动等)影响小,因此个体差异小。但其缺点在于激光打孔有可能将膜灼烧或使孔径不一,并且释药孔道较少时,口服后孔道易在胃肠道被堵塞而导致无规则释药。近年已有制剂在成膜材料中加入致孔剂(水溶性物质),改善膜的通透性,制成微孔型渗透泵。

能力检测

一、选择题

1. 下列关于分散系概念的描述,正确的是(   )。
A.分散系只能是液态体系
B.分散系为均一、稳定的体系
C.分散相微粒都是单个分子或离子
D.分散系中被分散的物质称为分散相

2. 人体血液中平均每 100 mL 中含 19 mg K^+,则血液中 K^+ 的浓度是(   )。
A.4.9 mol/L
B.0.49 mol/L
C.4.9×10^{-3} mol/L
D.4.9×10^{-4} mol/L

3. 500 mL 水中含有 25 g 葡萄糖,该葡萄糖溶液的质量浓度为(   )。
A.5 g/L
B.10 g/L
C.25 g/L
D.50 g/L

4. 100 mL 0.1 mol/L NaCl 溶液中,所含 NaCl 的质量是(   )。
A.585 g
B.58.5 g
C.5.85 g
D.0.585 g

5. 在 100 g 水中溶解 1.00 g 某非电解质,该溶液的凝固点为 -0.31 ℃。已知水的 K_f $=1.86$ K·kg/mol,则该溶质的相对分子质量为(   )。
A.30
B.60
C.36
D.56

6. 欲使被半透膜隔开的两种稀溶液间不发生渗透,应使两溶液(   )。
A.物质的量浓度相同
B.质量摩尔浓度相同

C. 渗透浓度相同   D. 质量浓度相同

7. 非电解质稀溶液的蒸气压下降、沸点升高、凝固点降低的数值取决于（　　　）。

A. 溶液的体积   B. 溶液的温度

C. 溶液的质量浓度   D. 溶液的质量摩尔浓度

8. 影响溶液渗透压的因素有（　　　）。

A. 体积、温度　　　　B. 压力、密度　　　　C. 浓度、温度　　　　D. 浓度、黏度

9. 37 ℃时 NaCl 溶液与葡萄糖溶液的渗透压相等，则两溶液的物质的量浓度的关系为（　　　）。

A. $c_{NaCl} = c_{葡萄糖}$　　　B. $c_{NaCl} = 2c_{葡萄糖}$　　　C. $c_{葡萄糖} = 2c_{NaCl}$　　　D. $c_{NaCl} = 3c_{葡萄糖}$

10. 生理盐水的物质的量浓度为（　　　）。

A. 0.0154 mol/L　　　B. 308 mol/L　　　C. 0.154 mol/L　　　D. 15.4 mol/L

11. 静脉滴注 0.9 g/L NaCl 溶液，结果会（　　　）。

A. 正常　　　　　　　B. 基本正常　　　　C. 胞浆分离　　　　D. 溶血

12. 将 0.08 mol/L KI 溶液与 0.1 mol/L $AgNO_3$ 溶液等体积混合，制成 AgI 溶胶，最易使其聚沉的电解质是（　　　）。

A. $K_3[Fe(CN)_6]$　　　B. $CaCl_2$　　　C. $MgCl_2$　　　D. KNO_3

二、填空题

1. 将 0 ℃的冰块投入 0 ℃的 NaCl 溶液中，冰块将_____。

2. 临床检验常用的两种浓度是物质的量浓度及质量浓度，它们的基本单位分别是_____及_____。

3. 稀溶液的依数性包括_____、_____、_____和_____。

4. 产生渗透现象的必备条件是_____和_____。

5. 临床上规定凡渗透浓度在_____mmol/L 范围内的溶液叫做等渗溶液。

6. 范特霍夫定律的数学表达式为 $\Pi = cRT$。其重要意义在于，在一定温度下，稀溶液的渗透压只与一定量溶液中溶质的_____成正比，而与溶质的_____无关。

7. 医学上的等渗溶液是以_____为标准确定的。

8. 晶体渗透压是由_____产生的渗透压，其主要生理功能为_____。胶体渗透压是由_____产生的渗透压，其主要生理功能为_____。

9. 使溶胶稳定的最主要原因是_____和_____。

三、计算题

1. 将质量为 4.0 g 的 NaOH 溶于水，配成 500 mL 溶液，试求稀溶液的质量浓度 ρ_{NaOH}、物质的量浓度 c_{NaOH}。

2. 某病人需补充 Na^+ 0.080 mol，应补充 NaCl 的质量是多少克？若用 9.0 g/L 的生理盐水，需补充多少毫升？

3. 临床上用来治疗碱中毒的 NH_4Cl 针剂，其规格为 20 mL 一支，每支含 0.16 g NH_4Cl，计算该针剂的物质的量浓度及每支针剂中含 NH_4Cl 的物质的量。

4. 0.90 g 某非电解质溶解于 50.0 g 水中，实验测得此溶液的凝固点为 −0.56 ℃，求

该物质的相对分子质量（已知 $K_f = 1.86$ K·kg/mol）。

5. 在 310 K 时，按渗透压由小到大的顺序排列下面稀溶液：

（1）$c_{NaCl} = 0.20$ mol/L；

（2）$c_{CaCl_2} = 0.20$ mol/L；

（3）$c_{蔗糖} = 0.20$ mol/L。

（罗孟君）

第二章　化学反应速率和化学平衡

本章要求

1. 掌握化学反应速率的概念及表示方法。
2. 掌握条件变化对反应速率的影响。
3. 掌握化学平衡的概念。
4. 熟悉浓度、压力和温度对化学平衡的影响。

第一节　化学反应速率的表示方法

任何一个化学反应都涉及两个方面的问题：一个是化学反应进行的快慢，即反应速率问题；另一个是反应进行的方向和程度，即化学平衡问题。讨论这些问题对理论生产、实践具有重要的指导意义，对认识人体的生理变化、生化反应及药物在体内的代谢规律等都有着重要的意义。依据这些理论，可以采取措施加快有意义反应的速率，抑制或减缓危害性反应的发生。

一、化学反应速率的概念

化学反应速率是用来衡量化学反应进行的快慢程度的物理量。通常用单位时间内反应物浓度的减少或生成物浓度的增加来表示。浓度的改变用 Δc 表示，用 Δt 表示时间间隔。用生成物表示反应速率时速率为正；用反应物表示时，在前面加负号，表示其消耗速率，这样表示的速率为正值。

对于反应 $a\text{A}+b\text{B}\longrightarrow m\text{C}$，反应速率用各物质表示时分别为

$$\bar{v}_\text{A}=-\frac{\Delta c_\text{A}}{\Delta t},\quad \bar{v}_\text{B}=-\frac{\Delta c_\text{B}}{\Delta t},\quad \bar{v}_\text{C}=\frac{\Delta c_\text{C}}{\Delta t} \tag{2-1}$$

单位为 $\text{mol}/(\text{L}\cdot\text{s})$、$\text{mol}/(\text{L}\cdot\text{min})$ 或 $\text{mol}/(\text{L}\cdot\text{h})$。

例如，在某条件下，对合成氨的反应

	$N_2(g)$	$+3H_2(g)$	$\Longrightarrow 2NH_3(g)$
起始浓度/(mol/L)	1.0	3.0	0
2 s 后浓度/(mol/L)	0.8	2.4	0.4

反应速率 $\bar{v}$ 分别可以表示为

$$\bar{v}_{NH_3} = \frac{0.4-0}{2} \text{ mol/(L} \cdot \text{s)} = 0.2 \text{ mol/(L} \cdot \text{s)}$$

$$\bar{v}_{N_2} = -\frac{0.8-1.0}{2} \text{ mol/(L} \cdot \text{s)} = 0.1 \text{ mol/(L} \cdot \text{s)}$$

$$\bar{v}_{H_2} = -\frac{2.4-3.0}{2} \text{ mol/(L} \cdot \text{s)} = 0.3 \text{ mol/(L} \cdot \text{s)}$$

它们之间的关系是

$$\bar{v}_{N_2} : \bar{v}_{N_2} : \bar{v}_{NH_3} = 1 : 3 : 2$$

可见,对于同一个反应,用不同物质的浓度变化表示反应速率时,其数值可能不同,化学反应中各物质的反应速率之比等于反应方程式中各物质的化学计量系数之比。

二、反应速率理论

1. 碰撞理论

分子间要发生反应,必须发生相互碰撞。发生相互碰撞是发生化学反应的前提,但并非每一次碰撞都发生预期的反应,只有非常少的碰撞是有效的。首先,分子无限接近时,要克服斥力,这就要求分子具有足够的运动速度,即能量。具备足够的能量是有效碰撞的必要条件。可见,反应速率不仅与碰撞频率有关,而且还应考虑能量等其他因素。为了说明以上事实,瑞典物理化学家阿伦尼乌斯提出了有效碰撞理论。

在化学反应中,反应物分子进行了无数次碰撞,其中能发生反应的碰撞称为有效碰撞。只有高能量的分子才能发生有效碰撞。反应中能量较高的、能发生有效碰撞的分子,叫做活化分子。不是反应物分子之间的任何一次直接作用都能发生反应,只有那些能量相当高的分子之间的直接作用才能发生反应。在一定温度下,某反应具有的活化分子数由该反应的活化能决定。

活化分子具有的最低能量 E^* 与反应物分子的平均能量 E 的差值叫做活化能,用 E_a 表示。即

$$E_a = E^* - E$$

不同的反应具有不同的活化能。反应的活化能越低,活化分子数越多,反应就越快。

2. 过渡态理论

过渡态理论又称活化配合物理论。这个理论认为:化学反应并不是通过反应物之间的简单碰撞完成,而是必须经过一个中间过渡状态。这个理论着眼于反应过程中的能量变化。

现以一般反应 $A+BC \longrightarrow AB+C$ 来说明。当反应物分子的能量至少等于活化分子的最低能量,并且按适当的取向而碰撞时,由于分子间的相互作用,分子 BC 中的键被削弱,而 A 和 BC 之间有了不太牢固的联系,这样就形成了活化配合物 $A{\cdots}B{\cdots}C$。活化配合物是一种能量高、不稳定、寿命短的反应原子的组合,它一经形成,就很快分解,它可分解成为较稳定的生成物,也可以分解为原来的反应物:

$$A+BC \longrightarrow A{\cdots}B{\cdots}C \longrightarrow AB+C$$

上述反应中的能量变化可用图 2-1 表示。纵坐标表示反应体系的能量,横坐标表示反应历程,曲线上各个点代表反应进行的不同阶段。由图可以看出,反应物要成为活化配合

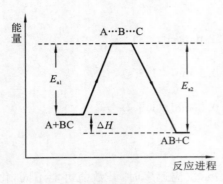

能量

A…B…C

E_{a1}

E_{a2}

A+BC

ΔH

AB+C

反应进程

图 2-1　过渡状态位能示意图

物,它的能量必须比反应物的能量高出 E_{a1},E_{a1} 就是该反应的活化能。由图还可以看出,生成物的平均能量比反应物的平均能量低,因此,这个反应是一个放热反应。如果上述反应向逆方向进行,即 AB+C ——→A+BC,也是先要形成 A…B…C 活化配合物,然后再分解为产物 A 和 BC。从图可以看出,逆反应的活化能为 E_{a2},逆反应是一个吸热反应。由于 $E_{a2} > E_{a1}$,所以,吸热反应的活化能总是大于放热反应的活化能。由图还可以看出,ΔH 等于正、逆反应的活化能之差,即 $\Delta H = E_{a1} - E_{a2}$。

由上述讨论可知,反应物分子必须具有足够能量以翻越一个能峰,才能转变为产物分子。反应的活化能越大,能峰就越高,能越过能峰的反应物分子比例就越小,反应速率就越慢;反应的活化能越小,能峰就越低,能越过能峰的反应物分子比例就越大,反应速率就越快。

3. 活化能与反应速率的关系

应用活化能(E_a)、活化分子概念,可以说明反应物的本性、浓度、温度和催化剂等因素对化学反应速率的影响。

不同的化学反应具有不同的 E_a,因而,反应速率也就不同。E_a 的大小是由反应物的本性所决定的,因此,E_a 是决定化学反应速率的内在因素。E_a 可以通过实验测定,一般化学反应的 E_a 在 60～250 kJ/mol。$E_a < 40$ kJ/mol 的反应,其反应速率非常快,可瞬间完成;$E_a > 400$ kJ/mol 的反应,其反应速率就非常慢。对某一反应来说,一定温度下,反应物分子中活化分子所占百分数是一定的。因此,单位体积内活化分子的数目与单位体积内反应物分子的总数成正比,也就是与反应物的浓度成正比。当反应物浓度增大时,单位体积内分子总数增加,活化分子的数目相应也增多,这样,也就使单位时间内有效碰撞次数增多,反应速率就加快。温度升高,分子运动速率加快,分子间碰撞频率增加,因此,反应速率加快,但根据气体分子运动论计算,当温度升高 10 ℃时,碰撞次数增加 2%左右,而实际反应速率一般增大 200%～400%。这是因为,温度升高,不仅使分子间碰撞频率增加,更主要的是升高温度会使较多的分子获得能量而成为活化分子,因而,增加了活化分子百分数。结果,单位时间内有效碰撞次数显著增加,从而大大加快了反应速率。催化剂能加快反应速率,主要是由于改变了反应的途径,在新的反应途径中,形成另一种能量较低的活化配合物,因而降低了反应所需的活化能,相应地增加了活化分子百分数,加快了反应速率。由于催化剂的使用,导致反应活化能的降低,反应速率加快的倍数是非常惊人的。例如:

$$2SO_2 + O_2 \longrightarrow 2SO_3$$

反应在 500 ℃进行,无催化剂时,$E_a = 251$ kJ/mol;当以 Pt 作为催化剂时,$E_a = 63$ kJ/mol,E_a 降低了 188 kJ/mol,因而,使反应速率增大了约 1012 倍。

 第二节　影响化学反应速率的因素

反应物的结构、组成和性质等是影响反应速率的内因,起决定作用。化学反应速率还会受到一些外界因素的影响,主要有浓度、压力、温度和催化剂。

一、浓度对反应速率的影响

大量实验证明,当其他条件不变时,增大反应物浓度,则化学反应速率加快;减小反应物浓度,则化学反应速率减慢。这一结论可以借助有效碰撞理论来解释。

增大反应物浓度,相当于增大活化分子的浓度,从而增加单位时间内反应物分子有效碰撞的次数,这就导致反应速率的增大。

经过研究发现,根据化学反应完成的具体途径,化学反应分为基元反应和非基元反应。反应物分子(或离子、原子以及自由基等)直接碰撞一步完成的反应,称为基元反应。由两个或两个以上基元反应构成的化学反应称为非基元反应或复杂反应。例如,气态氢和气态碘合成气态碘化氢的反应:

$$H_2(g) + I_2(g) =\!\!=\!\!= 2HI(g)$$

为三分子反应,是非基元反应。因为这个反应是通过两个步骤完成的:

(1) $I_2(g) \longrightarrow 2I(g)$ 快

(2) $H_2(g) + 2I(g) \longrightarrow 2HI$ 慢

(1)、(2)反应都是基元反应。基元反应(1)、(2)表示了氢与碘合成所经历的微观过程。复杂反应中的基元反应,有的是快反应,有的是慢反应,其中最慢反应的一步决定了总反应的速率,这一步称为总反应的速率控制步骤。

在一定条件下,基元反应的反应速率与反应物浓度的系数次方的乘积成正比,这一规律称为质量作用定律。质量作用定律只适用于基元反应。例如:

对于基元反应:$aA + bB =\!\!=\!\!= cC + dD$

质量作用定律的数学表达式为

$$v = kc_A^a \cdot c_B^b \tag{2-2}$$

式(2-2)称为速率方程。式中 v 为反应的瞬时速率,c_A、c_B 分别为 A、B 反应物的瞬时浓度,a、b 分别为反应方程式中 A、B 物质化学式前面的系数,k 为速率常数。对某一化学反应来说,一定条件(如温度、催化剂)下,k 是一个常数,不同的反应有不同的 k 值。k 值与反应物本性、反应温度、催化剂等因素有关,而与反应物浓度无关。

二、温度对反应速率的影响

温度对反应速率的影响非常显著。如对于反应 $2H_2 + O_2 =\!\!=\!\!= 2H_2O$,实验测得:400 ℃时,化合需 80 d;在 1000 ℃时,则瞬间发生爆炸。对于绝大多数化学反应,升高温度,反应速率增大。一般来讲,在反应物浓度恒定时,温度每升高 10 ℃,反应速率增加 2~4 倍。

三、压力对反应速率的影响

压力仅对有气体参加的反应速率有影响。温度一定时,气体的体积与压力成反比,当气体压力增加至原来的 2 倍时,那么其体积就变成原来的一半,单位体积内的分子数就增加到原来的 2 倍。所以对于气体反应,压力增大,则体积减小,增加了单位体积内反应物的物质的量,即增大了反应物的浓度,因此反应速率增大;压力减小,则气体体积增大,减小了反应物的浓度,因此反应速率减小。

对于反应物是固体、液体,或在水溶液中的反应,压力对其体积的影响很小,反应物的浓度几乎不变。因此,可以认为压力与其反应速率无关。

四、催化剂对反应速率的影响

在化学反应中,那些能显著改变反应速率,而在反应前后自身组成、质量和化学性质基本不变的物质叫做催化剂。能增大反应速率的称为正催化剂,能减小反应速率的称为负催化剂。例如合成氨生产中使用的铁,硫酸生产中使用的 V_2O_5 以及促进生物体化学反应的各种酶(如淀粉酶、蛋白酶、脂肪酶等)均为正催化剂;防止橡胶、塑料老化的防老化剂等均为负催化剂。通常所说的催化剂一般是指正催化剂。

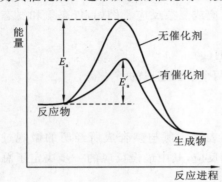

图 2-2　催化剂降低反应活化能示意图

根据动力学理论,催化剂之所以能显著地增大化学反应速率,是由于催化剂使反应所需的活化能显著降低,从而使活化分子百分数和有效碰撞次数增多,导致反应速率增大。如图 2-2 所示。

催化剂的特点如下:

(1)催化剂只能改变反应速率,而不影响化学反应的始态和终态。即催化剂不能改变反应进行的方向,对那些不能发生的反应,使用任何催化剂都是徒劳的。

(2)对同一可逆反应来说,催化剂可以同等程度地加快正、逆反应的速率。

(3)在反应速率方程中,催化剂对反应速率的影响体现在反应速率常数 k 的变化,对确定的反应而言,反应温度一定时,采用不同的催化剂一般有不同的 k 值。

(4)催化剂具有选择性,即某一催化剂对某一反应(或某一类反应)有催化作用,但对其他反应可能无催化作用。

(5)催化剂在反应前后其质量和化学组成不变。催化剂用量小,但对反应速率影响大。

第三节　化学平衡

一、可逆反应与化学平衡

化学反应视其进行的程度可分为两类:一类为几乎能进行到底的反应,即反应物基本上全部转化为生成物,这类反应称为不可逆反应。如 $KClO_3$ 的分解反应。另一类为在同一条件下可同时向正、反两个方向进行的反应,称为可逆反应。如:

$$2SO_2(g) + O_2(g) \Longrightarrow 2SO_3(g)$$

反应的可逆性和不彻底性是一般化学反应的普遍特征。因此,研究化学反应进行的限度,了解特定反应在指定条件下,消耗一定量的反应物,理论上最多能获得多少生成物,在理论和实践上都有重要意义。

可逆反应中,反应物不可能全部转化为生成物。对于在一定条件下于密闭容器内进行的可逆反应,例如:

$$N_2(g)+3H_2(g) \Longrightarrow 2NH_3(g)$$

当反应开始时,N_2 和 H_2 的浓度较大,而 NH_3 的浓度为零,因此正反应速率较大。而 NH_3 一经生成,逆向反应也就开始进行。随着反应的进行,反应物的浓度逐渐减小,$v_{正}$ 减小;同时,生成物的浓度逐渐增大,$v_{逆}$ 增大。当反应进行到一定程度后,$v_{正}=v_{逆}$,此时反应物和生成物的浓度不再发生变化,反应达到了该反应条件下的极限。我们将这种在一定条件下密闭容器中,当可逆反应的正反应速率和逆反应速率相等时,该反应体系所处的状态称为化学平衡状态。化学平衡状态有如下几个特点:

(1)"等":处于密闭体系的可逆反应,化学平衡状态建立的条件是正反应速率和逆反应速率相等。即 $v_{正}=v_{逆}\neq0$。这是可逆反应达到平衡状态的重要标志。

(2)"定":当一定条件下可逆反应达平衡状态时,在平衡体系的混合物中,各组成成分的含量保持一定,不随时间的改变而改变。这是判断体系是否处于化学平衡状态的重要依据。

(3)"动":指定化学反应已达化学平衡状态时,反应并没有停止,实际上正反应与逆反应始终在进行,且正反应速率等于逆反应速率,所以化学平衡状态是动态平衡状态。

(4)"变":任何化学平衡状态均是暂时的、相对的、有条件的。当外界条件变化时,原来的化学平衡即被打破,在新的条件下建立起新的化学平衡。

二、化学平衡常数

1. 化学平衡常数

一个可逆反应进行的程度,可用化学平衡常数来表示。对于一定温度下的反应

$$aA+bB \Longrightarrow cC+dD$$

当达到平衡时,各物质的浓度之间存在如下关系:

$$K = \frac{[C]^c \cdot [D]^d}{[A]^a \cdot [B]^b} \tag{2-3}$$

式中 K 称为化学反应的经验平衡常数。即在一定温度下,可逆反应达到平衡时,生成物的浓度以反应方程式中计量系数为指数的幂的乘积与反应物的浓度以反应方程式中计量系数为指数的幂的乘积之比为一个常数。

从式(2-3)可以看出,经验平衡常数 K 一般是有单位的,只有当反应物的计量系数之和与生成物的计量系数之和相等时,K 才是无量纲量。

若将式(2-3)中的各物质的平衡浓度除以标准浓度($c^\ominus$),可得标准平衡常数:

$$K_c^\ominus = \frac{([C]/c^\ominus)^c \cdot ([D]/c^\ominus)^d}{([A]/c^\ominus)^a \cdot ([B]/c^\ominus)^b} \tag{2-4}$$

式中 $K_c^\ominus$ 为标准平衡常数,是无量纲的量;$c^\ominus$ 为标准浓度(1 mol/L)。如果是气体反应,物质浓度应用分压表示,则式(2-3)、式(2-4)可分别写成

$$K_p = \frac{[p_C]^c \cdot [p_D]^d}{[p_A]^a \cdot [p_B]^b} \tag{2-5}$$

$$K_p^\ominus = \frac{[p_C/p^\ominus]^c \cdot [p_D/p^\ominus]^d}{[p_A/p^\ominus]^a \cdot [p_B/p^\ominus]^b} \tag{2-6}$$

式中，$p^{\ominus}$ 为标准压力(100 kPa)。

平衡常数与浓度无关，但随温度的变化而变化。对一定的反应，温度一定，$K^{\ominus}$ 为一常数。$K^{\ominus}$ 值的大小表示可逆反应能够进行的程度。

应用式(2-3)、式(2-4)和式(2-5)、式(2-6)进行有关计算时应注意以下几点：

(1) 上述平衡关系式只适用于平衡系统。

(2) 固体、纯液体或稀溶液中的水分子浓度不写入平衡常数表达式。

(3) 平衡常数的数值与反应式的书写有关。如：

$$H_2(g) + I_2(g) \Longleftrightarrow 2HI(g) \qquad K_1^{\ominus} = \frac{(p_{HI}/p^{\ominus})^2}{(p_{H_2}/p^{\ominus}) \cdot (p_{I_2}/p^{\ominus})}$$

$$\frac{1}{2}H_2(g) + \frac{1}{2}I_2(g) \Longleftrightarrow HI(g) \qquad K_2^{\ominus} = \frac{[p_{HI}]/p^{\ominus}}{(p_{H_2}/p^{\ominus})^{1/2} \cdot (p_{I_2}/p^{\ominus})^{1/2}}$$

$$2HI(g) \Longleftrightarrow H_2(g) + I_2(g) \qquad K_3^{\ominus} = \frac{(p_{H_2}/p^{\ominus}) \cdot (p_{I_2}/p^{\ominus})}{([p_{HI}]/p^{\ominus})^2}$$

显然，它们之间的关系是

$$K_1^{\ominus} = (K_2^{\ominus})^2 = \frac{1}{K_3^{\ominus}}$$

【例 2-1】 某温度下，在密闭容器中进行如下反应：

$$2SO_2(g) + O_2(g) \Longleftrightarrow 2SO_3(g)$$

已知 SO_2 和 O_2 的起始浓度分别为 0.4 mol/L 和 1.0 mol/L，当有 80% 的 SO_2 转化为 SO_3 时，反应即达平衡，求平衡时三种气体的浓度和该温度下的平衡常数。

解： 反应式

	$2SO_2(g)$	$+$ $O_2(g)$	$\Longleftrightarrow$	$2SO_3(g)$
起始浓度/(mol/L)	0.4	1.0		0
平衡浓度/(mol/L)	$0.4-0.32$	$1.0-\frac{1}{2}\times0.32$		$0.4\times80\%$
	$=0.08$	$=0.84$		$=0.32$

根据化学平衡定律，有

$$K_c = \frac{[SO_3]^2}{[SO_2]^2[O_2]} = \frac{0.32^2}{0.08^2\times0.84} = 19$$

2. 反应商 Q 与 $K^{\ominus}$

反应商 Q 为任一状态下的浓度商，$K^{\ominus}$ 是平衡状态时的浓度商。

若 $Q = K^{\ominus}$，则反应处于平衡状态；

若 $Q < K^{\ominus}$，则正向反应自发进行；

若 $Q > K^{\ominus}$，则逆向反应自发进行。

3. 转化率

平衡转化率，有时简称为转化率，指的是当反应达到平衡时，已转化的反应物浓度占该物质初始浓度的百分数。

$$转化率 = \frac{已转化的反应物浓度}{反应物的初始浓度} \times 100\%$$

【例 2-2】 已知在某温度下，反应 $2NO_2 \Longleftrightarrow N_2O_4$ 的平衡常数为 $K_c = 0.5$，若 NO_2 的初始浓度为 2 mol/L，求当反应达到平衡时各物质的浓度及 NO_2 的转化率。

解：设平衡时 N_2O_4 的浓度为 x mol/L。

$$2NO_2 \rightleftharpoons N_2O_4$$

起始浓度/(mol/L)   2   0

平衡浓度/(mol/L) $2-2x$ x

$$K_c = \frac{[N_2O_4]}{[NO_2]^2} = \frac{x}{(2-2x)^2} \text{ mol/L} = 0.5 \text{ mol/L}$$

解得

$$x = 0.5 \text{ mol/L}$$

$$NO_2 \text{的平衡浓度} = (2-2x) \text{ mol/L} = 1.0 \text{ mol/L}$$

$$NO_2 \text{转化率} = \frac{\text{已转化的 } NO_2 \text{ 的浓度}}{NO_2 \text{ 的初始浓度}} \times 100\% = \frac{2x}{2} \times 100\% = 50\%$$

第四节　化学平衡的移动

　　化学平衡是在一定条件下的动态平衡。一旦外界条件(如浓度、压力、温度等)发生变化，原有的平衡状态就被破坏，直至在新的条件下建立起新的平衡。这种由于外界条件改变，可逆反应由一种平衡状态转变为另一种平衡状态的过程，称为化学平衡的移动。

一、浓度对化学平衡的影响

　　在其他条件不变时，当一个可逆反应达到平衡后，改变任何一种反应物或生成物的浓度，都会引起化学平衡的移动。如果增大反应物的浓度或减小生成物的浓度，则使 $Q < K_c$，反应向右进行，直到 Q 重新等于该温度下的平衡常数 K_c，体系建立新的平衡为止。反之，如果增大生成物的浓度或减小反应物的浓度，则使 $Q > K_c$，平衡将向逆反应方向移动。

　　医学上，临床输氧抢救重危病人，也是利用浓度的变化引起平衡移动的原理。人体血液中血红蛋白(Hb)具有输氧功能，它能和肺部的氧结合成氧合血红蛋白(HbO_2)，HbO_2 随血液流经全身组织，将 O_2 放出，以供全身组织利用。

　　总之，在温度不变的条件下，增大反应物浓度或减小生成物的浓度，平衡向正反应方向移动；增大生成物浓度或减小反应物浓度，平衡向逆反应方向移动。

二、压力对化学平衡的影响

　　对于有气体参加的反应，在其他条件不变时，压力对化学平衡的影响可分下列三种情况讨论：

　　(1) 生成物的气体分子总数大于反应物的气体分子总数，如：

$$2H_2O(g) \rightleftharpoons 2H_2(g) + O_2(g)$$

当体系压力增大时，化学平衡向逆反应方向移动；当体系压力减小时，化学平衡向正反应方向移动。

　　(2) 生成物的气体分子总数小于反应物的气体分子总数，如：

$$2NO_2(g) \rightleftharpoons N_2O_4(g)$$

当体系压力增大时,化学平衡向正反应方向移动;当体系压力减小时,化学平衡向逆反应方向移动。

(3) 生成物的气体分子总数等于反应物的气体分子总数,如:

$$CO(g)+H_2O(g) \Longrightarrow CO_2(g)+H_2(g)$$

当体系的压力改变时,增加总压或减小总压,对各气态物质分压的影响是等同的,化学平衡不发生移动。

压力的变化对没有气体参加的液态和固态反应影响不大,因压力对固体和液体的体积影响极小。

三、温度对化学平衡的影响

在一定温度下,浓度或压力的改变并不引起 $K^\ominus$ 值的改变。温度对化学平衡移动的影响则不然。温度的改变会引起标准平衡常数的改变,从而使化学平衡发生移动。

对吸热反应,升高温度,$K^\ominus$ 值将增大;降低温度,$K^\ominus$ 值将减小。而对放热反应,升高温度,$K^\ominus$ 值将减小;降低温度,$K^\ominus$ 值将增大。

温度对化学平衡的影响可以归纳为:在其他条件不变的情况下,升高温度,化学平衡向吸热反应方向移动;降低温度,化学平衡向放热反应方向移动。例如:

$$2NO_2 \Longrightarrow N_2O_4+Q$$

红棕色　　　无色

当可逆反应达到平衡后,升高温度,平衡向生成 NO_2 的方向(红棕色加深),即吸热反应的方向移动。

【例 2-3】 下列平衡体系中,压力与温度变化是否影响化学平衡?若增大压力、升高温度,平衡怎样移动?

(1) $2SO_2(g)+O_2(g) \Longrightarrow 2SO_3(g)+Q$

(2) $C(s)+CO_2(g) \Longrightarrow 2CO(g)-Q$

(3) $FeO(s)+CO(g) \Longrightarrow Fe(s)+CO_2(g)-Q$

解:(1) 压力减小,平衡向逆反应方向移动;升高温度,平衡向逆反应方向移动。

(2) 压力减小,平衡向正反应方向移动;升高温度,平衡向正反应方向移动。

(3) 压力不影响该反应的平衡;升高温度,平衡向正反应方向移动。

四、催化剂不影响化学平衡

催化剂既降低正反应的活化能,也降低逆反应的活化能,因此它既增大正反应的速率,也增大逆反应的速率,对正、逆反应速率的影响是相同的,故不会使化学平衡发生移动。催化剂的加入,可以改变达到平衡的时间。

以上介绍了浓度、压力、温度对化学平衡的影响,这些影响可以概括出一条普遍规律:如果改变影响平衡体系的条件之一,化学平衡就向着能够减小这种改变的方向移动。这个规律叫做勒夏特列原理,也叫做化学平衡移动原理。

▌**知识拓展** ▌

一、生物催化剂——酶

人体是一个复杂的"化工厂",在这个"化工厂"里同时进行着许多互相协同配合的化学反应。这些反应不能在高温、高压、剧毒、强腐蚀的条件下进行,只能在体温条件下温和地进行。这些反应还要求有较高的速率,而且需要随着环境和身体情况的变化而随时自动地进行精密调节。如此苛刻的条件是怎样实现的呢?这要靠一类特殊的蛋白质——酶的作用。

酶是具有生物活性的蛋白质,对于许多有机化学反应和生物体内进行的复杂的反应具有很强的催化作用。酶的催化作用具有以下特点:

(1)条件温和、不需加热。在接近体温和接近中性的条件下,酶就可以起作用。在 30~50 ℃酶的活性最强,超过适宜的温度时,酶将逐渐丧失活性。

(2)具有高度的专一性。如蛋白酶只能催化蛋白质的水解反应,淀粉酶只对淀粉起催化作用,如同一把钥匙开一把锁那样。

二、体内平衡

深刻理解化学平衡是一个动态平衡,对人体内各种平衡的理解具有启迪作用。体内平衡是指在一定外部条件下,生物体维持体内环境相对稳定的动态平衡状态。在人体内平衡包括以下的内容:①温度的相对平衡,确保酶在适宜的环境中工作,主要参与调节的器官是皮肤和肌肉;②葡萄糖浓度相对平衡,以维持肌肉、脑部活动,主要参与调节的器官是肾上腺、胰、肝;③水分和盐的相对平衡,主要参与调节的器官是肾、皮肤。体内平衡以负反馈机制运作,即当某一个条件增加时,身体便会作出反抗该变化的行为。例如,吃过饭后,消化所得的葡萄糖进入血液,浓度高于正常水平,胰脏分泌更多胰岛素,促使肝将葡萄糖转为糖原,以降低葡萄糖浓度。

能力检测

一、单项选择题

1. 基元反应是（　　）。

A. 一级反应　　　　　　　　　　　B. 二级反应

C. 一步能完成的反应　　　　　　　D. 化合反应

2. 已知反应 $C(石墨) + O_2(g) \Longrightarrow CO_2(g)$ 平衡常数为 K_1,反应 $3C(石墨) + 3O_2(g) \Longrightarrow 3CO_2(g)$ 平衡常数为 K_2,则它们之间的关系为（　　）。

A. $K_1^3 = K_2$　　　B. $K_2^3 = K_1$　　　C. $K_2 = K_1$　　　D. 无法判断

3. 某一步完成的简单反应 $mA + nB \Longrightarrow C$,该反应的速率表达式为（　　）。

A. $v = kc_A^m$　　　B. $v = kc_B^n$　　　C. $v = kc_C$　　　D. $v = kc_A^m c_B^n$

4. 假设温度每升高 10 ℃,反应速率就增大到原来的 2 倍。若反应温度由原来的 20 ℃升高到 60 ℃,则反应速率增加到原来的（　　）。

A. 4 倍　　　　　B. 8 倍　　　　　C. 16 倍　　　　　D. 63 倍

5. 催化剂能改变化学反应速率的本质原因是( )。

A. 改变化学反应的历程　　　　　　B. 增大了活化分子百分数

C. 增大了反应物浓度　　　　　　　D. 增加了反应物分子间的碰撞频率

6. 影响化学反应速率大小的决定性因素是( )。

A. 浓度　　　　　B. 压力　　　　　C. 温度　　　　　D. 反应物结构

7. 在同一反应条件下,只能向一个方向进行的单向反应叫做( )。

A. 放热反应　　　　B. 吸热反应　　　　C. 不可逆反应　　　　D. 可逆反应

8. 下列因素对转化率无影响的是( )。

A. 温度　　　　　　　　　　　　　B. 浓度

C. 压力(对气相反应)　　　　　　　D. 催化剂

9. 关于反应 $3H_2 + N_2 \Longrightarrow 2NH_3$ 的化学平衡常数的表达式,正确的是( )。

A. $K_c = \dfrac{[NH_3]}{[N_2][H_2]}$ 　　　　　　　　　B. $K_c = \dfrac{[NH_3]^2}{[N_2][H_2]^3}$

C. $K_c = \dfrac{[N_2][H_2]}{[NH_3]}$ 　　　　　　　　　D. $K_c = \dfrac{[N_2][H_2]^3}{[NH_3]^2}$

10. 某温度下,在体积为 1 L 的容器中,将浓度为 5 mol/L 的 SO_2 和浓度为 2.5 mol/L 的 O_2 混合,达到平衡时,SO_3 的浓度为 3 mol/L,反应式为 $2SO_2(g) + O_2(g) \Longrightarrow 2SO_3(g)$, 该反应的化学平衡常数为( )。

A. 2.10　　　　　B. 2.15　　　　　C. 2.20　　　　　D. 2.25

11. 在 $mA(g) + nB(g) \Longrightarrow pC(g) + qD(s)$ 的平衡体系中,若增大压力平衡不移动,则 m、n、p、q 之间的关系是( )。

A. $m+n=p+q$ 　　　　　　　　　B. $m+n<p+q$

C. $m+n=p$ 　　　　　　　　　　　D. $m+n<p$

二、多项选择题

1. 采取下列措施,能增加反应物分子中活化分子的百分数的是( )。

A. 升高温度　　　　　　　　　　　B. 使用催化剂

C. 增大压力　　　　　　　　　　　D. 增大浓度

E. 降低温度

2. 化学平衡的特点是( )。

A. 反应物与生成物浓度相等

B. 动态平衡

C. 反应物浓度的乘积与生成物浓度的乘积相等

D. 反应物与生成物浓度保持不变

E. 正反应速率与逆反应速率相等

3. 合成氨反应 $N_2 + 3H_2 \Longrightarrow 2NH_3$ 为一放热反应,为了增大 H_2 的平衡转化率,可采取的措施是( )。

A. 加入催化剂　　　　　　　　　　B. 降低温度

C. 增大压力　　　　　　　　　　　D. 增大 N_2 的物质的量

E. 增大 H_2 的物质的量

4. 可逆反应 $A(s) + AB_2(g) \rightleftharpoons 2AB(g)$ 达到平衡状态,改变下列条件,能使平衡常数发生变化的是(　　)。

A. 降低温度　　　　　　　　B. 增大压力

C. 使用催化剂　　　　　　　D. 升高温度

E. 减小压力

三、简答题

写出下列反应的平衡常数表达式:

1. $C(石墨) + \dfrac{1}{2}O_2(g) \rightleftharpoons CO(g)$

2. $H_2(g) + I_2(g) \rightleftharpoons 2HI(g)$

3. $4H_2(g) + Fe_3O_4(s) \rightleftharpoons 3Fe(s) + 4H_2O(g)$

四、计算题

已知下列反应:

$Fe(s) + CO_2(g) \rightleftharpoons FeO(s) + CO(g)$　　　　$K_1^{\ominus}$

$Fe(s) + H_2O(g) \rightleftharpoons FeO(s) + H_2(g)$　　　　$K_2^{\ominus}$

在不同温度时的标准平衡常数值如下:

T/K	$K_1^{\ominus}$	$K_2^{\ominus}$
973	1.47	2.38
1073	1.81	2.00
1173	2.15	1.67
1273	2.48	1.49

试计算在上述各温度时反应 $CO_2(g) + H_2(g) \rightleftharpoons CO(g) + H_2O(g)$ 的标准平衡常数 $K^{\ominus}$。并通过计算说明此反应是放热反应还是吸热反应。

（刘忠丽）

第三章 电解质溶液和酸碱平衡

本章要求

1. 熟悉强电解质溶液理论以及酸碱质子理论的有关知识。
2. 掌握水的离子积及其应用、共轭酸碱对 K_a 与 K_b 的关系。
3. 掌握酸、碱水溶液 pH 值的计算,以及缓冲溶液的概念、组成及 pH 值的计算。
4. 掌握缓冲溶液的作用原理及其配制。
5. 了解缓冲容量以及缓冲溶液在医学上的应用。

自然界中许多化学反应是在溶液中进行的,有些反应是离子间的反应,离子是由电解质解离而产生的。因此,了解电解质溶液及缓冲溶液的性质是十分必要的。本章首先介绍酸碱理论和溶液的解离理论,然后讨论缓冲溶液。

第一节 强电解质溶液理论

电解质是指溶于水中或熔融状态下能导电的化合物。其水溶液称为电解质溶液。在水溶液中能完全解离成离子的化合物就是强电解质。弱电解质是指在水溶液中只能部分解离成离子的化合物。例如,硫酸、氢氧化钠、氯化钠等属于强电解质,醋酸、一水合氨等属于弱电解质。

一、离子相互作用理论

强电解质是离子化合物或强极性共价化合物,在溶液中完全解离,其解离度应是100%。但溶液导电性实验测得在 298 K,0.10 mol/L 硫酸、硝酸的解离度分别为 61%、92%,见表 3-1。

表 3-1 强电解质水溶液的解离度(298 K,0.10 mol/L)

电解质	KCl	ZnSO$_4$	HCl	HNO$_3$	H$_2$SO$_4$	NaOH	Ba(OH)$_2$
解离度 α/(%)	86	40	92	92	61	91	81

1923 年,荷兰人德拜(Debye)和德国人休克尔(Hückel)提出了强电解质溶液理论,成

功地解释了上面提出的矛盾现象。德拜-休克尔理论指出：

（1）强电解质溶液中不存在分子，解离是完全的。

（2）离子间通过静电力相互作用，每一个离子都被异号离子所包围，形成所谓离子氛（ion atmosphere，见图 3-1）。由于离子与离子氛之间相互作用，使离子不能 100% 发挥作用，因此发挥作用的离子数少于完全解离时离子的数目。

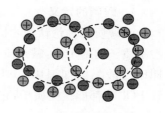

显然，离子的浓度越大，离子所带电荷越多，离子与它的离子氛之间的作用就越强。可以用离子强度（I）的概念来衡量溶液中离子与它的离子氛之间相互作用的强弱，其定义式为

图 3-1 离子氛示意图

$$I = \frac{1}{2}\sum b_i Z_i^2 \tag{3-1}$$

式中：b_i 表示溶液中第 i 种离子的质量摩尔浓度；Z_i 表示第 i 种离子的电荷数；I 表示离子强度，单位为 mol/kg。

二、离子活度和活度系数

电解质溶液中离子实际发挥作用的浓度称为有效浓度，或称为活度（a）。显然活度的数值比其对应的浓度数值要小一些。

$$a = fc \tag{3-2}$$

式中 a 表示活度，c 表示浓度，f 表示活度系数。

浓度用活度系数修正后，得到的活度能更真实地体现溶液的行为。显然，溶液中离子浓度越大，离子间相互牵制程度越大，f 的数值越小。此外，离子的电荷数越高，所在溶液的离子强度越大，离子间的相互作用力越大，则 f 的数值越小。而在弱电解质及难溶强电解质溶液中，由于离子浓度很小，离子间相互作用较弱，活度系数 f 接近 1，离子活度与浓度几乎相等，故在近似计算中用离子浓度代替活度，不会引起大的误差。本教材都采用离子浓度进行有关计算。

第二节 酸碱质子理论

一、酸碱理论发展概述

人类对酸碱的认识是不断深入的。1887 年由诺贝尔化学奖获得者阿伦尼乌斯（Arrhenius）提出酸碱电离理论。该理论认为，在水溶液中解离出的阳离子全部是 H^+ 的物质是酸，解离出的阴离子全部是 OH^- 的物质是碱。该理论仅限于水溶液，且不能解释 $NaHCO_3$ 溶液、氨水显碱性和 NH_4Cl 溶液显酸性等问题，因此酸碱电离理论有局限性。1923 年由丹麦化学家布朗斯特（Brönsted J. N.）和英国科学家劳瑞（Lowry）提出了酸碱质子理论。

二、酸碱质子理论

1. 酸碱的定义

酸碱质子理论认为：凡能给出质子（H^+）的物质都是酸；凡能接受质子的物质都是碱。酸是质子的给予体，碱是质子的接受体。酸给出质子后剩余的部分就是碱，碱接受质子后即成为酸。例如：HCl、NH_4^+、HAc 等都能释放出质子，它们都是酸；Cl^-、NH_3、Ac^-、$H_2PO_4^-$ 等都能接受质子，它们都是碱。酸和碱的关系可用下式表示：

$$酸 \Longrightarrow 质子 + 碱$$
$$HCl \Longrightarrow H^+ + Cl^-$$
$$NH_4^+ \Longrightarrow H^+ + NH_3$$
$$H_3PO_4 \Longrightarrow H^+ + H_2PO_4^-$$
$$HAc \Longrightarrow H^+ + Ac^-$$

酸给出质子后变成碱，碱接受质子后变成酸的这种相互关系称为共轭关系。仅相差 1 个质子的一对酸碱称为共轭酸碱对。如 HAc 和 Ac^- 是共轭酸碱对，HAc 是 Ac^- 的共轭酸，Ac^- 是 HAc 的共轭碱。从以上可以看出：酸和碱可以是中性分子、阴离子，也可以是阳离子。如 HCl、HAc 是分子酸，而 NH_4^+ 则是离子酸，Cl^-、CO_3^{2-} 是离子碱。有些物质如 H_2O、HCO_3^-、HS^-、$H_2PO_4^-$ 等既可以给出质子，又可以接受质子，这类分子或离子称为两性物质（amphoteric compound）。在一对共轭酸碱对中，共轭碱的碱性愈强，其共轭酸的酸性愈弱；反之亦然。

2. 共轭酸碱解离常数的关系

共轭酸碱对 $HA\text{-}A^-$ 在水溶液中达到平衡时存在如下质子传递反应平衡式：

$$HA + H_2O \Longrightarrow A^- + H_3O^+$$

$$K_a = \frac{[H_3O^+][A^-]}{[HA]} \tag{3-3}$$

$$A^- + H_2O \Longrightarrow HA + OH^-$$

$$K_b = \frac{[HA][OH^-]}{[A^-]} \tag{3-4}$$

将两式相乘，有

$$K_a K_b = \frac{[H_3O^+][A^-]}{[HA]} \cdot \frac{[HA][OH^-]}{[A^-]} = [H_3O^+][OH^-] = K_w$$

两边同时取负对数，得

$$pK_a + pK_b = pK_w \tag{3-5}$$

以上公式表明，共轭酸碱对的 K_a 与 K_b 成反比，已知酸的解离常数（K_a）就可以计算其共轭碱的解离常数（K_b）；反之亦然。另外也说明：酸愈弱，其共轭碱愈强；碱愈弱，其共轭酸愈强。

【例 3-1】 已知 25 ℃时，$NH_3 \cdot H_2O$ 的 $K_b = 1.78 \times 10^{-5}$，计算 NH_4^+ 的 K_a。

解： NH_4^+ 是 $NH_3 \cdot H_2O$ 的共轭酸，根据公式 $K_a K_b = K_w$，有

$$K_a = \frac{K_w}{K_b} = \frac{1.0 \times 10^{-14}}{1.78 \times 10^{-5}} = 5.6 \times 10^{-10}$$

3. 酸碱反应的实质

根据酸碱质子理论,酸碱反应即酸给出质子,碱得到质子,酸把质子传递给碱的过程,可用下式表示:

$$HA+B \rightleftharpoons HB+A$$

酸1 碱2　　酸2 碱1

共轭酸碱对

共轭酸碱对

上式中,HA 把质子传递给 B,自身变为其共轭碱 A,B 从 HA 接受质子,变为其共轭酸 HB。

酸碱电离理论中的酸(碱)在水溶液中的解离、酸碱中和、盐的水解等反应,在酸碱质子理论中都属于酸碱反应。如:

$$NH_3+H_2O \rightleftharpoons NH_4^+ +OH^-$$
$$HCl(g)+NH_3(g) \rightleftharpoons NH_4^+ +Cl^-$$
$$Ac^- +H_2O \rightleftharpoons HAc+OH^-$$

可以看出:一种酸和一种碱(酸 1 和碱 2)的反应,总是能生成一种新酸和一种新碱(酸 2 和碱 1)。并且酸 1 和生成的碱 1 组成一对共轭酸碱对,碱 2 和生成的酸 2 组成另一对共轭酸碱对。这说明酸碱反应的实质是两对共轭酸碱对之间的质子传递反应(protolysis reaction)。

第三节　水溶液中的质子转移平衡及有关计算

一、水的质子自递反应和溶液的 pH 值

1. 水的质子自递反应

在两个水分子之间也同样能够发生质子的传递反应,1 个 H_2O 分子能从另 1 个 H_2O 分子中得到质子形成 H_3O^+,而失去质子的 H_2O 分子则转化为 OH^-。此反应称为水的质子自递反应。反应方程式如下:

$$H_2O+H_2O \rightleftharpoons H_3O^+ +OH^-$$

在一定温度下,该反应达到平衡时,存在如下关系式:

$$K_i=\frac{[H_3O^+][OH^-]}{[H_2O]^2}$$

式中 K_i 为水的平衡常数。在纯水或稀溶液中,一般将 $[H_2O]$ 视为常数,它与 K_i 合并成一个新常数 K_w,则

$$K_w=[H_3O^+][OH^-]$$

K_w 称为水的质子自递常数,又称水的离子积。水的离子积不仅适用于纯水,也适用于所有稀水溶液。为了简便起见,用 $[H^+]$ 代表 $[H_3O^+]$,则有

$$K_w=[H^+][OH^-]=1.0\times10^{-14} \tag{3-6}$$

由于[H⁺]和[OH⁻]的乘积是一个常数,故若已知溶液中[H⁺],就可简单地算出溶液中的[OH⁻]。

【例 3-2】 计算 25 ℃时 0.0010 mol/L NaOH 溶液中 H⁺ 的浓度。

解:[OH⁻]=1.0×10^{-3} mol/L,根据公式 $K_w =$[H⁺][OH⁻]=1.0×10^{-14},有

$$[H^+] = \frac{K_w}{[OH^-]} = \frac{1.0 \times 10^{-14}}{1.0 \times 10^{-3}} \text{ mol/L} = 1.0 \times 10^{-11} \text{ mol/L}$$

2. 溶液的 pH 值

在科学研究和实验中,常使用酸或碱浓度很小的溶液。这时,如果直接用[H_3O^+]或[OH⁻]表示溶液的酸碱性,计算和记忆都很不方便。为简便起见,常用 pH 值来表示溶液的酸碱性。pH 值即[H_3O^+]的负对数值:

$$pH = -lg[H_3O^+]$$

或

$$pH = -lg[H^+] \tag{3-7}$$

298 K 时,中性溶液 pH=7,酸性溶液 pH<7,碱性溶液 pH>7。pH 值越小,溶液酸性越强;pH 值越大,溶液酸性越弱。pH 值每改变一个单位,[H_3O^+]或[OH⁻]相应改变10 倍。当[H_3O^+]或[OH⁻]大于 1 mol/L 时,可直接用[H_3O^+]或[OH⁻]来表示溶液的酸碱性。

强酸和强碱在水溶液中全部解离,因此在其浓度不是太低($c > 1.0 \times 10^{-6}$ mol/L)的情况下,一元强酸溶液 H⁺ 浓度等于酸的浓度,一元强碱溶液的 OH⁻ 浓度等于碱的浓度。例如:0.1 mol/L HCl 溶液,其 pH 值等于 1;0.01 mol/L NaOH 溶液,其 pH 值等于 12。

二、一元弱酸、弱碱溶液 pH 值的计算

在一元弱酸或弱碱水溶液中,同时存在着两个解离平衡:一个是弱酸(或弱碱)本身的解离平衡,另一个是溶剂水的质子自递平衡。

设一元弱酸 HA 溶液的起始浓度为 c,其质子传递平衡表达式为

$$HA + H_2O \Longrightarrow H_3O^+ + A^-$$

平衡时浓度 $\quad c - [H_3O^+] \quad [H_3O^+][A^-]$

平衡常数表达式 $\quad K_a = \dfrac{[H_3O^+][A^-]}{[HA]} = \dfrac{[H_3O^+]^2}{c - [H_3O^+]}$

该溶液中水的质子自递平衡式为

$$H_2O + H_2O \Longrightarrow H_3O^+ + OH^-$$

其平衡常数表达式为

$$K_w = [H_3O^+][OH^-]$$

(1) 通常情况下,当 $K_a c \geqslant 20 K_w$ 时,可忽略溶液中水的质子自递平衡。

(2) 当弱酸的 $c/K_a \geqslant 500$ 时,弱电解质的解离度已经很小,溶液中[H_3O^+]远小于 HA 的总浓度 c,则 $c - [H_3O^+] \approx c$,上式简化为

$$K_a = \frac{[H_3O^+]^2}{c}$$

则 $\qquad\qquad\qquad [H_3O^+] = \sqrt{K_a c} \tag{3-8}$

上述公式是计算一元弱酸溶液中[H_3O^+]的最简公式。

对于一元弱碱溶液,同理,可以得出一元弱碱溶液中$[OH^-]$的最简计算公式,即

$$[OH^-]=\sqrt{K_b c} \tag{3-9}$$

$$pH=14-pOH$$

式中 c 为一元弱碱的总浓度,K_b 为一元弱碱的解离常数。

以上弱碱溶液的 pH 值计算公式的使用条件:$K_b c \geqslant 20K_w$,$c/K_b \geqslant 500$。

【例 3-3】 计算 298 K 时,0.10 mol/L HAc 溶液的 pH 值。(已知 $K_a=1.75\times10^{-5}$)

解:因为

$$\frac{c}{K_a}=\frac{0.10}{1.75\times10^{-5}}>500$$

且

$$K_a c=1.75\times10^{-5}\times0.10=1.75\times10^{-6}\geqslant20K_w$$

所以可用最简式计算,即

$$[H_3O^+]=\sqrt{K_a c}=\sqrt{1.75\times10^{-5}\times0.10}\ mol/L=1.3\times10^{-3}\ mol/L$$

$$pH=-lg[H_3O^+]=-lg(1.3\times10^{-3})=2.89$$

【例 3-4】 计算 298 K 时,0.10 mol/L NH_4Cl 溶液的 pH 值。(已知 NH_4^+ 的 $K_a=5.62\times10^{-10}$)

解:NH_4Cl 在水溶液中完全解离为 NH_4^+ 和 Cl^-,NH_4^+ 是离子酸,则 NH_4^+ 的总浓度 c 为 0.10 mol/L。

因为 $\dfrac{c}{K_a}=\dfrac{0.10}{5.62\times10^{10}}>500$,且 $K_a c=5.62\times10^{-10}\times0.10\geqslant20K_w$,所以有

$$[H^+]=\sqrt{K_a c}=\sqrt{5.62\times10^{-10}\times0.10}\ mol/L=7.5\times10^{-6}\ mol/L$$

$$pH=-lg[H^+]=-lg(7.5\times10^{-6})=5.12$$

三、多元弱酸和多元弱碱

解离时每个分子能给出 2 个或 2 个以上质子的弱酸称为多元弱酸。如 H_2CO_3、H_2S、H_3PO_4 等。多元弱酸的解离是分步进行的,每一步解离都有相应的解离常数,通常用 K_{a1}、K_{a2}、K_{a3} 等表示。例如典型的三元弱酸是磷酸,它在水中分三步解离:

$$H_3PO_4+H_2O \rightleftharpoons H_2PO_4^-+H_3O^+ \qquad K_{a_1}=\frac{[H_2PO_4^-][H_3O^+]}{[H_3PO_4]}=6.92\times10^{-3}$$

$$H_2PO_4^-+H_2O \rightleftharpoons HPO_4^{2-}+H_3O^+ \qquad K_{a_2}=\frac{[HPO_4^{2-}][H_3O^+]}{[H_2PO_4^-]}=6.23\times10^{-8}$$

$$HPO_4^{2-}+H_2O \rightleftharpoons PO_4^{3-}+H_3O^+ \qquad K_{a_3}=\frac{[PO_4^{3-}][H_3O^+]}{[HPO_4^{2-}]}=4.79\times10^{-13}$$

一般多元弱酸的解离常数 $K_{a1}\gg K_{a2}\gg K_{a3}$。因此,在多元弱酸的水溶液中,通常 H^+ 主要来源于第一步解离。

每个分子能接受 2 个或 2 个以上质子的弱碱称为多元弱碱。如 Na_2S、Na_2CO_3、Na_3PO_4 等。多元弱碱的解离情况与多元弱酸相似,其解离常数通常用 K_{b1}、K_{b2}、K_{b3} 等表示。

一般情况下,多元弱酸或多元弱碱中$[H^+]$或$[OH^-]$的计算,可按一元弱酸或一元弱碱进行简化处理。

多元弱酸溶液:当 $cK_{a1}\geqslant20K_w$,$\dfrac{K_{a1}}{K_{a2}}\geqslant10^2$,$\dfrac{c}{K_{a1}}\geqslant500$ 时,有

$$[H^+] = \sqrt{cK_{a1}} \tag{3-10}$$

多元弱酸溶液：当 $cK_{b1} \geqslant 20K_w$，$\dfrac{K_{b1}}{K_{b2}} \geqslant 10^2$，$\dfrac{c}{K_{b1}} \geqslant 500$ 时，有

$$[OH^-] = \sqrt{cK_{b1}} \tag{3-11}$$

【例 3-5】 计算 298 K 时，0.10 mol/L Na_2CO_3 溶液的 pH 值。（已知 $K_{b1} = 2.14 \times 10^{-4}$，$K_{b2} = 2.24 \times 10^{-8}$）

解：因为 $cK_{b1} > 20K_w$，$\dfrac{K_{b1}}{K_{b2}} > 10^2$，$\dfrac{c}{K_{b1}} \geqslant 500$，所以有

$$[OH^-] = \sqrt{cK_{b1}} = \sqrt{2.14 \times 10^{-4} \times 0.10} \text{ mol/L} = 4.6 \times 10^{-3} \text{ mol/L}$$
$$pOH = -\lg[OH^-] = -\lg(4.6 \times 10^{-3}) = 2.34$$
$$pH = 14 - 2.34 = 11.66$$

四、两性物质

既可以接受质子，又可以提供质子的物质称为两性物质。如 $NaHCO_3$、K_2HPO_4、NaH_2PO_4 等。对于两性物质溶液 pH 值的计算，一般进行如下近似处理：

对于 HA^- 型两性物质（即二元酸 H_2A 的酸式酸根），当 $cK_{a2} \geqslant 20K_w$，$\dfrac{c}{K_{a1}} > 20$ 时，有

$$[H^+] = \sqrt{K_{a1}K_{a2}} \tag{3-12}$$

对于 HB^{2-} 类型的两性物质（即三元酸 H_3A 的酸式酸根），当 $cK_{a3} \geqslant 20K_w$，$\dfrac{c}{K_{a2}} > 20$ 时，有

$$[H^+] = \sqrt{K_{a2}K_{a3}} \tag{3-13}$$

式(3-12)、式(3-13)中 K_{a1}、K_{a2}、K_{a3} 分别表示多元酸的分级解离常数。

【例 3-6】 计算 298 K 时，0.10 mol/L $NaHCO_3$ 溶液的 pH 值。（已知 $K_{a1} = 4.47 \times 10^{-7}$，$K_{a2} = 4.68 \times 10^{-11}$）

解：因为 $cK_{a2} > 20K_w$，$\dfrac{c}{K_{a1}} > 20$，所以有

$$[H^+] = \sqrt{K_{a1}K_{a2}} = \sqrt{4.47 \times 10^{-7} \times 4.68 \times 10^{-11}} \text{ mol/L} = 4.6 \times 10^{-9} \text{ mol/L}$$
$$pH = -\lg[H^+] = -\lg(4.6 \times 10^{-9}) = 8.34$$

第四节　缓　冲　溶　液

一、缓冲溶液的基本概念和缓冲作用原理

1. 缓冲溶液的基本概念

缓冲溶液(buffer solution)是一种能抵抗外来少量酸、碱和水的稀释，而本身的 pH 值几乎保持不变的溶液。缓冲溶液具有缓冲作用，是因为缓冲溶液一般是由具有足够浓度、适当比例的共轭酸碱对的两种物质组成。通常把这两种物质称为缓冲对(buffer pair)或缓

冲系(buffer system)。

2. 缓冲作用原理

缓冲溶液中有共轭酸碱对这样的两种物质存在,使其具有了对抗外来少量酸、碱的能力。现以 HAc-NaAc 组成的缓冲溶液为例,来说明缓冲溶液的缓冲机制。

在 HAc-NaAc 的缓冲系中,HAc 为弱电解质,解离度很小,在水中部分解离成 H^+ 和 Ac^-;NaAc 为强电解质,在水中全部解离,完全以 Na^+ 和 Ac^- 状态存在。

在这一混合溶液中,HAc 的解离平衡由于强电解质 NaAc 的存在,溶液中 Ac^- 浓度增高,对 HAc 的解离产生了同离子效应,抑制 HAc 的解离,使 HAc 的解离度更小。因此,混合溶液中 H^+ 浓度不大,但未解离的 HAc 的量(H^+ 的存储量)很大。同时,能与 H^+ 作用的 Ac^-(主要来自 NaAc)的量也很大。而且 HAc 和 Ac^- 是共轭酸碱对,在水溶液中存在着下列质子传递平衡:

$$HAc + H_2O \rightleftharpoons H_3O^+ + Ac^-$$

当向这一混合溶液中加入少量酸(如 HCl)时,溶液中大量的 Ac^- 就与外来的 H^+ 结合成 HAc 而使 HAc 的解离平衡向左移动。当建立新的化学平衡时,溶液中 HAc 的浓度略有增大、Ac^- 浓度略有减小、H^+ 浓度没有明显升高,溶液的 pH 值基本不变。因此,共轭碱 Ac^- 为此缓冲溶液的抗酸成分。

当向这一混合溶液中加入少量碱(如 NaOH)时,溶液中的 H^+ 与外来少量 OH^- 结合成 H_2O,溶液中减少的 H^+ 由大量 HAc 的解离来补充,使 HAc 的解离平衡向右移动。当建立新的化学平衡时,溶液中的 H^+ 浓度没有明显降低,溶液的 pH 值基本不变。因此,共轭酸 HAc 为此缓冲溶液的抗碱成分。

由于溶液中有大量的 HAc 来对抗外来少量强碱(OH^-),有大量的 Ac^- 来对抗外来少量强酸(H^+),因此具有缓冲作用。

二、缓冲溶液 pH 值的计算

缓冲溶液具有维持溶液 pH 值不发生明显变化的作用,计算缓冲溶液 pH 值,了解其变化规律是科学使用缓冲溶液的前提。

缓冲溶液由缓冲系共轭酸(HA)及其共轭碱(A^-)组成,在水溶液中存在如下质子转移平衡:

$$HA + H_2O \rightleftharpoons H_3O^+ + A^-$$

$$pH = pK_a + \lg \frac{[A^-]}{[HA]}$$

或

$$pH = pK_a + \lg \frac{[共轭碱]}{[共轭酸]} \qquad (3-14)$$

缓冲溶液的缓冲作用可以通过计算实例进一步说明。

【例 3-7】 若在 100 mL 0.10 mol/L HAc 和 NaAc 缓冲溶液中,加入 0.1 mL 1mol/L HCl 溶液,则 pH 值如何改变? 已知 HAc 的 $pK_a = 4.756$。

解:(1)原缓冲溶液的 pH 值。

$$[HAc] = [Ac^-] = 0.10 \text{ mol/L}$$

$$pK_a = 4.756$$

代入 $pH = pK_a + \lg \dfrac{[Ac^-]}{[HAc]}$，得

$$pH = 4.756 + \lg \frac{0.10}{0.10} = 4.76$$

（2）加入 HCl 溶液后 pH 值。

加入的 HCl 浓度 $\qquad [HCl] = \dfrac{1 \times 0.1}{100 + 0.1}$ mol/L $= 0.001$ mol/L

加入的 HCl 对 HAc 产生同离子效应，即

$$[HAc] = (0.1 + 0.001) \text{ mol/L} = 0.101 \text{ mol/L}$$

$$[Ac^-] = (0.1 - 0.001) \text{ mol/L} = 0.099 \text{ mol/L}$$

代入公式，得

$$pH = 4.756 + \lg \frac{0.099}{0.101} = 4.75$$

溶液的 pH 值比原来降低了约 0.01 个单位，几乎未改变。若在该缓冲溶液中加入 5 mL 水稀释，因为 $\dfrac{[A^-]}{[HA]}$ 比值不变，所以 pH 值也同样几乎不变。

【例 3-8】 计算在 25 ℃时，100 mL 含 0.02 mol/L NH_4Cl 及 0.06 mol/L NH_3 的缓冲溶液的 pH 值。（已知 NH_3 的 $pK_b = 4.75$）

解：已知 NH_3 的 $pK_b = 4.75$，该缓冲系的质子传递平衡为

$$NH_4^+ + H_2O \Longrightarrow H_3O^+ + NH_3$$

根据酸碱质子理论： $\qquad pK_a + pK_b = pK_w$

$$NH_4^+ \text{ 的 } pK_a = pK_w - pK_b = 14 - 4.75 = 9.25$$

所以有 $\qquad pH = pK_a + \lg \dfrac{[NH_3]}{[NH_4^+]} = 9.25 + \lg \dfrac{0.06}{0.02} = 9.73$

【例 3-9】 计算将浓度为 0.08 mol/L 的 HAc 溶液与 0.20 mol/L NaAc 溶液等体积混合后，溶液的 pH 值。（已知 HAc 的 $pK_a = 4.756$）

解：混合后，溶液中

$$[HAc] = \frac{0.08}{2} \text{ mol/L} = 0.04 \text{ mol/L}$$

$$[Ac^-] = \frac{0.20}{2} \text{ mol/L} = 0.10 \text{ mol/L}$$

代入公式，得

$$pH = pK_a + \lg \frac{[Ac^-]}{[HAc]} = 4.756 + \lg \frac{0.10}{0.04} = 4.756 + 0.40 = 5.16$$

三、缓冲容量

1. 缓冲容量的概念

缓冲容量（buffer capacity）是指能使 1 L（或 1 mL）缓冲溶液的 pH 值改变一个单位所加一元强酸或一元强碱的物质的量（mol 或 mmol）。常用 β 表示。

$$\beta = \frac{n}{V |\Delta pH|} \tag{3-15}$$

式中 β 表示缓冲容量，n 表示加入酸或碱的物质的量，V 为缓冲溶液的体积，ΔpH 为 pH 值的变化。

使 1 L（或 1 mL）缓冲溶液的 pH 值改变一个单位所加入酸或碱的量越多，缓冲容量越大，说明缓冲溶液的缓冲能力越强。

2. 影响缓冲容量的因素

对于同一缓冲系，缓冲容量的大小取决于缓冲溶液的总浓度（共轭酸碱对浓度之和）和缓冲比。

当缓冲比为定值时，缓冲溶液的总浓度愈大，缓冲容量愈大。

当总浓度一定时，缓冲比愈接近 1，缓冲容量愈大，等于 1 时（pH＝pK_a）缓冲容量最大。

当缓冲溶液的总浓度一定时，缓冲比一般控制在 1：10 与 10：1 之间，即溶液的 pH 在 pK_a-1 与 pK_a+1 之间，这时溶液具有较好的缓冲能力。通常把具有缓冲作用的 pH 值范围（$pK_a\pm1$），称为缓冲溶液的缓冲范围。例如，HAc 的 $pK_a=4.76$，则 HAc-NaAc 缓冲溶液的缓冲范围为 pH3.76～5.76。不同的缓冲系，缓冲范围不同。

四、缓冲溶液的配制

一般按下列原则和步骤进行。

（1）选择适当的缓冲系。使所需缓冲溶液的 pH 与弱酸的 pK_a 相等或接近，数值不应超过缓冲系的缓冲范围。

（2）缓冲溶液的总浓度要适当。要使欲配制的缓冲溶液具有较大的缓冲容量，就要保证缓冲溶液具有一定的抗酸成分和抗碱成分的总浓度，但也不宜过大。在实际应用中，一般缓冲溶液的总浓度在 0.05～0.5 mol/L 为宜。

（3）计算所需缓冲系的量。选择好缓冲系后，可根据公式计算所需弱酸及其共轭碱的量或体积。为配制方便，通常使用浓度相等的弱酸及其共轭碱（$c_{HA}=c_{A^-}$），以简化计算。

【例 3-10】 用 HAc-NaAc 配制 pH 值为 5.0 的缓冲溶液 1000 mL，需要 0.1 mol/L 的 HAc 溶液和 NaAc 溶液各多少毫升？

解： 选用 $c_{HA}=c_{A^-}=0.1$ mol/L。因为 pH＝5.0，$pK_a=4.756$，根据

$$pH=pK_a+\lg\frac{[Ac^-]}{[HAc]}$$

则

$$5.0=4.756+\lg\frac{V_{Ac^-}}{V_{HAc}}$$

$$\frac{V_{Ac^-}}{V_{HAc}}=1.75$$

又因为

$$V_{HAc}+V_{Ac^-}=1000 \text{ mL}$$

所以求得

$$V_{HAc}=364 \text{ mL}, \quad V_{Ac^-}=636 \text{ mL}$$

五、缓冲溶液在医药学上的意义

缓冲溶液在医药学上具有重要的意义。人体内各种体液通过各种缓冲系的作用保持在一定的 pH 值范围内。只有 pH 值保持稳定，人体内各种生化反应才能正常进行。如胃蛋白酶就只能在 pH1.5～2.0 发挥作用，当 pH 值超过 4 时，它就完全失去活性。微生物的

培养、组织切片、细菌染色和血液的冷藏等都需要一定 pH 值的缓冲溶液。药剂生产、药物稳定性、物质的溶解等方面,通常需要选择适当的缓冲系来维持稳定的 pH 值。如葡萄糖、盐酸普鲁卡因等注射液,经过灭菌后 pH 值可能发生改变,常用盐酸、柠檬酸、酒石酸、柠檬酸钠等物质的稀溶液进行调节,使 pH 值维持在 4～9。又如维生素 C 注射液(2 mL：0.1 g)的 pH 值为 3.0,若直接用于局部注射会导致疼痛,常用 $NaHCO_3$ 调节其 pH 值在 5.5～6.0,这样既能减轻注射时的疼痛,又能增加其稳定性。对药物制剂进行药理、生理、生化实验时,都需要使用缓冲溶液。

▌知识拓展▐

血液中的缓冲系

正常人体血液的 pH 值总是维持在 7.35～7.45,因为这一 pH 值范围最适于细胞的代谢以及整个机体的生存。临床上,把人体血液 pH 值低于 7.35 时,称为酸中毒,pH 值高于 7.45 时称为碱中毒。无论是酸中毒还是碱中毒,都会引起不良的后果,严重时甚至危及生命。

在人体内,每天会从消化道吸收很多的酸性、碱性物质,代谢过程中也会产生很多的酸性、碱性物质,这些物质首先会进入血液,然而正常人体血液的 pH 值总维持在 7.35～7.45 这样狭小的范围内。这是因为在血液中存在着多种缓冲系的缓冲作用及肺、肾的生理作用。血液中的缓冲系主要有下面这些。

(1) 血浆中:H_2CO_3-HCO_3^-;H_nP-$H_{n-1}P^-$(H_nP 代表蛋白质);$H_2PO_4^-$-HPO_4^{2-}。

(2) 红细胞中:H_2b-Hb^-(H_2b 代表血红蛋白);H_2bO_2-HbO_2^-(H_2bO_2 代表氧合血红蛋白);H_2CO_3-HCO_3^-;$H_2PO_4^-$-HPO_4^{2-}。

研究证明,血液中的主要缓冲系是 H_2CO_3-HCO_3^- 共轭酸碱对。HCO_3^- 是血浆中浓度最大的抗酸成分,在一定程度上可以代表血浆对体内所产生的酸性物质的缓冲能力。因此,临床上将血浆中 HCO_3^- 的浓度称为碱储量,并将其作为一种常规检查指标。

"84"消毒液、漂白粉、洁厕剂的酸碱性及用途

"84"消毒液是一种高效消毒剂,有效成分为次氯酸钠($NaClO$),其水溶液呈碱性。它被广泛用于宾馆、医院、食品加工企业、家庭等的卫生消毒。另外,"84"消毒液还具有漂白性,其漂白原理是空气中的 CO_2 溶解于 $NaClO$ 溶液中,可以与 $NaClO$ 发生反应,得到具有漂白性的 $HClO$。化学反应方程式为

$$NaClO + CO_2 + H_2O = NaHCO_3 + HClO$$

漂白粉是氢氧化钙、氯化钙和次氯酸钙的混合物,其有效成分是次氯酸钙。它为白色粉末,具有类似氯气的臭味,用作棉、麻、纸浆、丝纤维织物的漂白剂,饮用水、游泳池水等的消毒剂。漂白粉溶解于水,其水溶液呈碱性。漂白原理为

$$Ca(ClO)_2 + 2CO_2 + 2H_2O = Ca(HCO_3)_2 + 2HClO$$

洁厕剂的主要成分是盐酸,还有微量表面活性剂、香精、缓蚀剂、助剂等,它主要用于厕所马桶的清洁、杀菌、消毒等。

注意洁厕剂不能和"84"消毒液或漂白粉混合使用。若两者混合使用,则发生反应,产生有刺激性的氯气,吸入后对身体有害。化学反应方程式为

$$2HCl + NaClO = NaCl + Cl_2 \uparrow + H_2O$$

$$4HCl + Ca(ClO)_2 = CaCl_2 + 2Cl_2 \uparrow + 2H_2O$$

离子反应方程式为

$$ClO^- + Cl^- + 2H^+ = Cl_2 \uparrow + H_2O$$

能力检测

一、单项选择题

1. 根据质子理论,下列物质中不具有两性的物质是(　　)。

A. HCO_3^- 　　　　B. CO_3^{2-} 　　　　C. HPO_4^{2-} 　　　　D. HS^-

2. 下列溶液中,pH 值最小的是(　　)。

A. 0.010 mol/L HCl 　　　　　　B. 0.010 mol/L HAc

C. 0.010 mol/L HF 　　　　　　D. 0.010 mol/L H_2SO_4

3. 下列盐溶液的浓度相同,pH 值最高的是(　　)。

A. NaCl 　　　　B. KNO_3 　　　　C. Na_2SO_4 　　　　D. K_2CO_3

4. 一种弱酸的强度与它在水溶液中的哪一种数据有关?(　　)

A. 浓度 　　　　B. 解离度 　　　　C. 解离常数 　　　　D. 溶解度

5. pH=3 和 pH=5 的两种 HCl 溶液,以等体积混合后,混合溶液的 pH 值为(　　)。

A. 3.0 　　　　B. 3.3 　　　　C. 4.0 　　　　D. 8.0

6. 已知 $K_b^{\ominus}(NH_3)=1.8\times10^{-5}$,其共轭酸的 $K_a^{\ominus}$ 值为(　　)。

A. 1.8×10^{-9} 　　　　　　B. 1.8×10^{-10}

C. 5.6×10^{-10} 　　　　　　D. 5.6×10^{-5}

7. 下列物质中,既是质子酸,又是质子碱的是(　　)。

A. OH^- 　　　　B. NH_4^+ 　　　　C. S^{2-} 　　　　D. HPO_4^{2-}

8. 欲配制 pH=13.00 的 NaOH 溶液 10.0 L,所需 NaOH 固体的质量是(　　)。

A. 40 g 　　　　B. 4.0 g 　　　　C. 4.0×10^{-11} g 　　　　D. 4.0×10^{-12} g

9. $H_2AsO_4^-$ 的共轭碱是(　　)。

A. H_3AsO_4 　　　　B. $HAsO_4^{2-}$ 　　　　C. AsO_4^{3-} 　　　　D. $H_2AsO_3^-$

10. 在水溶液中共轭酸碱对的 K_a 和 K_b 的关系是(　　)。

A. $K_a=K_b$ 　　　　　　B. $K_aK_b=1$

C. $K_aK_b=K_w$ 　　　　　　D. $K_a/K_b=K_w$

11. 在 HAc-NaAc 缓冲溶液中,若 $[HAc]>[Ac^-]$,则缓冲溶液抵抗酸或碱的能力为(　　)。

A. 抗酸能力>抗碱能力 　　　　　　B. 抗酸能力<抗碱能力

C. 抗酸、碱能力相同　　　　　　　　　D. 无法判断

12. 欲配制 pH＝9.0 的缓冲溶液,应选用的缓冲系是(　　　)。

A. NH_4Cl-NH_3(K_a＝$5.6×10^{-10}$)　　　B. HAc-NaAc(K_a＝$1.8×10^{-5}$)

C. HCOOH-HCOONa(K_a＝$1.8×10^{-4}$)　　D. HNO_2-$NaNO_2$(K_a＝$5.6×10^{-4}$)

13. 下列溶液中,具有明显缓冲作用的是(　　　)。

A. Na_2CO_3　　　　　　B. $NaHCO_3$　　　　　C. $NaHSO_4$　　　　　　D. Na_3PO_4

14. 将 0.1 mol/L 的下列溶液加水稀释一倍后,pH 值变化最小的是(　　　)。

A. HCl　　　　　　　　B. H_2SO_4　　　　　　C. HNO_3　　　　　　　D. HAc

15. 计算酸的解离常数时,通常用解离平衡时的浓度而不用活度,这是因为(　　　)。

A. 活度和浓度是一回事　　　　　　　B. 稀溶液中两者偏差不大

C. 活度不易测定　　　　　　　　　　D. 浓度和活度成正比

16. 在 0.10 mol/L 氨水中加入等体积的 0.10 mol/L 的下列溶液后,使混合溶液的 pH 值最大,则应加入(　　　)。

A. HCl　　　　　　　　B. H_2SO_4　　　　　　C. HNO_3　　　　　　　D. HAc

二、多项选择题

1. 下列物质中,可以作为缓冲溶液的是(　　　)。

A. 氨水-氯化铵溶液　　　　　　　　B. 醋酸-醋酸钠溶液

C. 碳酸钠-碳酸氢钠溶液　　　　　　D. 醋酸-氯化钠溶液

E. 碳酸-碳酸氢钠溶液

2. 根据酸碱质子理论,下列离子中既可作酸,又可作碱的是(　　　)。

A. $H_2PO_4^-$　　　　　　　　　　　　B. SO_4^{2-}

C. NH_4^+　　　　　　　　　　　　　D. Ac^-

E. HCO_3^-

3. 下列物质属于共轭酸碱对的是(　　　)。

A. H_2SO_4-SO_4^{2-}　　　　　　　　　B. HS^--S^{2-}

C. HAc-Ac^-　　　　　　　　　　　　D. H_3PO_4-$H_2PO_4^-$

E. HCl-Ac^-

4. 与缓冲溶液的缓冲容量大小有关的因素是(　　　)。

A. 缓冲溶液的 pH 值范围　　　　　　B. 缓冲溶液的总浓度

C. 缓冲溶液组分的浓度比　　　　　　D. 外加的酸量

E. 外加的碱量

三、简答题

1. 以下哪些物质是酸碱质子理论所说的酸?哪些是碱?哪些具有酸碱两性?请分别写出它们的共轭碱和酸。

SO_4^{2-},S^{2-},$H_2PO_4^-$,NH_3,HSO_3^-,$[Al(H_2O)_5OH]^{2+}$,CO_3^{2-},NH_4^+,H_2S,H_2O,OH^-,H_3O^+,HS^-,HPO_4^{2-}。

2. 写出下列分子或离子的共轭酸。

SO_4^{2-},S^{2-},$H_2PO_4^-$,NH_3,HNO_3,H_2O。

3. 试以 $NH_3·H_2O$-NH_4Cl 为例,简要说明缓冲溶液抵抗外来少量酸(碱)和稀释的作

用原理。

四、计算题

1. 计算下列溶液的 pH 值。($K_{HAc}=1.75\times10^{-5}$)

(1) $c_{HAc}=0.1$ mol/L 的 HAc 溶液和 $c_{NaOH}=0.1$ mol/L 的 NaOH 溶液等体积混合溶液;

(2) 50 mL 0.30 mol/L HAc 溶液和 25mL 0.20 mol/L NaOH 溶液混合后的溶液;

(3) $c_{HAc}=0.1$ mol/L 的 HAc 溶液和 $c_{NaAc}=0.1$ mol/L 的 NaAc 溶液等体积混合溶液。

2. 把下列 pH、pOH 分别换算成 H^+ 浓度、OH^- 浓度。

(1) pH=0.24;   (2)pH=7.5;

(2) pOH=4.6;   (4)pOH=10.2。

3. 配制 1 L pH=5 的缓冲溶液,如果溶液中 HAc 浓度为 0.20 mol/L,需 1 mol/L NaAc 溶液和 1 mol/L HAc 溶液各多少升?

（蒋广敏）

第四章 沉淀溶解平衡

本章要求

1. 掌握溶度积常数的正确表达及与溶解度的换算。
2. 掌握溶度积规则及其应用。
3. 掌握沉淀生成、溶解的原理,以及同离子效应。
4. 了解盐效应和分步沉淀。

沉淀的生成和溶解是一种常见的化学平衡,其特点是平衡的一方为固相,另一方为在液相中的离子,这种化学平衡属于多相离子平衡。本章主要讨论难溶强电解质的沉淀溶解平衡、溶度积常数与溶解度的换算、沉淀生成和溶解、分步沉淀等。

第一节 溶度积常数

一、沉淀溶解平衡常数——溶度积常数

如将晶体 AgCl 放入水中,晶体表面的 Ag^+ 和 Cl^- 受到极性水分子的作用,部分 Ag^+ 及 Cl^- 脱离晶体表面而进入溶液,这一过程就是溶解;与此同时,随着溶液中 Ag^+ 及 Cl^- 浓度逐渐增加,它们又受晶体表面的负、正离子吸引,重新沉积到晶体表面,这就是沉淀过程。在一定温度下,当沉淀和溶解速率相等时就达到沉淀溶解平衡,所得溶液即为该温度下 AgCl 的饱和溶液。AgCl 虽然难溶,但由于是强电解质,故溶解部分可以完全解离。沉淀溶解平衡属多相平衡,平衡的一方(沉淀)为固相,另一方(离子)为溶液。该平衡及平衡常数表达式如下:

$$AgCl(s) \rightleftharpoons Ag^+(aq) + Cl^-(aq)$$
$$K_{sp, AgCl} = [Ag^+][Cl^-] = 1.77 \times 10^{-10}$$

同理,可求其他难溶电解质沉淀溶解平衡常数 K,例如:

对于　　　　　　　　　$BaSO_4(s) \rightleftharpoons Ba^{2+}(aq) + SO_4^{2-}(aq)$

有　　　　　　　　　$K_{sp, BaSO_4} = [Ba^{2+}][SO_4^{2-}] = 1.08 \times 10^{-10}$

对于　　　　　　　　　$Ag_2CrO_4(s) \rightleftharpoons 2Ag^+(aq) + CrO_4^{2-}(aq)$

有　　　　　　　　　$K_{sp, Ag_2CrO_4} = [Ag^+]^2[CrO_4^{2-}] = 1.12 \times 10^{-12}$

以上各表达式中每个浓度项的方次即沉淀反应中各物质前的计量系数。设沉淀溶解平衡为

$$A_mB_n(s) \rightleftharpoons mA^{n+}(aq) + nB^{m-}(aq)$$

则平衡时有

$$K_{sp} = [A^{n+}]^m[B^{m-}]^n \tag{4-1}$$

式(4-1)表示一定温度下,难溶强电解质在其饱和溶液中各离子浓度幂的乘积是一个常数。这个常数称为该难溶电解质的溶度积常数,简称溶度积,用 K_{sp} 表示。它与其他平衡常数一样,只与难溶电解质的本性和温度有关,而与沉淀的量和溶液中的离子浓度的变化无关。离子浓度变化只使平衡发生移动,但不改变溶度积常数。

有些难溶电解质的 K_{sp} 值,还可通过直接测定饱和溶液中相应的离子浓度来求算。例如,实验测得 $SrSO_4$ 25 ℃时在纯水中的溶解度为 7.35×10^{-4} mol/L,根据下列沉淀溶解平衡可知,纯水中每溶解 1 mol $SrSO_4$ 就生成 1 mol Sr^{2+} 和 1 mol SO_4^{2-},即

$$SrSO_4(s) \rightleftharpoons Sr^{2+}(aq) + SO_4^{2-}(aq)$$

平衡浓度/(mol/L) 7.35×10^{-4} 7.35×10^{-4}

得 298 K 时 $K_{sp} = [Sr^{2+}][SO_4^{2-}] = (7.35 \times 10^{-4})^2 = 5.40 \times 10^{-7}$

严格地说,难溶电解质饱和溶液中离子活度(a)幂的乘积才等于溶度积常数。但在一般计算中,由于难溶电解质溶解度很小,离子活度近似等于浓度,离子浓度幂的乘积与离子活度幂的乘积近似相等。

二、溶度积与溶解度的相互换算

溶度积是从化学平衡常数的角度描述难溶物的溶解程度大小的。而溶解度是指一定温度、压力下,一定量饱和溶液中溶质的浓度。两者有一定的联系,若溶解度的单位用 mol/L,则溶度积 K_{sp} 和溶解度 S 之间可直接进行换算。

由上例的计算可见,AgBr 和 $Mg(OH)_2$ 分别属于 MA 型和 MA_2 型难溶电解质,它们的溶解度 S 与溶度积 K_{sp} 的互相换算关系式是不同的。

MA 型 $MA(s) \rightleftharpoons M^{n+}(aq) + A^{n-}(aq)$

$$K_{sp} = [M^{n+}][A^{n-}] = S^2, \quad S = \sqrt{K_{sp}} \tag{4-2}$$

MA_2 型 $MA_2(s) \rightleftharpoons M^{2n+}(aq) + 2A^{n-}(aq)$

$$K_{sp} = [M^{2n+}][A^{n-}]^2 = S(2S)^2, \quad S = \sqrt[3]{K_{sp}/4} \tag{4-3}$$

MA_3 型 $MA_3(s) \rightleftharpoons M^{3n+}(aq) + 3B^{n-}(aq)$

$$K_{sp} = [M^{3n+}][A^{n-}]^3 = S(3S)^3, \quad S = \sqrt[4]{K_{sp}/27} \tag{4-4}$$

必须指出,式(4-2)、式(4-3)和式(4-4)必须满足以下条件:

(1) 仅适用于离子强度较小、浓度可以代替活度的难溶强电解质饱和溶液。若难溶电解质的溶解度相对较大(如 $CaSO_4$、$CaCrO_4$ 等),上述换算将产生较大误差。

(2) 难溶强电解质的离子在溶液中不发生任何化学反应。有一些难溶电解质的阳、阴离子在溶液中可能发生副反应,例如一些过渡金属阳离子的某些难溶硫化物、碳酸盐,它们相应的阴离子具碱性,在水中能与 H_2O 发生质子传递反应。还有些阳离子(如 Fe^{3+}、Al^{3+})能发生聚合反应。在这些情况下按简单公式进行 S 与 K_{sp} 换算会产生较大的误差。

（3）难溶电解质的溶解部分要一步完全解离。对某些共价性较强的难溶弱电解质（如 Hg_2Cl_2、Hg_2I_2），或在水溶液中分步解离的难溶电解质（如 $Fe(OH)_3$），采用简单的换算关系式会产生较大误差。

最后还需指出，对于符合上述条件同类型化合物而言，溶度积越大，溶解度也越大；而对于不同类型的化合物，则不能直接根据溶度积来比较溶解度的大小。

三、溶度积规则

根据平衡移动原理及溶液中离子浓度与溶度积关系，可以对沉淀的生成、溶解及沉淀间相互转化等问题作出判断。例如，对任一沉淀溶解平衡：

$$A_mB_n(s) \rightleftharpoons mA^{n+}(aq) + nB^{n-}(aq)$$

若用 c 表示任意浓度，定义离子积（ion product）

$$IP = (c^{n+})^m (c^{m-})^n$$

则可能出现三种情况：

（1）$IP = K_{sp}$ 时，为饱和溶液，即沉淀与溶解处于平衡状态。（即离子积＝溶度积）

（2）$IP > K_{sp}$ 时，为过饱和溶液，体系暂时处于非平衡状态，将有 $A_mB_n(s)$ 从溶液中沉淀出来，直至达到新的平衡为止。（即离子积＞溶度积）

（3）$IP < K_{sp}$ 时，为不饱和溶液，体系暂时处于非平衡状态，没有 $A_mB_n(s)$ 从溶液中沉淀出来。

以上结论统称为溶度积规则，运用这个规则可以判断沉淀溶解平衡移动的方向，或通过控制离子浓度，使反应向需要的方向进行。

四、沉淀溶解平衡中的同离子效应和盐效应

1. 同离子效应

加入含有相同离子的易溶强电解质，也可使沉淀溶解平衡向生成沉淀的方向移动。这种现象称为沉淀溶解平衡中的同离子效应。

【例 4-1】 求 298 K 时，Ag_2CrO_4 在 0.0100 mol/L $AgNO_3$ 溶液和 0.0100 mol/L K_2CrO_4 溶液中的溶解度，并与纯 Ag_2CrO_4 水溶液中的溶解度比较。

解：查知 $K_{sp,Ag_2CrO_4} = 1.12 \times 10^{-12}$。

（1）设 Ag_2CrO_4 在 0.0100 mol/L $AgNO_3$ 的溶液中的溶解度为 x mol/L。

沉淀溶解平衡 $Ag_2CrO_4(s) \rightleftharpoons 2Ag^+ + CrO_4^{2-}$

平衡浓度/(mol/L) $(0.0100+2x)$ x

则 $K_{sp,Ag_2CrO_4} = [Ag^+]^2[CrO_4^{2-}] = (0.0100+2x)^2 x = 1.12 \times 10^{-12}$

因为 x 很小，故

$$0.0100 + 2x \approx 0.0100$$

解得 $x = 1.12 \times 10^{-8} \text{(mol/L)}$

（2）设 Ag_2CrO_4 在 0.0100 mol/L K_2CrO_4 溶液中的溶解度为 y mol/L。则平衡时，有

$$[Ag^+] = 2y \text{ mol/L}, \quad [CrO_4^{2-}] = (0.0100+y) \text{ mol/L} \approx 0.0100 \text{ mol/L}$$

$$K_{sp,Ag_2CrO_4} = [Ag^+]^2[CrO_4^{2-}] = 1.12 \times 10^{-12}$$

$$0.0100 \cdot (2y)^2 = 1.12 \times 10^{-12}$$

解得
$$y \approx 5.29 \times 10^{-6} (mol/L)$$

（3）在纯水中的溶解度为

$$S = \sqrt[3]{K_{sp}/4} = 6.5 \times 10^{-5} \, mol/L$$

比较 3 种情况下结果可知，在 0.0100 mol/L AgNO₃ 溶液和 0.0100 mol/L K₂CrO₄ 溶液中的溶解度由 6.5×10^{-5} mol/L 分别降为 1.12×10^{-8} mol/L 和 5.29×10^{-6} mol/L。这说明同离子效应可降低难溶电解质的溶解度。

根据同离子效应的原理，可加入含有同离子的沉淀剂，使沉淀反应进行完全以达到分离某些离子的目的；也可以用含有与沉淀相同离子的溶液去洗涤沉淀以除去杂质，并可减少洗涤过程中沉淀因溶解而造成的损失。例如：用 250 mL 水洗涤 CaC₂O₄，会损失 1.5×10^{-3} g CaC₂O₄·H₂O；若改用 250 mL 1%(NH₄)₂C₂O₄ 溶液洗涤，则仅损失 9.3×10^{-7} g CaC₂O₄·H₂O。

2. 盐效应

实验证明，将含有相同离子的易溶强电解质加入难溶电解质的溶液中，在产生同离子效应的同时，还会产生盐效应。所谓盐效应，是指加入易溶强电解质可使难溶电解溶解度稍有增大的效应。所以在利用同离子效应降低沉淀溶解度时，加入的试剂不能过量太多。否则会使沉淀溶解度稍增大。例如 PbSO₄ 在 Na₂SO₄ 溶液中溶解度的变化情况：当 Na₂SO₄ 的浓度从零增加到 0.04 mol/L 时，PbSO₄ 溶解度逐渐变小，此时同离子效应起主导作用；当 Na₂SO₄ 浓度大于 0.04 mol/L 时，PbSO₄ 溶解度稍增大，此时盐效应的影响超过了同离子效应。

若在难溶电解质溶液中加入不含共同离子的易溶强电解质，则盐效应的影响比上述情况要显著一些。电解质离子的价态越高，盐效应也越明显。

产生盐效应的原因是加入易溶强电解质后，溶液中离子强度增大，离子活度减小，因而在单位时间内离子与沉淀表面碰撞次数减少，生成沉淀的速率随之降低，沉淀溶解的速率暂时超过了沉淀生成的速率，平衡向沉淀溶解方向移动，溶解度增大。

综上所述，同离子效应与盐效应是影响沉淀反应完全的两个重要因素，其影响效果相反。但一般盐效应不如同离子效应所起的作用大。故在一般计算中，特别是在较稀溶液中不必考虑盐效应。

第二节　沉淀的生成和溶解

一、沉淀的生成和分步沉淀

1. 沉淀的生成

根据溶度积规则，要从溶液中沉淀出某一离子时，需加入沉淀剂，使 IP>K_{sp}，从而产生难溶沉淀。例如，在 Pb(NO₃)₂ 溶液中加入 Na₂S 溶液，当溶液中 $IP_{PbS} > K_{sp,PbS}$ 时，会产生 PbS 沉淀。Na₂S 称为 Pb²⁺ 的沉淀剂。

【例 4-2】　将 20.0 mL 0.0010 mol/L CaCl₂ 溶液与 30.0 mL 0.010 mol/L KF 溶液混

合后，有无 CaF_2 沉淀？已知 $K_{sp,CaF_2}=3.45\times10^{-10}$。

解：设混合后溶液总体积为 50.0 mL，则混合液中

$$c_{Ca^{2+}}=0.0010\times20.0/50.0\ mol/L=4.0\times10^{-4}\ mol/L$$

$$c_{F^-}=0.010\times30.0/50.0\ mol/L=6.0\times10^{-3}\ mol/L$$

$$IP=c_{Ca^{2+}}\cdot c_{F^-}^2=(4.0\times10^{-4})\cdot(6.0\times10^{-3})^2=1.4\times10^{-8}$$

因为 $IP>K_{sp}$，所以有 CaF_2 沉淀析出。

【例 4-3】 将 100 mL 2.0×10^{-4} mol/L $BaCl_2$ 溶液和 100 mL 1.0×10^{-3} mol/L K_2CrO_4 溶液混合，溶液达到新的平衡时，Ba^{2+} 的浓度是多少？生成 $BaCrO_4$ 沉淀多少克？已知 $K_{sp,BaCrO_4}=1.17\times10^{-10}$。

解：设混合后溶液体积为 200 mL，则混合溶液中

$$c_{Ba^{2+}}=(2.0\times10^{-4})/2\ mol/L=1.0\times10^{-4}\ mol/L$$

$$c_{CrO_4^{2-}}=(1.0\times10^{-3})/2\ mol/L=5.0\times10^{-4}\ mol/L$$

反应后，CrO_4^{2-} 过量，设达到新的平衡时 $[Ba^{2+}]=x$ mol/L。

$$BaCrO_4(s)\Longrightarrow Ba^{2+}\quad+\quad CrO_4^{2-}$$

起始浓度/(mol/L)　　　　　　　　　　1.0×10^{-4}　5.0×10^{-4}

平衡浓度/(mol/L)　　　　　　　　　　x　　　　　$(5.0-1.0)\times10^{-4}+x$

$$K_{sp,BaCrO_4}=[Ba^{2+}][CrO_4^{2-}]=x(4.0\times10^{-4}+x)$$

由于 K_{sp} 很小，且溶液中有过量 CrO_4^{2-} 存在，促进平衡左移，故 x 为很小值，从而有

$$4.0\times10^{-4}+x\approx4.0\times10^{-4}$$

$$x(4.0\times10^{-4})=1.17\times10^{-10}$$

$$x=2.9\times10^{-7}(mol/L)$$

已知 $BaCrO_4$ 的摩尔质量为 253 g/mol，所以沉淀的质量为

$$m=(1.0\times10^{-4}-x)\times200/1000\times253\ g=5.0\times10^{-3}\ g$$

按一般要求，当溶液中残留离子的浓度小于或等于 10^{-5} mol/L 时，就可认定为沉淀"完全"。故上例中可认为加入过量 K_2CrO_4 沉淀剂，可使 Ba^{2+} 沉淀完全。但在有些情况下，过量的沉淀剂会与沉淀发生作用而使沉淀溶解。例如，$AgCl$ 沉淀与过量沉淀剂 Cl^- 会生成 $[AgCl_2]^-$ 和 $[AgCl_3]^{2-}$，而使 $AgCl$ 沉淀逐渐溶解，因此用 Cl^- 沉淀 Ag^+ 时，必须严格控制 Cl^- 浓度。一般沉淀剂过量不超过 25%。

2. 分步沉淀

上面讨论的沉淀生成与溶解都是针对溶液中只有一种离子或只有一种沉淀的情况。若溶液中含有多种离子，当另一种离子开始沉淀时，先进行沉淀的离子是否沉淀完全了？能否利用沉淀的方法进行沉淀分离？

例如，向 Cl^- 和 I^- 浓度均为 0.010 mol/L 的溶液中，逐滴加入 $AgNO_3$ 溶液，哪一种离子先沉淀？当第一种离子沉淀到什么程度，第二种离子才开始沉淀？为此，需计算 $AgCl$ 和 AgI 开始沉淀时所需的 $[Ag^+]$。

$$[Ag^+]=K_{sp,AgCl}/[Cl^-]=1.77\times10^{-10}/0.010\ mol/L=1.8\times10^{-8}\ mol/L$$

$$[Ag^+]=K_{sp,AgI}/[I^-]=8.52\times10^{-17}/0.010\ mol/L=8.5\times10^{-15}\ mol/L$$

显然，I^- 开始沉淀时所需要的 Ag^+ 浓度比 Cl^- 开始沉淀时所需要的 Ag^+ 浓度小得多，故 I^- 先沉淀。即离子浓度幂的乘积首先达到溶度积的物质先析出沉淀。

当 Cl^- 开始沉淀时,溶液中 $[Ag^+]=1.77\times10^{-8}$ mol/L,此时溶液中残留的 I^- 浓度依然符合 $[Ag^+][I^-]=K_{sp,AgI}$,即

$$[I^-]=K_{sp,AgI}/[Ag^+]=8.52\times10^{-17}/1.77\times10^{-8} \text{ mol/L}=4.8\times10^{-9} \text{ mol/L}$$

可见,当 Cl^- 开始沉淀时,$[I^-]\leqslant10^{-5}$ mol/L,说明早已沉淀"完全"。

对于同类型的沉淀(如 MA 型),K_{sp} 小的先沉淀,而且 K_{sp} 值差别越大,分离效果越好。但对不同类型的沉淀物来说,因有不同浓度指数关系,就不能直接根据 K_{sp} 值来判断沉淀的先后顺序和分离效果。

例如,用 $AgNO_3$ 沉淀 Cl^- 和 CrO_4^{2-}(浓度均为 0.010 mol/L),它们开始沉淀所需 $[Ag^+]$ 分别为

$$[Ag^+]_1=K_{sp,AgCl}/[Cl^-]=1.77\times10^{-10}/0.010 \text{ mol/L}=1.8\times10^{-8} \text{ mol/L}$$

$$[Ag^+]_2=\sqrt{K_{sp,Ag_2CrO_4}/[CrO_4^{2-}]}=\sqrt{1.12\times10^{-12}/0.010} \text{ mol/L}=1.1\times10^{-5} \text{ mol/L}$$

虽然 Ag_2CrO_4 的 K_{sp} 值比 AgCl 的 K_{sp} 值小,但 Cl^- 沉淀时所需 $[Ag^+]_1$ 比 CrO_4^{2-} 沉淀所需 $[Ag^+]_2$ 小得多,故 AgCl 先沉淀。因此,如果一种试剂虽然它的 K_{sp} 值比较小,但沉淀时所需离子浓度比较大,则后沉淀。更确切地说,当一种试剂能沉淀溶液中几种离子时,生成沉淀所需沉淀剂浓度小的先沉淀,几种离子间沉淀所需沉淀剂浓度相差越大,越有利于分离。应用一种沉淀剂,使溶液中的各种离子先后沉淀出来的过程称为分步沉淀。

【例 4-4】 若溶液中 Cr^{3+} 和 Ni^{2+} 浓度均为 0.10 mol/L,试用计算说明:能否利用控制 pH 值的方法使两者分离? 已知 $K_{sp,Cr(OH)_3}=7.0\times10^{-31}$,$K_{sp,Ni(OH)_2}=5.5\times10^{-16}$。

解:欲分离,必须使离子积先达到溶度积者沉淀完全(即残留的 $[M^{n+}]<10^{-5}$ mol/L),而第二种离子仍留在溶液中。首先,分别计算 $Cr(OH)_3$ 和 $Ni(OH)_2$ 开始沉淀时的 $[OH^-]$,分别为

$$[OH^-]_1=\sqrt[3]{K_{sp,Cr(OH)_3}/[Cr^{3+}]}=\sqrt[3]{7.0\times10^{-31}/0.10} \text{ mol/L}=1.9\times10^{-10} \text{ mol/L}$$

$$[OH^-]_2=\sqrt{K_{sp,Ni(OH)_2}/[Ni^{2+}]}=\sqrt{5.5\times10^{-16}/0.10} \text{ mol/L}=7.4\times10^{-8} \text{ mol/L}$$

由于 $[OH^-]_1>[OH^-]_2$,故 $Cr(OH)_3$ 先沉淀。

再计算 $Cr(OH)_3$ 沉淀完全时所需 $[OH^-]_3$,设 $Cr(OH)_3$ 沉淀完全时,溶液中残留 $[Cr^{3+}]\leqslant10^{-5}$ mol/L。则

$$[OH^-]_3=\sqrt[3]{K_{sp,Cr(OH)_3}/[Cr^{3+}]}=\sqrt[3]{7.0\times10^{-31}/(1.0\times10^{-5})} \text{ mol/L}=4.1\times10^{-9} \text{ mol/L}$$

可见,只要将 OH^- 浓度控制在 $4.1\times10^{-9}\sim7.4\times10^{-8}$ mol/L,即 pH 值控制在 5.62～6.87,就可使 Cr^{3+} 和 Ni^{2+} 分离。

分步沉淀用得最多的是氢氧化物和硫化物的分离。除碱金属和 Sr、Ba 的氢氧化物外,大多数金属氢氧化物都是难溶电解质;除碱金属、碱土金属和某些高价金属(如 Al^{3+}、Cr^{3+} 等硫化物会与水作用,生成难溶氢氧化物)的硫化物外,大多数金属硫化物也都是难溶电解质。根据溶度积规则,可以控制溶液的 pH 值来进行分步沉淀,以达到分离的目的。

必须指出,以上分步沉淀的有关计算均为近似计算。由于未考虑离子强度及副反应的影响,有时与实验值有一定误差。实际溶液的情况往往比较复杂,例如碱式盐的生成、氢氧化物的聚合等,都会使实际沉淀时的 pH 值与计算值有一定差距。但当两种难溶氢氧化物的溶解度相差较大时,采用分步沉淀可有效地分离离子。

二、沉淀的溶解

$CaCO_3$ 可溶于盐酸，$Mg(OH)_2$ 既可溶于盐酸又可溶于 NH_4Cl 溶液中，是因为生成弱电解质；CuS 则不溶于盐酸但可溶于硝酸，是因为发生氧化还原反应；$AgCl$ 不溶于盐酸，也不溶于硝酸，但可溶于氨水，是发生配位反应的缘故。具体如下：

（1）生成弱电解质：

$$CaCO_3(s) \Longrightarrow Ca^{2+} + CO_3^{2-}$$
$$CO_3^{2-} + 2H^+ \Longrightarrow H_2CO_3$$
$$\underline{H_2CO_3 \Longrightarrow CO_2 + H_2O}$$
$$CaCO_3(s) + 2H^+ \Longrightarrow Ca^{2+} + CO_2(g) + H_2O$$

$$Mg(OH)_2(s) \Longrightarrow Mg^{2+} + 2OH^-$$
$$\underline{2OH^- + 2NH_4^+ \Longrightarrow 2NH_3 \cdot H_2O}$$
$$Mg(OH)_2(s) + 2H^+ \Longrightarrow Mg^{2+} + 2NH_3 \cdot H_2O$$

（2）发生氧化还原反应：

$$CuS(s) \Longrightarrow Cu^{2+} + S^{2-}$$
$$\underline{3S^{2-} + 8H^+ + 2NO_3^- \Longrightarrow 3S\downarrow + 2NO\uparrow + 4H_2O}$$
$$3CuS(s) + 8H^+ + 2NO_3^- \Longrightarrow 3Cu^{2+} + 3S\downarrow + 2NO\uparrow + 4H_2O$$

（3）生成配合物：

$$AgCl(s) \Longrightarrow Ag^+ + Cl^-$$
$$\underline{Ag^+ + 2NH_3 \Longrightarrow [Ag(NH_3)_2]^+}$$
$$AgCl(s) + 2NH_3 \Longrightarrow [Ag(NH_3)_2]^+ + Cl^-$$

沉淀溶解的共同特点如下：溶液中阳离子或阴离子与加入的试剂发生化学反应，使阳、阴离子浓度降低，致使平衡向溶解方向移动，沉淀溶解。但沉淀溶解的原因各不相同：$CaCO_3$ 的溶解，是由于阴离子 CO_3^{2-} 与 H^+ 结合生成难解离的弱酸；$AgCl$ 的溶解，则是由于 Ag^+ 与 NH_3 生成配离子 $[Ag(NH_3)_2]^+$。

综上所述，要使沉淀溶解，根据溶度积规则，必须减小该难溶电解质饱和溶液中某一离子的浓度，以使离子积＜溶度积。对不同的沉淀，可以采用不同的化学反应来减小离子浓度，从而达到沉淀溶解的目的。

能力检测

一、选择题

1. 已知溶度积常数按 $AgCl$、$AgSCN$、$AgBr$、AgI 依次减小，判断它们溶解度最大的是（　　）。

A. $AgCl$　　　　B. $AgBr$　　　　C. AgI　　　　D. $AgSCN$

2. BaF_2 的饱和溶液浓度为 6.3×10^{-3} mol/L，其溶度积 K_{sp} 为（　　）。

A. 1.2×10^{-5}　　B. 1.0×10^{-6}　　C. 1.7×10^{-4}　　D. 1.6×10^{-8}

3. 若某一含 1.0×10^{-3} mol/L CO_3^{2-} 的溶液与等体积含 1.0×10^{-3} mol/L 第 II A 族某金属离子的溶液混合，下列哪种碳酸盐不会沉淀出来？（　　）

A. $MgCO_3(K_{sp}=1.1\times10^{-5})$ B. $CaCO_3(K_{sp}=5.0\times10^{-9})$

C. $SrCO_3(K_{sp}=1.1\times10^{-10})$ D. $BaCO_3(K_{sp}=5.5\times10^{-10})$

4. 已知 $K_{sp,PbCO_3}=3.3\times10^{-14}<K_{sp,PbSO_4}=1.06\times10^{-3}$，现分别往 $PbCO_3$、$PbSO_4$ 沉淀上加足量稀 HNO_3 试剂，它们的溶解情况是（   ）。

A. $PbCO_3$ 溶解   B. $PbSO_4$ 溶解

C. 两者都不溶   D. 两者都溶

二、填空题

1. CaF_2 的溶度积常数表达式为_____，Bi_2S_3 的溶度积常数表达式为_____。

2. $Mn(OH)_2$ 的 $K_{sp}=2.06\times10^{-13}$，在纯水中其溶解度为_____ mol/L。

3. 同离子效应使难溶电解质的溶解度_____，盐效应使难溶电解质的溶解度_____。

三、计算题

1. 根据 PbI_2 在 298 时的溶度积（$K_{sp}=8.49\times10^{-9}$），试计算：

（1）PbI_2 在水中的溶解度（mol/L）；

（2）PbI_2 饱和溶液中 Pb^{2+} 和 I^- 的溶解度（忽略 Pb^{2+} 与 I^- 间的配位作用）；

（3）PbI_2 在 0.10 mol/L KI 饱和溶液中的浓度（mol/L）；

（4）比较（1）和（3）溶解度的大小，并说明原因。

2. 碳酸钙能溶于盐酸，而硫化铜不溶，试通过计算平衡常数，解释这一现象。

3. 白色 $AgCl$ 沉淀中加入 KI 溶液，则沉淀转为黄色的 AgI 沉淀，试通过计算平衡常数，解释这一实验现象。

（卢庆祥）

第五章 氧化还原与电极电势

本章要求

1. 掌握氧化还原共轭关系、能斯特方程、电极电势和电池电动势的应用。
2. 了解标准电极电势、电极的类型。
3. 熟悉氧化数、氧化还原反应方程式的配平、原电池的组成,以及电极电势产生的原因。

氧化还原反应是一类涉及电子得失或元素氧化数发生变化的反应。它与生命活动和医药卫生等领域关系十分密切。生物体内许多氧化还原酶直接催化底物发生氧化还原反应,从而使机体表现出种种生物学功能。在药物研制与药理研究方面,从中间体的制备到目标药物的合成,从作用机理到药物配伍的探索,氧化还原反应的应用渗透到医药学各个领域。另外,许多药物的生产、分析与检测也离不开氧化还原反应,如维生素 C 的含量测定等。本章介绍氧化还原反应与电极电势的基本原理及其应用。

第一节 氧化还原反应的基本概念

一、氧化数

在氧化还原反应中,电子的转移必然引起原子的价电子层结构的变化,从而改变了原子的带电状态。也就是说,凡是有电子转移的化学反应,都是氧化还原反应。物质失去电子发生的是氧化反应,物质得到电子发生的是还原反应。随着对氧化还原反应本质研究的深入,发现许多反应并不发生电子得失,电子只是在元素的原子之间进行重排。为了更好地表明元素被氧化的程度,提出了氧化数的概念。

氧化数是某元素一个原子的荷电数,这种荷电数是假设把每个化学键中的电子指定给电负性更大的原子而求得。例如,在 HCl 中,由于 Cl 的电负性大于 H,所以把 H 和 Cl 形成的化学键中共用电子对指定给 Cl,Cl 带有一个负电荷,H 带有一个正电荷,因此,Cl 的氧化数是 -1,H 的氧化数是 $+1$。对于某些结构复杂而电子结构式又不确定的化合物,这种方法本身存在很大困难,为简便起见,人们总结出确定氧化数的具体规则:

(1) 在单质中,元素的氧化数为零。如 O_2、Na、S_8 等物质中 O、Na、S 的氧化数都为零。

（2）在单原子离子中，元素的氧化数等于离子所带的电荷。如 K^+、Ca^{2+}、Cl^- 中 K、Ca、Cl 的氧化数分别为 +1、+2、−1。

（3）在大多数化合物中，氢的氧化数一般为 +1。但在 NaH 和 CaH_2 等离子型氢化物中，氢的氧化数为 −1。

（4）在化合物中，氧的氧化数一般为 −2。但在 OF_2 和 O_2F_2 中，其氧化数分别为 +2 和 +1；在 H_2O_2 和 Na_2O_2 等过氧化物中，其氧化数为 −1；在超氧化物 KO_2 中，其氧化数为 −1/2。

（5）在化合物中，氟的氧化数皆为 −1，碱金属和碱土金属的氧化数分别为 +1 和 +2。

（6）在化合物分子中，各元素氧化数的代数和等于零；在多原子离子中，各元素氧化数的代数和等于离子所带电荷数。

氧化数和化合价这两个概念是有区别的。化合价是一种元素的一个原子与其他元素的原子构成化学键的数量。化合价只能是整数，不能为分数，而氧化数可以是整数，也可以是分数。

【例 5-1】 计算：（1）$Na_2S_4O_6$ 中 S 的氧化数；

（2）$HClO_3$ 中 Cl 的氧化数。

解：（1）已知 Na 的氧化数是 +1，O 的氧化数为 −2，设 S 的氧化数为 x，则有

$$2 \times (+1) + 4x + 6 \times (-2) = 0$$
$$x = +5/2$$

即 $Na_2S_4O_6$ 中 S 的氧化数为 +5/2。

（2）设 Cl 的氧化数为 x，则有

$$1 \times (+1) + x + 3 \times (-2) = 0$$
$$x = +5$$

即 $HClO_3$ 中 Cl 的氧化数为 +5。

二、对氧化还原反应的再认识

由氧化数的概念可知，氧化还原反应的实质就是反应物之间发生了电子转移或偏移，从而导致元素的氧化数发生了改变。在化学反应过程中，元素的原子和离子在反应前后氧化数发生变化的一类反应叫做氧化还原反应。其中，氧化数升高的变化叫做氧化，氧化数降低的变化叫做还原。

在氧化还原反应中，氧化和还原是同时发生的，且元素氧化数升高的总数等于氧化数降低的总数。

氧化剂与还原剂是同一物质的氧化还原反应称为自身氧化还原反应，例如：

$$2KClO_3 == 2KCl + 3O_2 \uparrow$$

在有些氧化还原反应中，某一物质中的同一元素，一部分被氧化，另一部分被还原，这类反应称为歧化反应。例如：

$$2Cl_2 + 2Ca(OH)_2 == CaCl_2 + Ca(ClO)_2 + 2H_2O$$

氧化还原反应都可以由两个半反应组成，其中一个是还原剂被氧化的半反应，另一个是氧化剂被还原的半反应，统称为氧化还原反应的半反应。例如：

$$Cu^{2+}(aq) + Zn(s) == Zn^{2+}(aq) + Cu(s)$$

可以写成两个半反应：

氧化反应 $\qquad\qquad\qquad Zn-2e^-\Longrightarrow Zn^{2+}$

还原反应 $\qquad\qquad\qquad Cu^{2+}+2e^-\Longrightarrow Cu$

氧化剂和还原剂之间相互制约、相互转化、相互依存的关系称为氧化还原共轭关系，通常用"氧化型/还原型"这样的氧化还原电对形式来表示。每个氧化还原半反应中都含有一个氧化还原电对。如半反应 $Cu^{2+}+2e^-\Longrightarrow Cu$ 所含电对是 Cu^{2+}/Cu，半反应 $Zn-2e^-\Longrightarrow Zn^{2+}$ 所含电对是 Zn^{2+}/Zn。

氧化还原反应是两个（或两个以上）氧化还原电对共同作用的结果。例如：

$$Cu^{2+}\quad+\quad Zn\quad\Longrightarrow\quad Zn^{2+}\quad+\quad Cu$$

氧化型1　还原型2　氧化型2　还原型1

Cu^{2+}/Cu、Zn^{2+}/Zn 称为共轭氧化还原电对（共轭电对），它们之间组成的反应称为氧化还原半反应。

氧化还原电对在反应过程中，氧化型物质的氧化能力越强，则其共轭还原剂的还原能力越弱。同理，还原型物质的还原能力越强，则其共轭氧化剂的氧化能力越弱。在氧化还原反应过程中，反应一般按较强的氧化型物质和较强的还原型物质相互作用的方向进行，生成较弱的氧化型物质和较弱的还原型物质。

当溶液中的介质（如 H_2O、H^+ 或 OH^- 等）也参与半反应时，尽管它们在反应中未得失电子，但介质也应写入半反应中。例如：

$$MnO_4^-+8H^++5e^-\Longrightarrow Mn^{2+}+4H_2O$$

式中，MnO_4^- 和 H^+ 统称为氧化型物质，Mn^{2+} 和 H_2O 统称为还原型物质。一般半反应可用下列通式表示：

$$氧化型+ne^-\Longrightarrow 还原型$$

第二节　原电池与电极电势

一、原电池

根据氧化还原反应的原理，设计一个装置，使氧化还原反应中电子的转移变成电子的定向移动，就可以将化学能转化成电能，这一装置叫做原电池。人们日常生活中所使用的普通干电池、燃料电池、锂离子电池等都属于原电池。

在如图 5-1 所示的锌-铜原电池装置中，盛有 $ZnSO_4$ 溶液的烧杯中插有 Zn 片，盛有 $CuSO_4$ 溶液的烧杯中插有 Cu 片，两个烧杯之间用一个倒置的 U 形管（称为盐桥，其中装满含饱和 KCl 溶液的琼脂凝胶）相连，将 Zn 片和 Cu 片用导线连接，中间串联一个检流计。电路接通后，可以看到检流计的指针发生偏转，这表明有电流通过。在这个原电池中，金属 Zn 和 $ZnSO_4$ 溶液组成一个电极，称为锌电极；金属 Cu 和 $CuSO_4$ 溶液组成另一个电极，称为铜电极。这个电池称为锌-铜原电池。由指针偏转方向可知，电流从 Cu 电极流向 Zn 电极，即在锌-铜原电池中 Cu 电极为正极，Zn 电极为负极。可见，负极发生的是氧化反应，正极发生的是还原反应，将两个电极反应合并，即为电池反应。

负极(Zn 极,还原剂 Zn 失去电子,氧化反应)

$$Zn - 2e^- \Longrightarrow Zn^{2+}$$

正极(Cu 极,氧化剂 Cu^{2+} 得到电子,还原反应)

$$Cu^{2+} + 2e^- \Longrightarrow Cu$$

电池反应(氧化还原反应)

$$Zn + Cu^{2+} \Longrightarrow Zn^{2+} + Cu$$

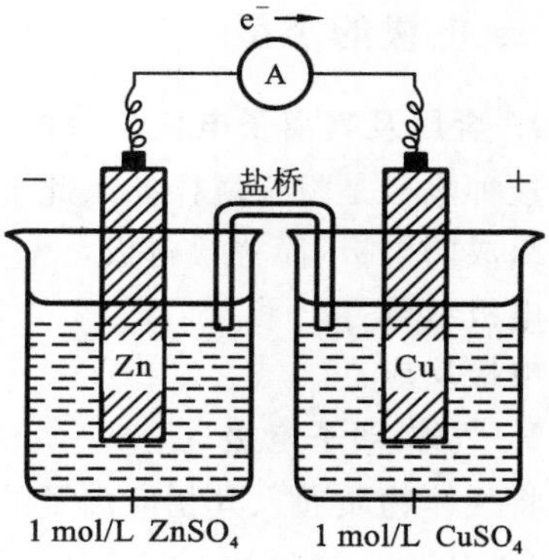

图 5-1 锌-铜原电池

二、原电池组成及其表示

为了应用方便,通常用电池符号来表示一个原电池的组成,书写原电池符号时应遵循如下规定:

(1)一般把负极写在左边,正极写在右边。

(2)用"|"表示物质的界面,将不同相的物质分开;同一相中的不同物质用逗号","隔开;用"‖"表示盐桥。

(3)标明物质状态,固态用"s"标出,溶液要标出浓度,气体要标出分压。当溶液的浓度是 1 mol/L、气体的分压为 100 kPa 时可不标注。

(4)某些电极反应(如 $Sn^{4+} + 2e^- \Longrightarrow Sn^{2+}$)没有导电材料,需要加惰性电极,如铂、石墨等。惰性电极在电池符号中也要表示出来。

例如,锌-铜原电池可以表示为

$$(-)Zn(s)|ZnSO_4(1 \text{ mol/L}) \parallel CuSO_4(1 \text{ mol/L})|Cu(s)(+)$$

【例 5-2】 写出下列电池反应对应的原电池符号:

(1) $Sn(s) + Pb^{2+}(0.1 \text{ mol/L}) \Longrightarrow Sn^{2+}(1.0 \text{ mol/L}) + Pb(s)$

(2) $2Fe^{3+}(0.1 \text{ mol/L}) + Cu(s) \Longrightarrow 2Fe^{2+}(0.1 \text{ mol/L}) + Cu^{2+}(0.1 \text{ mol/L})$

(3) $Zn(s) + 2H^+(aq) \Longrightarrow Zn^{2+}(aq) + H_2(g)$

解:(1)该电池反应中:

负极反应为 $\qquad\qquad Sn - 2e^- \Longrightarrow Sn^{2+}$

正极反应为 $\qquad\qquad Pb^{2+} + 2e^- \Longrightarrow Pb$

负极反应中固体 Sn 做导电材料,正极反应中固体 Pb 做导电材料。因此,原电池符号可表示为

$$(-)Sn(s)|Sn^{2+}(1.0 \text{ mol/L}) \parallel Pb^{2+}(0.1 \text{ mol/L})|Pb(s)(+)$$

(2)该电池反应中:

负极反应为 $\qquad\qquad Cu - 2e^- \Longrightarrow Cu^{2+}$

正极反应为 $\qquad\qquad 2Fe^{3+} + 2e^- \Longrightarrow 2Fe^{2+}$

负极反应中固体 Cu 做导电材料,正极需加惰性电极。因此,原电池符号可表示为

$$(-)Cu(s)|Cu^{2+}(0.1 \text{ mol/L}) \parallel Fe^{3+}(0.1 \text{ mol/L}), Fe^{2+}(0.1 \text{ mol/L})|Pt(s)(+)$$

(3)该电池反应中:

负极反应为 $\qquad\qquad Zn - 2e^- \Longrightarrow Zn^{2+}$

正极反应为 $\qquad\qquad 2H^+ + 2e^- \Longrightarrow H_2$

负极反应中固体 Zn 做导电材料,正极需加惰性电极。因此,原电池符号可表示为

$$(-)Zn(s)|Zn^{2+}(c_1) \parallel H^+(c_2)|H_2(p_1)|Pt(+)$$

三、电极的类型

1. 金属及其离子电极

这种电极是将金属棒插入此金属的盐溶液中构成的,它只有一个界面。如金属银与银离子组成的电极,简称银电极。

电极组成: $$Ag(s)|Ag^+(c)$$

电极反应: $$Ag^+ + e^- \Longrightarrow Ag$$

2. 气体-离子电极

将气体物质通入其相应离子的溶液中,气体与其溶液中的阴离子组成平衡体系。如氯电极 Cl_2/Cl^-、氢电极 H^+/H_2 等。由于气体不导电,需借助不参与电极反应的惰性电极(如铂或石墨)起导电作用,这样的电极叫做气体-离子电极,简称气体电极。

氯电极与氢电极的电极反应分别为

$$Cl_2 + 2e^- \Longrightarrow 2Cl^-$$
$$2H^+ + 2e^- \Longrightarrow H_2$$

电极符号分别是

$$Pt(s)|Cl_2(p_{Cl_2})|Cl^-(c)$$

和

$$Pt(s)|H_2(p_{H_2})|H^+(c)$$

3. 氧化还原电极

从广义上说,任何电极都包含氧化及还原作用,故都是氧化还原电极。但习惯上仅将其还原态不是金属的电极称为氧化还原电极。它是将惰性电极(如铂或石墨)浸入含有同一元素的两种不同氧化数的离子的溶液中构成的。如将石墨插入含有 Fe^{3+} 及 Fe^{2+} 的溶液中,即构成 Fe^{3+}/Fe^{2+} 电极。其电极反应为

$$Fe^{3+} + e^- \Longrightarrow Fe^{2+}$$

电极符号是 $$C(石墨)|Fe^{3+}(c_1),Fe^{2+}(c_2)$$

4. 金属及其难溶盐-阴离子电极

这类电极是在金属表面上覆盖一层该金属难溶盐(或氧化物),然后将其浸入含有该盐阴离子的溶液中构成,有两个界面。最常见的有银-氯化银电极。

银-氯化银电极由银丝、AgCl 沉淀和 KCl 溶液组成。其电极反应为

$$Ag + Cl^- \Longrightarrow AgCl + e^-$$

5. 膜电极*

膜电极是以固(液)体膜为敏感膜,对溶液中的待测离子产生选择性响应的电极。其电极电势的产生不是源于电极反应,而是源于离子交换和扩散。膜电极是分析化学中电位分析法应用最多的一种电极。

四、电极电势的产生*

原电池可产生电流,说明两电极之间存在电势差。那么单个电极的电势是如何产生的呢? 为什么不同的电极具有不同的电势呢?

金属是由金属离子(或金属原子)和自由电子以金属键构成的,金属离子(或金属原子)总是紧密地堆积在一起,自由电子在整个晶体中自由运动,金属离子和自由电子之间存在

较强烈的金属键。在不同的金属晶体中,金属键的强弱不相同。当把金属放在其盐溶液中时,在金属与其盐溶液的接触面上就会发生两个相反的过程:一方面,金属表面的离子由于自身热运动及溶剂的吸引,会脱离金属表面,以溶剂化离子的形式进入溶液,而将电子留在金属表面;另一方面,溶液中的金属离子由于受金属表面自由电子的吸引,会得到电子,沉积在金属表面上。当金属在其盐溶液中放置一定时间后,这两个相反变化过程的速率会趋于相等,逐渐形成一个动态平衡:

$$M(s) \underset{沉积}{\overset{溶解}{\rightleftharpoons}} M^{n+}(aq) + ne^-$$

如果金属溶解的趋势大于离子沉积的趋势,则达到平衡时,金属和其盐溶液的界面上会形成金属带负电荷、溶液带正电荷的双电层结构,如图 5-2(a)所示。相反,如果离子沉积的趋势大于金属溶解的趋势,达到平衡时,金属和溶液的界面上会形成金属带正电荷、溶液带负电荷的双电层结构,如图 5-2(b)所示。由于双电层的存在,金属与其盐溶液之间就产生了电势差,这个电势差就叫做电极电势,用符合

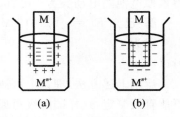

图 5-2 双电层结构示意图

φ 表示。不难理解,金属越活泼,其溶解趋势就越大,平衡时金属表面负电荷越多,φ 越小;金属越不活泼,其溶解趋势就越小,平衡时金属表面负电荷越少,φ 越大。电极电势的大小除了与电极的本性有关外,还与温度、电对物质中各离子的浓度等因素有关。

五、标准电极电势

当电极处于标准状态时,该电极的电极电势叫做标准电极电势,用符号 $\varphi^{\ominus}$ 来表示。电极的标准状态是指可溶于水的分子、离子,溶液中各粒子浓度均为 1 mol/L,气体的分压为 100 kPa,液体和固体为纯净状态。可见,标准电极电势的大小仅取决于电极的本性。

如何测定电极的电势呢?电极电势的绝对值迄今仍无法测量。为了比较氧化剂和还原剂的相对强弱,知道电极的相对电势值也就可以了。测量电极电势时,选择标准氢电极作为标准。当用标准氢电极和欲测电极组成电池后,测量该原电池的电动势,就得出了各种电极电势的相对值。

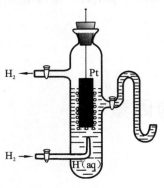

图 5-3 标准氢电极

(一)标准氢电极

如图 5-3 所示,将铂片表面镀上一层多孔的铂黑,插入 H^+ 浓度为 1 mol/L 的溶液中,不断通入压力为 100 kPa 的纯氢气,使铂黑吸附氢气并达到饱和,这时溶液中的 H^+ 与铂黑所吸附的氢气建立了如下的动态平衡:

$$2H^+(aq) + 2e^- \rightleftharpoons H_2(g)$$

由于该氢电极处于标准状态,所以它被称为标准氢电极。电化学上规定,标准氢电极的电极电势为零,即 $\varphi^{\ominus}(H^+/H_2) = 0.0000$ V。以此作为与其他电极电势进行比较的相对标准。

（二）标准电极电势的测定

在原电池中，当无电流通过时，原电池的电动势（E）在数值上等于正极电极电势与负极电极电势之差，即 $E = \varphi_+ - \varphi_-$。当两电极均处于标准状态时，原电池的电动势叫做标准电动势（符号为 $E^\ominus$），$E^\ominus = \varphi_+^\ominus - \varphi_-^\ominus$。因此，在标准状态下，当待测电极和标准氢电极组成原电池时，规定标准氢电极做负极，用实验方法测得这个原电池的电动势数值就是待测电极的标准电极电势，通常测定温度为 298 K。

【例 5-3】 以标准状态下的 Zn^{2+}/Zn 电极为正极，标准氢电极为负极，组成原电池，测得该原电池的电动势为 -0.7628 V，求 Cu^{2+}/Cu 电极的标准电极电势。

解：已知 $E^\ominus = -0.7618$ V，$\varphi_{H^+/H_2}^\ominus = 0.0000$ V。

因为
$$E^\ominus = \varphi_{Zn^{2+}/Zn}^\ominus - \varphi_{H^+/H_2}^\ominus$$

所以
$$\varphi_{Zn^{2+}/Zn}^\ominus = -0.7618 \text{ V}$$

运用上述方法，理论上可测定出各种电极的标准电极电势，但有些电极与水剧烈反应，不能直接测定，这样的电极可通过热力学数据间接求得。

六、标准电极电势表

利用上述方法，可以测得各种电极的标准电极电势。将各电极的标准电极电势按递增的顺序排列成表，称为标准电极电势表。标准电极电势表分为酸表（$\varphi_A^\ominus$）和碱表（$\varphi_B^\ominus$）。若电极反应在酸性或中性溶液中进行，则在酸表中查阅其标准电极电势；如在碱性溶液中进行，则在碱表中查阅其标准电极电势。298 K 的标准电极电势见附录 D。

使用标准电极电势表时要注意以下几点：

（1）标准电极电势是指在标准状态下的水溶液中测定出的电极电势，应在满足标准状态的条件下使用，不适用于非水溶液。

（2）标准电极电势表左边的氧化态物质的氧化能力从上到下逐渐增强，右边的还原态物质的还原能力从下到上逐渐增强。

（3）标准电极电势的符号和大小与电极反应的书写方法无关。

（4）表中半反应用 $Ox + ne^- \rightleftharpoons Red$ 表示，此种电极电势又叫还原电势。电极电势是强度性质，与物质的量无关。如：

$$Cu^{2+} + 2e^- \rightleftharpoons Cu \qquad \varphi_{Cu^{2+}/Cu}^\ominus = +0.3419 \text{ V}$$
$$1/2Cu^{2+} + e^- \rightleftharpoons 1/2Cu \qquad \varphi_{Cu^{2+}/Cu}^\ominus = +0.3419 \text{ V}$$

 # 第三节　影响电极电势的因素

一、能斯特方程

电极电势的大小决定电极的本性，并受溶液中相关物质浓度、分压、温度和介质等外界条件的影响。德国化学家能斯特将影响电极电势大小的诸因素概括成一个定量公式，即能斯特方程。

对于电极反应　　　　　　a 氧化型 $+ ne^- \rightleftharpoons b$ 还原型

能斯特方程为
$$\varphi = \varphi^{\ominus} + \frac{RT}{nF}\ln\frac{[氧化型]^a}{[还原型]^b} \tag{5-1}$$

式中,φ 为非标准状态下的电极电势(V);$\varphi^{\ominus}$ 为该电极标准状态下的电极电势(V);R 为摩尔气体常数(8.314 J/(mol·K));T 为热力学温度(K);n 为电极反应中转移的电子数;F 为法拉第常数(96485 C/mol);$[氧化型]^a$ 表示电极反应中氧化型一侧各物质浓度幂的乘积;$[还原型]^b$ 表示电极反应中还原型一侧各物质浓度幂的乘积,其中各物质浓度的指数等于电极反应式中相应各物质的化学计量系数。

当 $T=298$ K 时,将 R、F 的数值代入能斯特方程,并将自然对数换算成常用对数后得
$$\varphi = \varphi^{\ominus} + \frac{0.0592}{n}\lg\frac{[氧化型]^a}{[还原型]^b} \tag{5-2}$$

当温度一定时,若增大氧化型物质的浓度(或减小还原型物质的浓度),则电极电势数值将增大;反之,亦然。应用能斯特方程时需注意以下几点:

(1)计算前,首先配平电极反应式。

(2)组成电极的物质中若有纯固体、纯液体(包括水),则不必代入方程中;若为气体,则用分压代入公式时,应除以标准态压力 100 kPa。

(3)若介质参与电极反应,也应出现在能斯特方程中。

二、能斯特方程的应用

下面利用能斯特方程讨论溶液中相关物质的浓度对电极电势的影响。

1. 浓度对电极电势的影响

对指定的电极来说,氧化型物质的浓度越大,则电极电势值越大,电对中氧化态物质的氧化性越强;相反,还原型物质的浓度越大,则电极电势越小,电对中还原态物质的还原性越强。由于氧化态和还原态物质的浓度或分压常因这些物质发生反应生成弱电解质、沉淀或配合物而改变,电极电势也因此而改变。

【例 5-4】 已知 $\varphi^{\ominus}_{Zn^{2+}/Zn} = -0.7618$ V,计算 Zn^{2+} 浓度为 0.001 mol/L 时锌电极的电极电势(298 K)。

解:根据式(5-2)得
$$\varphi_{Zn^{2+}/Zn} = \varphi^{\ominus}_{Zn^{2+}/Zn} + \frac{0.0592}{2}\lg c_{Zn^{2+}}$$
$$= (-0.7618 + \frac{0.0592}{2}\lg 0.001) \text{ V}$$
$$= -0.815 \text{ V}$$

计算结果说明,氧化型物质浓度减小时,电极电势减小。

2. H^+ 浓度对电极电势的影响

当 H^+ 或 OH^- 参与电极反应时,由能斯特方程可以看出,改变介质的酸度,电极电势必然随之改变,因此电对的氧化还原能力也将发生改变。

【例 5-5】 已知 $MnO_4^- + 8H^+ + 5e^- \rightleftharpoons Mn^{2+} + 4H_2O$,$\varphi^{\ominus}_{MnO_4^-/Mn^{2+}} = 1.507$ V,当 H^+ 浓度分别等于 0.1 mol/L、10 mol/L,其他物质均处于标准状态时,$\varphi_{MnO_4^-/Mn^{2+}}$ 分别等于多少?

解:根据式(5-2)得

$$\varphi_{MnO_4^-/Mn^{2+}} = \varphi_{MnO_4^-/Mn^{2+}}^{\ominus} + \frac{0.0592}{5} \lg \frac{c_{MnO_4^-} \cdot c_{H^+}^8}{c_{Mn^{2+}}}$$

因为 MnO_4^- 和 Mn^{2+} 均处于标准状态,所以有

$$c_{MnO_4^-} = c_{Mn^{2+}} = 1 \text{ mol/L}$$

当 $c_{H^+} = 0.1 \text{ mol/L}$ 时,有

$$\varphi_{MnO_4^-/Mn^{2+}} = (1.507 - \frac{0.0592 \times 8}{5}) \text{ V} = (1.507 - 0.0947) \text{ V} = 1.412 \text{ V}$$

当 $c_{H^+} = 10 \text{ mol/L}$ 时,有

$$\varphi_{MnO_4^-/Mn^{2+}} = (1.507 + \frac{0.0592 \times 8}{5}) \text{ V} = (1.507 - 0.0947) \text{ V} = 1.602 \text{ V}$$

由本题知,H^+ 浓度的改变,会影响像 MnO_4^-/Mn^{2+} 等有 H^+ 参与电极反应电对的电极电势。

第四节　电极电势和电池电动势的应用

一、判断氧化剂、还原剂的相对强弱

电极电势的数据反映了氧化还原电对得失电子的趋势,根据电极电势的高低可判断物质的氧化还原能力的相对强弱。电极电势越大,电对中氧化型物质的氧化能力越强,还原型物质的还原能力越弱。相反,电极电势值越小,电对中还原型物质的还原能力越强,氧化型物质的氧化能力越弱。根据附录 D 中各电对的标准电极电势值的大小,可以判断出各氧化还原电对中氧化型和还原型在标准状态下的氧化还原能力。

【例 5-6】 已知在标准状态下,$\varphi_{MnO_4^-/Mn^{2+}}^{\ominus} = 1.507 \text{ V}$、$\varphi_{Zn^{2+}/Zn}^{\ominus} = -0.7618 \text{ V}$、$\varphi_{Fe^{2+}/Fe}^{\ominus} = -0.447 \text{ V}$、$\varphi_{Cl_2/Cl^-}^{\ominus} = 1.35827 \text{ V}$,试比较各氧化型物质的氧化能力和还原型物质的还原能力的强弱。

解: 由于 $\varphi_{MnO_4^-/Mn^{2+}}^{\ominus} > \varphi_{Cl_2/Cl^-}^{\ominus} > \varphi_{Fe^{2+}/Fe}^{\ominus} > \varphi_{Zn^{2+}/Zn}^{\ominus}$

因此,在标准状态下,各氧化型物质氧化能力由强到弱的顺序为

$$MnO_4^- > Cl_2 > Fe^{2+} > Zn^{2+}$$

在标准状态下,各还原型物质还原能力由强到弱的顺序为

$$Zn > Fe > Cl^- > Mn^{2+}$$

二、判断氧化还原反应进行的方向

氧化还原反应自发进行的方向总是较强的氧化剂和较强的还原剂生成较弱的氧化剂和较弱的还原剂。而且氧化剂和还原剂在标准电极电势表中的位置相隔越远,它们之间的得失电子自发反应的趋势越大。因此,将氧化还原反应设计为原电池,由电极电势较大的氧化剂所对应的电对做电池的正极,而由电极电势较小的还原剂所对应的电对做电池的负极。其电池电动势必然大于 0,即 $E = \varphi_+ - \varphi_- > 0$。根据电动势($E$),就可以判断该氧化还原反应的方向。具体步骤如下:

(1)确定反应中的氧化剂和还原剂。

（2）分别查出氧化剂电对和还原剂电对的标准电极电势。

（3）以反应物中还原剂的电对做负极，氧化剂的电对做正极，求出电池的电动势（$E = \varphi_+ - \varphi_-$）。

① 若 $E > 0$，则反应自发正向（向右）进行；

② 若 $E = 0$，则正、逆反应处于平衡状态；

③ 若 $E < 0$，则反应逆向（向左）进行。

（4）若反应处于标准态，则用 $E^\ominus$ 判断；若反应处于非标准态，则需通过能斯特方程计算该状态下的 E 再作判断。

【例 5-7】 判断下列反应在 298 K 时自发进行的方向：

$$Pb^{2+}(0.001 \text{ mol/L}) + Sn(s) \Longrightarrow Sn^{2+}(0.100 \text{ mol/L}) + Pb(s)$$

已知 $\varphi^\ominus_{Sn^{2+}/Sn} = -0.1375 \text{ V}$，$\varphi^\ominus_{Pb^{2+}/Pb} = -0.1262 \text{ V}$。

解：确定反应中的氧化剂和还原剂，由电极电势较大的氧化剂所对应的电对做电池的正极，而由电极电势较小的还原剂所对应的电对做电池的负极。在反应式中，Pb^{2+} 是氧化剂，做正极；Sn 是还原剂，做负极。

所以正极电极电势

$$\varphi_+ = \varphi_{Pb^{2+}/Pb} = \varphi^\ominus_{Pb^{2+}/Pb} + \frac{0.0592}{n}\lg c_{Pb^{2+}}$$

$$= \left(-0.1262 + \frac{0.0592}{2}\lg 0.001\right) \text{ V} = -0.2150 \text{ V}$$

负极电极电势

$$\varphi_- = \varphi_{Sn^{2+}/Sn} = \varphi^\ominus_{Sn^{2+}/Sn} + \frac{0.0592}{n}\lg c_{Sn^{2+}}$$

$$= \left(-0.1375 + \frac{0.0592}{2}\lg 0.100\right) \text{ V} = -0.1671 \text{ V}$$

$$E = \varphi_+ - \varphi_- = [-0.2150 - (-0.1671)] \text{ V} = -0.0479 \text{ V} < 0$$

故该氧化还原反应不能正向进行，逆向可以自发进行。

三、判断氧化还原反应进行的程度

对于一个给定的氧化还原反应，反应平衡常数 K 与标准电极电势的关系为

$$\lg K = \frac{n}{0.0592}(\varphi^\ominus_{Ox} - \varphi^\ominus_{Red})$$

式中 n 为配平的氧化还原反应中得失的电子数，$\varphi^\ominus_{Ox}$ 和 $\varphi^\ominus_{Red}$ 分别是氧化剂电对和还原剂电对的标准电极电势。可用平衡常数 K 来判断氧化还原反应进行的程度：K 值愈大，反应进行的程度愈大；K 值愈小，反应进行的程度愈小。

【例 5-8】 求下列反应在 298 K 时的平衡常数 K：

$$Zn(s) + Cu^{2+}(1.0 \text{ mol/L}) \Longrightarrow Zn^{2+}(1.0 \text{ mol/L}) + Cu(s)$$

解：正极电极反应为 $\qquad Cu^{2+} + 2e^- \Longrightarrow Cu$

负极电极反应为 $\qquad Zn - 2e^- \Longrightarrow Zn^{2+}$

电池反应的电子得失数 $\qquad n=2$

则
$$\lg K=\frac{2}{0.0592}(\varphi_{Cu^{2+}/Cu}^{\ominus}-\varphi_{Zn^{2+}/Zn}^{\ominus})$$

查表得 $\varphi_{Cu^{2+}/Cu}^{\ominus}=0.3419\ V,\varphi_{Zn^{2+}/Zn}^{\ominus}=-0.7618\ V$,代入上式得

$$\lg K=37.287$$

$$K=1.58\times10^{37}$$

K 值愈大,说明反应进行的程度愈大,也就是说反应进行得越彻底。因此,可以直接用电动势的大小来估计反应进行的程度。

四、电势法测定溶液的 pH 值 *

有些电极的电极电势随着溶液的 pH 值改变而变化。电势法测溶液 pH 值中最常用的参比电极是饱和甘汞电极(SCE),其结构简单、使用方便。

甘汞电极是由金属汞、甘汞(Hg_2Cl_2)和 KCl 溶液组成的。其电极反应为

$$2Hg+2Cl^-\Longrightarrow Hg_2Cl_2+2e^-$$

25 ℃时,其电极电势为

$$\varphi=\varphi_{Hg_2Cl_2/Hg}^{\ominus}-0.059\lg a_{Cl^-}$$

甘汞电极的电极电势随温度和氯化钾的浓度改变而变化,与溶液 pH 值无关。

玻璃膜电极(glass membrane electrode)也是一类常用的测定溶液 pH 值的电极。其主要组成部分是一个玻璃泡,玻璃泡的下半部分为特殊组成的玻璃薄膜(Na_2O 22%,CaO 6%,SiO_2 72%),膜厚 30~100 μm。玻璃泡中装有 pH 值一定的溶液(称为内参比溶液或内部溶液,通常为 0.1 mol/L HCl 溶液),其中插一根 Ag-AgCl 内参比电极。

内参比电极的电势是恒定的,与被测试液的 pH 值无关,玻璃电极的指示作用主要在玻璃膜上。

由于溶胀层表面与溶液中 H^+ 活度不同,H^+ 便从活度大的相朝活度小的相迁移,从而改变了溶胀层和溶液两相界面的电荷分布,产生外相界电势 $\varphi_{外}$;玻璃膜电极内膜与内参比溶液同样也产生内相界电势 $\varphi_{内}$,跨越玻璃膜的相间电势 $\varphi_{膜}$ 可表示为

$$\varphi_{膜}=\varphi_{外}-\varphi_{内}=0.059\lg\frac{a_{H^+(外)}}{a_{H^+(内)}}$$

式中 $a_{H^+(外)}$ 为膜外部待测 H^+ 活度,$a_{H^+(内)}$ 为膜内参考溶液的 H^+ 活度。

由于 $a_{H^+(内)}$ 是恒定的,因此有

$$\varphi_{膜}=K+0.059\lg a_{H^+(外)}$$

玻璃膜电极内部插有内参比电极,因此,整个玻璃膜电极的电势

$$\varphi_{玻璃}=\varphi_{参比}+\varphi_{膜}$$

如果用已知 pH 值的溶液标定有关常数,则由测得的玻璃电极电势可求得待测溶液的 pH 值。

知识拓展

化学传感器和生物传感器

化学传感器是由化学敏感层和物理转换器结合而成的,是能提供化学组成的直接信息的传感器件。对化学传感器的研究是近年来由化学、生物学、电学、光学、力学、声学、热学、半导体技术、微电子技术和薄膜技术等互相渗透和结合而形成的新兴研究领域。化学传感器的重要意义在于可把化学组分及其含量直接转化为模拟量(电信号),通常具有体积小、灵敏度高、测量范围宽、价格低廉、易于实现自动化测量和在线(或原位)连续检测等特点。国内外科研人员很早就致力于研究化学传感器的检测方法和控制方法,研制各式各样的化学传感器分析仪器,并广泛应用于环境监测、生产过程中的监控及气体成分分析、气体泄漏报警等。

生物传感器是一种对生物物质敏感并将其浓度转换为电信号进行检测的仪器。它是由固定化的生物敏感材料(包括酶、抗体、抗原、微生物、细胞、组织、核酸等生物活性物质)识别元件、适当的理化换能器(如氧电极、光敏管、场效应管、压电晶体等)及信号放大装置构成的分析工具或系统。生物传感器具有接收器与转换器的功能。生物体中能够选择性地分辨特定物质的有酶、抗体、组织、细胞等。在识别过程中,这些功能物质通过与被测目标结合成复合物而识别,如抗体和抗原的结合、酶与基质的结合等。

能力检测

一、选择题

1. 还原反应是(　　)。

A. 化合价升高的反应　　　　　　　　　　B. 得到氧的反应

C. 得电子的反应　　　　　　　　　　　　D. 失电子的反应

2. 下列氧化剂中,氧化性随溶液中 H^+ 浓度的增大而增强的是(　　)。

A. Cl_2　　　　　　　B. Fe^{3+}　　　　　　　C. Ag^+　　　　　　　D. $Cr_2O_7^{2-}$

3. 已知四个电对的标准电极电势如下:$\varphi^{\ominus}_{Sn^{2+}/Sn}=-0.136\ V$;$\varphi^{\ominus}_{Fe^{3+}/Fe^{2+}}=0.771\ V$;$\varphi^{\ominus}_{Hg^{2+}/Hg_2^{2+}}=0.920\ V$;$\varphi^{\ominus}_{Br_2/Br^-}=1.066\ V$。下列反应中不能正向进行的是(　　)。

A. $2Br^-+Sn^{2+}\Longleftrightarrow Br_2+Sn$　　　　　　B. $2Fe^{2+}+2Hg^{2+}\Longleftrightarrow 2Fe^{3+}+Hg_2^{2+}$

C. $2Fe^{2+}+Br_2\Longleftrightarrow 2Fe^{3+}+2Br^-$　　　　D. $Sn+2Hg^{2+}\Longleftrightarrow Sn^{2+}+Hg_2^{2+}$

4. Fe_3O_4 中 Fe 的氧化数是(　　)。

A. $+2$　　　　　　　B. $+3$　　　　　　　C. $+8/3$　　　　　　　D. $+4/3$

5. 电池反应 $0.5H_2+0.5Cl_2\Longleftrightarrow HCl$ 和 $2HCl\Longleftrightarrow H_2+Cl_2$ 的标准电动势分别为 $E_1^{\ominus}$ 和 $E_2^{\ominus}$,则 $E_1^{\ominus}$ 和 $E_2^{\ominus}$ 的关系是(　　)。

A. $2E_1^{\ominus}=E_2^{\ominus}$　　　　B. $E_1^{\ominus}=-E_2^{\ominus}$　　　　C. $E_2^{\ominus}=-2E_1^{\ominus}$　　　　D. $E_1^{\ominus}=E_2^{\ominus}$

6. 已知 $\varphi^{\ominus}_{Fe^{2+}/Fe}=-0.447\ V$,$\varphi^{\ominus}_{Ag^+/Ag}=0.800\ V$,$\varphi^{\ominus}_{Fe^{3+}/Fe^{2+}}=0.771\ V$。在标准状态下,电对 Fe^{2+}/Fe、Ag^+/Ag 和 Fe^{3+}/Fe^{2+} 中,最强的氧化剂和最强的还原剂分别是(　　)。

A. Ag^+、Fe^{2+} B. Ag^+、Fe C. Fe^{3+}、Ag D. Fe^{2+}、Ag

二、填空题

1. 电极电势的大小决定_____的本性,并受溶液中相关物质_____、_____和_____等外界条件的影响。

2. 氧化还原反应总是朝_____反应生成_____的方向进行。

3. 标准氢电极的电极电势为_____。

4. 已知 $\varphi^{\ominus}_{Cl_2/Cl^-}=1.358$ V,$\varphi^{\ominus}_{BrO_3^-/Br^-}=1.482$ V,$\varphi^{\ominus}_{I_2/I^-}=0.536$ V,$\varphi^{\ominus}_{Sn^{4+}/Sn^{2+}}=0.154$ V,则在 Cl_2、Cl^-、BrO_3^-、Br^-、I_2、I^-、Sn^{4+}、Sn^{2+} 各物质中最强的氧化剂是_____,最强的还原剂是_____,以 I^- 作为还原剂,能被其还原的物质分别是_____和_____。

5. 电极电势值越大,氧化还原电对中氧化型物质的氧化能力越_____,还原型物质的还原能力越_____。

三、简答题

有一含有 Cl^-、Br^-、I^- 的混合溶液,欲使 I^- 氧化为 I_2,而 Br^- 和 Cl^- 不发生变化,在常用的氧化剂 H_2O_2、$Fe_2(SO_4)_3$ 和 $KMnO_4$ 中选择哪一种合适?说明理由。

$$\varphi^{\ominus}_{I_2/I^-} \quad \varphi^{\ominus}_{Fe^{3+}/Fe^{2+}} \quad \varphi^{\ominus}_{Br_2/Br^-} \quad \varphi^{\ominus}_{Cl_2/Cl^-} \quad \varphi^{\ominus}_{MnO_4^-/Mn^{2+}} \quad \varphi^{\ominus}_{H_2O_2/H_2O}$$

0.536 V   0.771 V   1.066 V   1.358 V   1.507 V   1.776 V

四、计算题

1. 将铜片插入盛有 0.5 mol/L $CuSO_4$ 溶液的烧杯中,银片插入盛有 0.5 mol/L $AgNO_3$ 溶液的烧杯中,组成一个原电池。

(1) 写出原电池符号;

(2) 写出电极反应式和电池反应式;

(3) 求该电池的电动势。

2. 求非金属碘(I_2)在 0.1 mol/LKI 溶液中、298 K 时的电极电势。

(丁润梅)

第六章　原子结构和元素周期律

本章要求

1. 掌握核外电子运动的特殊性，以及原子轨道、四个量子数、电子层、电子亚层、电子云等概念。

2. 了解有效核电荷、屏蔽效应及其对能级交错的影响。

3. 熟悉原子轨道近似能级图。掌握电子排布三原则，并能正确书写1～36号元素电子排布及价层电子构型。

4. 熟悉元素周期表及元素性质周期性变化规律。

第一节　原子结构理论发展史

原子结构理论的形成，经历了从"原子分子论"、原子"枣糕"模型、带核原子模型到定态原子模型等过程，直到引入量子力学观点来描述微观粒子的运动状态，才形成了遵循薛定谔方程的现代原子结构理论。下面简要说明原子结构理论的发展史。

(1) "原子分子论"：十九世纪初，英国化学家道尔顿(Dalton J.)在质量守恒定律、定组成定律、倍比定律的基础上，提出"原子分子论"。该理论提出：一切物质由分子组成，分子由原子组成，原子是物质进行化学反应的基本微粒。

(2) 原子"枣糕"模型：1897年英国物理学家汤姆森(Thomson J. J.)通过阴极射线实验发现了电子，证明了原子由更小的粒子组成，即由原子核和电子组成。他认为原子是一个球体，带正电荷的原子核均匀分布在整个球内，而带负电荷的电子就像枣糕里的枣子那样镶嵌在里面。他由此提出了原子"枣糕"模型，并获得了1906年的诺贝尔物理学奖。

(3) 带核原子模型：1911年英国物理学家卢瑟福(Rutherford E.)，根据 α 粒子的散射实验，提出了带核原子模型或行星系式原子模型。该模型认为电子围绕原子核做高速运动，做周期运动的电子势必不断损失能量，以电磁波的形式辐射。而电子不断减少能量，最终会落入原子核，导致原子最终毁灭。这与实验事实不符。

(4) 定态原子模型：1913年，丹麦物理学家玻尔(Bohr N.)将普朗克(Planck M.)假说[①]的"量子化"理论应用于解释氢原子和类氢原子光谱，提出了定态原子模型。该模型认为核外电子在一定的稳定轨道上运动，既不吸收能量也不辐射能量，这种状态称为定态。这些轨道具有一系列不连续的能量（如 $E_1, E_2, \cdots, E_n$），能量最低的定态叫做基态，能量高于基态的定态叫做激发态。当电子从一个定态跃迁到另一个定态时，发出或吸收单色辐射的频率。它成功解释了氢原子的线性光谱，并提出电子能量是量子化的观点。但是，玻尔的理论未能完全摆脱经典力学的束缚，也不能解释多电子原子的光谱和光谱在磁场中的分裂等实验现象，必须建立新的原子结构理论。

第二节 微观粒子的运动特征

一、微观粒子的波粒二象性

众所周知，光具有干涉、衍射现象，这是波动性的典型表现；而光电效应则反映出光同时也具有粒子性。这种二重性称为光的波粒二象性。

1924 年，法国物理学家德布罗意（de Broglie L. V.）在光的波粒二象性被广泛接受的基础上，大胆假设微观粒子也具有波粒二象性。他认为所有微观粒子都具有波粒二象性，如电子、质子、中子、原子等，并提出了德布罗意假说，式（6-1）称为德布罗意关系式。微观粒子波动性和粒子性的参数出现在同一个表达式中，体现了微观粒子的波粒二象性。

$$\lambda = \frac{h}{p} = \frac{h}{mv} \tag{6-1}$$

式中 λ 表示粒子波的波长，m 表示粒子的质量，v 表示是粒子运动速度，p 表示粒子的动量，h 表示普朗克常数。

1927 年，德布罗意假说就得到了实验证实。由 Davisson C. J. 和 Germer L. H. 合作完成的电子衍射实验，验证了电子具有的波动性。同时，G. P. Thomson 也独立完成了用电子穿过晶体薄膜得到衍射纹的实验，并且测出了电子的波长。图 6-1 是电子衍射实验的示意

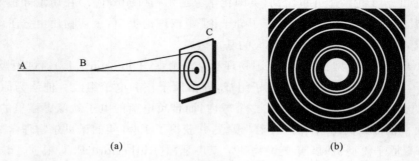

(a)   (b)

图 6-1 电子衍射实验

---

① 普朗克假说：1900 年，普朗克为了解释受热黑体辐射，假定辐射能量（E）都是某个最小能量（$E_0 = h\nu$）的整数倍，即 $E = nE_0$，n 叫做量子数。他首次提出了微观世界能量变化具有不连续性的特点，并因此获得了 1918 年的诺贝尔物理学奖。

图。当经过电势差加速的电子束 A 入射到镍单晶 B 上,观察散射电子束的强度和散射角的关系,结果得到完全类似于单色光通过小圆孔那样得到的衍射图像,表明电子确实具有波动性。电子衍射实验证明了德布罗意假说的正确性。

二、不确定原理

在经典力学中,一个宏观物体在任一瞬间的位置和动量是可以同时准确测定的。例如,射出一颗子弹,如果知道它的质量、初速度及起始位置,就能准确地预测某一时刻子弹的位置、速度(或动量)。而对于微观粒子,情况则不同,它们质量很小且运动速度高,具有不同的特点。1927 年,海森堡(Heisenberg W.)提出了不确定原理(uncertainty principle):当研究微观粒子时,我们无法同时准确测定它的坐标 x 和动量 p。若坐标测得越准确,其动量就测得越不准确;反之,亦然。其数学表达式为

$$\Delta x \cdot \Delta p_x \geqslant h/(4\pi) \tag{6-2}$$

式中 Δx 表示微观粒子坐标的误差,Δp 表示其动量的误差。

不确定原理指出,核外电子的运动不像宏观物体那样有固定的轨道,无法确定其运动轨迹,也无法预测某一时刻电子所在的位置。那么,如何描述核外电子的运动状态呢?薛定谔应用量子力学,从微观粒子的波粒二象性角度建立波动方程,来描述核外电子的运动状态。

三、薛定谔方程

在微观粒子波粒二象性理论的基础上,1926 年,奥地利理论物理学家、量子力学的奠基人之一薛定谔(Schrödinger,见图 6-2)提出了描述核外电子运动状态的波动方程,即薛定谔方程(Schrödinger equation)。薛定谔方程是二阶偏微分方程,其基本形式如下:

$$\frac{\partial \Psi^2}{\partial x^2} + \frac{\partial \Psi^2}{\partial y^2} + \frac{\partial \Psi^2}{\partial z^2} + \frac{8\pi^2 m}{h^2}(E-V)\Psi = 0 \tag{6-3}$$

式中 m 是电子质量,x、y、z 是电子坐标,E 是电子总能量,V 是电子势能,h 是普朗克常数,Ψ 称为波函数(wave function)。本教材不要求对此方程进行求解,只需掌握解方程得出的一些重要结论。

图 6-2　奥地利物理学家薛定谔

第三节　核外电子运动状态的描述

一、波函数与原子轨道

为了求解氢原子的薛定谔方程,将式(6-3)中的直角坐标(x,y,z)转化成球极坐标(r,θ,ϕ),并得到了一系列波函数——$\Psi_{n,l,m}(r,\theta,\phi)$,习惯上把这些波函数称为"原子轨道"。与其对应的能量为 E_n。实际上,$\Psi_{n,l,m}$ 本身并没有确切的物理意义,而 $|\Psi_{n,l,m}|^2$ 有明确的物理

意义。即$|\Psi_{n,l,m}|^2$与电子在空间某点出现的概率密度(probability density)成正比。

二、量子数及其物理意义

在解薛定谔方程的过程,为了得到合理解,引入了四个量子数,它们的取值和物理意义如下:

1. 主量子数(n)

主量子数(n)决定轨道能量的高低,以及电子在核外出现概率最大区域("电子层")离核的远近——电子层。取值如表 6-1 所示。

表 6-1 主量子数及对应的光谱学符号

主量子数 n	1	2	3	4	5	6	…	n
光谱学符号	K	L	M	N	O	P	…	…

例如:$n=1$,表示电子运动区域离核最近,即能量最低的第一电子层(能层);$n=2$,表示电子运动区域离核稍远,即能量稍高的第二电子层(能层),以此类推。因此,n 越大,电子运动区域离核越远,轨道能量越高。

2. 角量子数(l)

角量子数(l)确定原子轨道的形状,并在多电子原子中和 n 一起决定轨道的能量。

角量子数取值受主量子数的限制。n 确定后,角量子数 $l=0,1,2,\cdots,n-1$。例如:$n=1$ 时,l 只能取 0;$n=2$ 时,l 可取 0、1 两个值。不同的 l 取值,对应的光谱学符号如表 6-2 所示。

表 6-2 角量子数及对应的光谱学符号、轨道形状

角量子数 l	0	1	2	3	…	$n-1$
光谱学符号	s	p	d	f	…	…
轨道形状	球形	哑铃形	花瓣形	…	…	…

在多电子原子中,n 值相同时,l 不同,轨道能量是不相等的,称为"亚层"(subshell)或能级。同一电子层中,角量子数越大,轨道能量越高。各亚层能量相对高低顺序为:$E_{ns} < E_{np} < E_{nd} < E_{nf}$。

在氢原子中,同一电子层中不同亚层轨道能量相同。即:$E_{ns} = E_{np} = E_{nd} = E_{nf}$。

3. 磁量子数(m)

磁量子数(m)决定原子轨道在空间的伸展方向,与电子的能量无关。m 的取值受到 l 的限制,当 l 一定,m 可取 $0,\pm 1,\pm 2,\cdots,\pm l$,共有($2l+1$)个值。

m 的每一个取值表示具有某种空间伸展方向的原子轨道。在一个亚层中,m 有几个取值,该亚层就有几个不同伸展方向的原子轨道。

$l=0$ 时,表示 s 亚层,m 只能取 0,即球形 s 轨道,只有一个伸展方向,如图 6-3 所示。

$l=1$ 时,表示 p 亚层,m 有 -1、0、$+1$ 三个取值,可有三个哑铃形 p 轨道,它们分别在 x、y、z 轴上伸展,即 p_x、p_y、p_z 三个轨道,这三个轨道的伸展方向互相垂直,如图 6-3 所示。

$l=2$ 时,表示 d 亚层,m 有 0、± 1、± 2 五个取值,即有五个 d 轨道,其中四个花瓣形,一个纺锤形。它们能量相等,在空间平均分布,如图 6-3 所示。

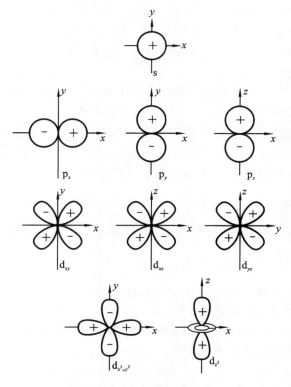

图 6-3　s、p、d 轨道角度分布图

由于磁量子数(m)与电子能量无关,因此,n 和 l 相同,m 不同的原子轨道能量是相同的。例如,p 亚层的 3 个轨道能量相同,d 亚层的 5 个轨道能量相同,f 亚层的 7 个轨道能量相同。这些能量相同的原子轨道称为简并轨道或等价轨道。

n、l、m 的合理组合,可确定一个波函数,也就是核外电子运动的一个原子轨道。参见表 6-3。

表 6-3　量子数与波函数

主量子数 (电子层 n)	角量子数 (l)	磁量子数 (m)	波函数 (Ψ)	各电子层的轨道数(n^2)
1	0	0	Ψ_{1s}	1
2	0	0	Ψ_{2s}	4
	1	0、±1	Ψ_{2p_z}、Ψ_{2p_x}、Ψ_{2p_y}	
3	0	0	Ψ_{3s}	9
	1	0、±1	Ψ_{3p_z}、Ψ_{3p_x}、Ψ_{3p_y}	
	2	0、±1、±2	$\Psi_{3d_{xy}}$、$\Psi_{3d_{yz}}$、$\Psi_{3d_{xz}}$、 $\Psi_{3d_{x^2-y^2}}$、$\Psi_{3d_{z^2}}$	

4. 自旋量子数(s)

原子中的电子除了绕核做高速运动外,还存在自旋。用于描述电子自旋方向的量子数称为自旋量子数,用符号 s 表示,s 的取值为 $+1/2$ 和 $-1/2$。它们代表电子自旋的两个相反方向,通常分别用向上和向下的箭头表示,即"↑"和"↓"。

在原子中,不存在四个量子数完全相同的两个电子。换言之,每个原子轨道上,最多能容纳两个自旋方向相反的电子。

综上所述,n、l、m 三个量子数的合理组合,可以确定一个原子轨道;而 n、l、m 及 s 四个量子数的合理组合,可以描述原子中一个电子的运动状态。

主量子数(n)决定电子的能量和电子运动的区域(即电子层);角量子数(l)决定原子轨道或电子云的形状,同时也在多电子原子中决定电子的能量;磁量子数(m)决定原子轨道在空间的伸展方向;自旋量子数(s)决定电子的自旋方向。

讨论

哪些量子数的合理组合可以确定一个原子轨道? 描述一个电子的运动状态需要哪些量子数?

【例 6-1】 补足下列缺少的量子数:$n=3$,$l=1$,$m=?$,$s=-1/2$。

解:由于 $n=3$,$l=1$,为 3p 亚层,故 $m=-1,0,+1$。

【例 6-2】 已知基态 N 原子最外层有 5 个电子,分别排布到 2s 亚层(2 个)、2p 亚层(3 个),请用 (n,l,m,s) 描述电子的运动状态。

解:2s 亚层 2 个电子的量子数组合分别为 $(2,0,0,+1/2)$ 和 $(2,0,0,-1/2)$。

2p 亚层 3 个电子的量子数组合分别为 $(2,1,0,+1/2)$、$(2,1,+1,+1/2)$、$(2,1,-1,+1/2)$,或者 $(2,1,0,-1/2)$、$(2,1,+1,-1/2)$、$(2,1,-1,-1/2)$。

三、原子轨道图形

波函数 $\Psi_{n,l,m}(r,\theta,\phi)$ 在求解的过程中,首先进行了变量分离,得到

$$\Psi_{n,l,m}(r,\theta,\phi) = R_{n,l}(r) \cdot Y_{l,m}(\theta,\phi)$$

式中,$R_{n,l}(r)$ 为径向波函数,$Y_{l,m}(\theta,\phi)$ 为角度波函数。

角度波函数的图形对于化学键的形成有重要意义。将 $Y_{l,m}(\theta,\phi)$ 对 θ、ϕ 作图,得原子轨道角度分布图。图形中的"+"、"-"号只代表函数值为"+"或"-",不能理解为正、负电荷。

s 轨道角度分布图为球形,全部为"+"值。p 轨道角度分布图为哑铃形,一半图形为"+"值,另一半为"-"值。d 轨道角度分布图为花瓣形。图 6-3 为 s、p、d 轨道角度分布图。

四、概率密度和电子云

高速运动的原子核外电子,由于具有波粒二象性,我们不能准确测定它们在某一时刻所处的位置和动量(或速度),也不能画出它们的运动轨迹,只能用统计学的方法来描述电子在核外空间某个区域内出现的概率(可能性)。通过对薛定谔方程求解,得到系列波函数 Ψ。Ψ 本身并没有确切的物理意义,但是,$|\Psi|^2$ 则表示电子在空间某点出现的概率密度。

电子在核外空间一定范围内出现,好像带负电荷的云雾笼罩在原子核周围。为了描述电子在原子核外空间出现的概率密度大小,用小黑点的疏密来表示,形象地称之为"电子

云"。

氢原子 s 轨道的电子云图呈球形对称,如图 6-4 所示。离核越近,黑点越密,表明电子在这个区域出现的概率密度越大;相反,离核越远,黑点越疏,表明电子在这个区域出现的概率密度越小。电子云是一种形象化的比喻,不能把小黑点理解成一个个电子。s、p、d 各轨道的电子云如图 6-5 所示。

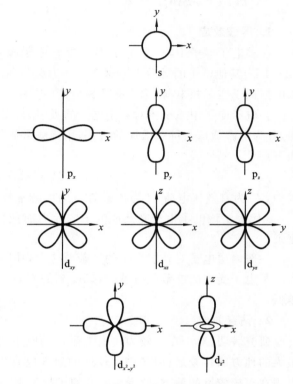

图 6-5　s、p、d 电子云示意图

图 6-4　氢原子的球形电子云

五、原子轨道和电子云的区别 *

原子轨道(即波函数)和电子云是用量子力学描述原子核外电子运动状态时涉及的重要概念。波函数 Ψ 是描述核外电子空间运动状态的数学函数式,本身并没有明确的物理意义;而电子云有明确的物理意义,是电子在核外空间出现的概率密度的形象化表示,与波函数的平方 $|\Psi|^2$ 成正比,两者的形状相似。两者的区别:一是波函数图形有"+"、"—"号,而电子云的都是"+"值;二是电子云图比相应波函数图要"瘦"些。

上述对原子结构知识的学习,将有助于后续对原子的电子构型、元素周期表及其元素性质的周期性变化规律的学习。

▌讨论▐

分别指出第 1、2、3、4 电子层最多可容纳的电子数。

第四节　多电子原子的核外电子排布

一、屏蔽效应和钻穿效应

1. 屏蔽效应

在多电子原子中，一个电子不仅受到原子核（核电荷数为 Z）的引力，而且还要受到（$Z-1$个）其他电子的排斥力。这种排斥力会削弱原子核对该电子的吸引，使电子感受到的核电荷低于实际核电荷，称为有效核电荷（Z^*）。

多电子原子中原子核对某个电子的吸引力，因其他电子对该电子的排斥而被削弱的作用，称为屏蔽效应。屏蔽效应的大小，用屏蔽常数（σ）表示。屏蔽常数和有效核电荷的关系如下：

$$Z^* = Z - \sigma$$

式中，Z^* 为有效核电荷，Z 为核电荷，σ 为屏蔽常数。

σ 代表了该电子由于受其他电子的斥力而使核电荷数减少的部分。σ 越大，屏蔽效应越强。

一般内层电子对外层电子的屏蔽效应大，外层电子对内层电子几乎没有屏蔽效应。

某电子受到的屏蔽效应越大，感受到的有效核电荷数就越小，能量就越高；反之，能量越低。

2. 钻穿效应

研究表明，对于在 n 较大轨道上运动的电子（例如 3s、3p 电子），其运动区域出现概率最大的地方离核较远，但在离核较近的地方也有机会出现。表明外层电子可能钻到内层，出现在离核较近的地方，感受到较大原子核吸引力，使轨道能量降低的现象叫做钻穿效应。

n 相同时，l 越小的电子钻穿能力越大。钻穿能力：ns＞np＞nd＞nf。

n 和 l 都不相同时，电子的钻穿能力有交错现象。例如：4s＞3d；5s＞4d；6s＞4f。这也是产生能级交错的重要原因。

电子的钻穿能力越大，能量越低。

综合考虑屏蔽效应和钻穿能力这两个影响能级高低的因素，得出多电子原子能级：

（1）$E_{ns} < E_{np} < E_{nd} < E_{nf}$；

（2）$E_{ns} < E_{(n-2)f} < E_{(n-1)d}$。

例如：$E_{4s} < E_{3d}$；$E_{6s} < E_{4f} < E_{5d}$。

二、多电子原子近似能级图

1. 鲍林的多电子原子近似能级图

美国科学家鲍林（Pauling L. C.）根据大量光谱数据，得出多电子原子的原子轨道近似能级顺序，如图 6-6 所示。图中根据各能级能量大小，把能量相互接近的能级划为一个能级组。例如，第 2 能级组包含 2s、2p 两个能级，第 4 能级组包含 4s、3d、4p 三个能级。

2. 徐光宪的能级公式

我国化学家徐光宪根据光谱数据归纳出用轨道的$(n+0.7l)$值(n、l分别为主量子数和角量子数)来判断能级高低的近似规律:$(n+0.7l)$值愈小,能级愈低;反之,能级愈高。例如,4s 和 3d 两个能级,它们的$(n+0.7l)$值分别为 4.0 和 4.4,因此,$E_{4s}<E_{3d}$。徐光宪把$(n+0.7l)$值的第一位数字相同的能级合并为一个能级组。据此将原子轨道划分为七个能级组,这与鲍林的近似能级图完全一致。能级组的划分是元素周期表划分为七个周期的根本原因。

从能级组可以看出:

(1)各电子层能级相对高低主要由 n 决定,总的顺序为:K<L<M<N<…。这种现象主要是由内层电子对外层电子的屏蔽效应而导致的。

(2)主量子数较大的某些原子轨道的能量反而低于主量子数较小的某些原子轨道,这种现象称为能级交错现象。例如:

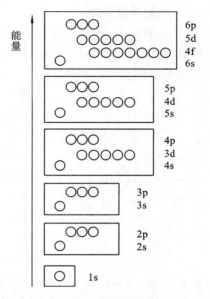

图 6-6 多电子原子轨道的近似能级图

同一个框内的各亚层为一个能级组

4s<3d<4p;

5s<4d<5p;

6s<4f<5d<6p。

能级交错现象从第 4 能级组开始的。各能级能量高低,是由该能级轨道上电子的屏蔽效应和钻穿能力共同所致。

三、核外电子排布规律

原子核外电子排布可用核外电子排布式来表示,它是按电子在原子核外各亚层中分布的情况,在亚层符号的右上角注明填充的电子数。

通常参与化学反应的只是原子的外围电子,称为价层电子或价电子,即参加化学反应时能用于成键的电子。价电子所处的电子层称为价电子层。参加化学反应时,内层电子结构一般是不变的,因此可以用"原子实"来表示原子的内层电子结构,习惯上以上一周期的惰性气体元素充当"原子实",来表示原子价电子层内的原子结构实体。

例如,$_9$F 的核外电子排布为 $1s^2 2s^2 2p^5$,也可用$[He]2s^2 2p^5$来表示。

多电子原子的核外电子可以在能量不同的轨道上排布,大多数元素原子的电子排布遵循一定的规则,可使原子的能量最低。这种能量最低(也最稳定)的状态称为原子的基态。基态原子获得能量,就变成激发态了。激发态不稳定,易释放能量回到基态。原子的激发态很多,而基态只有一种。

基态原子核外电子排布遵循以下三个规律:

1. 泡利(Pauli W.)不相容原理

在同一原子中,不可能有运动状态完全相同的两个电子存在。或者说,每个原子轨道最多只能容纳两个电子,且自旋方向必须相反。

2. 能量最低原理

在不违背泡利不相容原理的前提下,电子总是尽先占据能量最低的原子轨道,然后才依次进入能量较高的原子轨道,以使原子处于能量最低的稳定状态,能量越低,越稳定,这个规律称为能量最低原理。

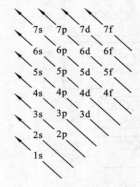

根据多电子原子的近似能级图和能量最低原理,人们总结了核外电子填入各亚层轨道的先后次序,也就是能级顺序,可表示为:$E_{ns}<E_{(n-2)f}<E_{(n-1)d}<E_{np}$。详细见图6-7。

3. 洪特规则

德国科学家洪特(Hund F.)根据光谱实验得出:电子在同一亚层的等价轨道上排布时,总是尽可能分占不同的轨道,并且自旋方向相同。这个规则称为洪特规则。p亚层有3个轨道,若有3个电子进入p亚层,则各占一个轨道且自旋方向相同。

图6-7 原子核外电子填充的顺序

例如,氮原子有7个电子,其基态原子电子排布为$1s^2 2s^2 2p^3$,三个2p电子的排布也是各占一个p轨道,且自旋方向相同。可写成 ⎡↑│↑│↑⎤ ,而不是 ⎡↑│↓│↑⎤ 或 ⎡↑↓│↑│ ⎤ 。量子力学证明,这种排布可使原子能量最低,体系最稳定。将铁离子Fe^{3+}($3d^5$)和亚铁离子Fe^{2+}($3d^6$)对比看,从$3d^6 \to 3d^5$才稳定,这和亚铁离子不稳定易被氧化的事实相符合。

用洪特规则解释电子排布时,有时会出现一些特例。即在简并轨道中,电子处于全充满(p^6、d^{10}、f^{14}),半充满(p^3、d^5、f^7)和全空(p^0、d^0、f^0)时,原子的能量较低,体系稳定。例如,第4周期中的24号铬元素和29号铜元素就属于这种情况,它们的基态原子电子排布和价层电子排布如下:

^{24}Cr 基态原子电子排布为$[Ar]3d^5 4s^1$,而不是$[Ar]3d^5 4s^1$;价层电子排布为$3d^5 4s^1$。

^{29}Cu 基态原子电子排布为$[Ar]3d^{10} 4s^1$,而不是$[Ar]3d^9 4s^2$;价层电子排布为$3d^{10} 4s^1$。

应用鲍林的近似能级图,根据核外电子排布的三原则,就可以写出周期表中绝大多数元素的核外电子结构式。

【例6-3】 写出铝和溴元素基态原子的电子排布。

解:铝的电子排布为$_{13}$Al:$[Ne]3s^2 3p^1$。

溴的电子排布式为$_{35}$Br:$[Ar]3d^{10} 4s^2 4p^5$。

必须指出,"核外电子排布三原则"是经验规律。各元素最终的原子基态电子排布必须由光谱实验来确定。现代光谱实验结果证明,大多数元素原子基态电子构型符合"核外电子排布三原则",只有少数副族元素特别是第6、7周期的元素有例外。

▮讨论▮

为什么$_{24}$Cr和$_{29}$Cu的原子核外电子排布式分别是Cr:$[Ar]3d^5 4s^1$和Cu:$[Ar]3d^{10} 4s^1$,而不是Cr:$[Ar]3d^4 4s^2$和Cu:$[Ar]3d^9 4s^2$?

第五节　原子的电子构型和元素周期表

一、元素周期律

1869 年,俄国化学家门捷列夫在对比、总结当时已知的 60 多种元素的性质时发现化学元素的规律与联系,按照元素相对原子质量由小到大排序,元素的性质呈现周期性的递变。这是元素周期律的雏形。根据元素周期律,门捷列夫预测了 3 种元素,并得到证实,从而印证了元素周期律的正确性。后来,在元素周期律的指导下,人们又成功预言和发现了几十种元素。

通常,化学界将元素周期律称为门捷列夫周期律。同一周期主族元素,从左到右,非金属性增强;同一主族元素,从上到下,随着周期数的增加,相对原子质量逐渐增大,原子半径增大,金属性增强。

由于门捷列夫所处时代的局限,他还不能认识到元素周期律的科学本质。现在,人们认识到原子核外电子构型的周期性变化才是元素性质周期性变化(即元素周期律)的根本原因。

元素周期表参见本书插页。

1. 周期与能级组

周期表共有 7 行,分别为第 1 周期至第 7 周期。元素最外电子层的主量子数每增加 1,原子核外就增加 1 个新的电子层,周期数就增加 1。

原子的电子层构型和周期的关系如下:

(1) 元素所在的周期数＝该元素的最外电子层数＝最高能级组数。

(2) 各周期所包含元素的数目＝最高能级组原子轨道所能容纳的最多电子数。

能级组是元素划分周期的本质原因。每一能级组对应一个周期。例如,第 20 号元素钙(Ca),电子层结构为 $1s^2 2s^2 2p^6 3s^2 3p^6 4s^2$,包含 4 个能级组,即有 4 个电子层,位于第 4 周期。各能级组中轨道所容纳的电子总数和相应周期包含的元素的数目相等。第 1 周期至第 7 周期所包含的元素数目分别为 2、8、8、18、18、32。前 3 个周期为短周期,第 4 周期以后称为长周期。参见表 6-4。

表 6-4　能级组与周期

周期	能级组	最高能级组	最多容纳电子数	各周期元素数
1	一	1s	2	2
2	二	2s　2p	8	8
3	三	3s　3p	8	8
4	四	4s　3d　4p	18	18
5	五	5s　4d　5p	18	18

续表

周期	能级组	最高能级组	最多容纳电子数	各周期元素数
6	六	6s 4f 5d 6p	32	32
7	七	7s 5f 6d 7p	32	32

2. 族的划分与原子的电子构型

周期表中的各元素根据它们的价层电子构型和相似的化学性质而划分为一列,称为族。周期表共分 18 列。其中,第 8 列至第 10 列合并成 1 族,称为第Ⅷ族,其余每一列为 1 族,共 16 族。

(1) 主族元素:凡内层轨道全充满,且最后 1 个电子填充到最外层 ns 或 np 亚层上的为主族元素,用"罗马数字＋A"表示。周期表中一共有 7 个主族,即ⅠA～ⅦA 主族。

对于主族元素,元素的族数＝元素最外层电子数＝元素的最高氧化数。

(2) 零族元素:指最外层全部填满的元素,也称稀有气体元素。该族元素结构稳定,不易得失电子。

(3) 副族元素:指原子的最后 1 个电子填入 $(n-1)d$ 或 $(n-2)f$ 亚层的元素。用"罗马数字＋B"表示副族。周期表中共有 7 个副族,从左到右分别为ⅢB、ⅣB、ⅤB、ⅥB、ⅦB、ⅠB 和ⅡB。

副族元素中ⅢB～ⅦB 族元素的价层电子总数等于其族数。例如,元素 Cr 的核外电子排布是 $1s^2 2s^2 2p^6 3p^6 3d^5 4s^1$,价层电子构型是 $3d^5 4s^1$,所以它是ⅥB 族元素。ⅠB、ⅡB 族由于 $(n-1)d$ 亚层已经填满,所以其族数等于最外层上的电子数。

(4) Ⅷ族元素:该族共有 3 个纵列,位于周期表的中间。Ⅷ族元素价层电子构型是 $(n-1)d^{6\sim10} ns^{0\sim2}$,价层电子数为 8～10。Ⅷ族多数元素在化学反应中的氧化数并不等于其族数。

周期表中副族和Ⅷ族元素统称过渡元素(transition elements)。由于这些元素都属于金属,也称为过渡金属元素。

3. 区与原子的电子构型

根据价层电子构型不同,可将元素周期表分为 5 个区,分别是 s 区、p 区、d 区、ds 区和 f 区。

(1) s 区元素价层电子构型是 ns^1 和 ns^2,包括ⅠA 和ⅡA 族元素。s 区元素性质活泼,属活泼金属元素。

(2) p 区元素价层电子构型是 $ns^2 np^{1\sim6}$,从ⅢA 族到零族元素。氦元素虽然没有 p 电子,但也归入此区。

(3) d 区元素价层电子构型是 $(n-1)d^{1\sim9} ns^{1\sim2}$,从ⅢB 族到Ⅷ族元素。Pd 虽然价层电子构型为 $4d^{10} 5s^0$,也归入此区。由于 $(n-1)d$ 轨道上的电子可以部分或全部参与成键,因此这些元素有多种氧化态。

(4) ds 区元素价层电子构型是 $(n-1)d^{10} ns^1$ 和 $(n-1)d^{10} ns^2$,包括ⅠB 族和ⅡB 族。

(5) f 区元素价层电子构型是 $(n-2)f^{0\sim14} (n-1)d^{0\sim2} ns^2$,包括镧系和锕系元素。该区元素最外层和次外层电子数大部分相同,因此每个系中元素的化学性质都很相似。

▍**讨论** ▍

　　指出 Be、C、Ti、Cr、Co、Ni、Cu、Br 等在元素周期表中的位置,写出它们的价层电子构型。

二、元素性质的周期性变化规律

　　由于元素原子的电子层构型的周期性变化,元素的性质,如原子半径和电负性等,也呈明显的周期性变化。

1. 原子半径

　　原子半径是指同种元素相邻两原子核间距的一半。元素原子半径的大小直接影响元素的性质。原子半径分为共价半径、金属半径和范德华半径。同种元素相邻两个原子以共价单键结合时,它们核间距离的一半,称为共价半径。在金属晶体中,相邻金属原子核间距离的一半,称为金属半径。在分子晶体中,如果相同元素的两个原子间只存在分子间作用力,相邻两原子的核间距离的一半,称为范德华半径,参见图6-8。

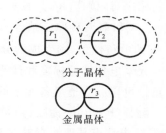

图 6-8　三种原子半径示意图
r_1—共价半径;r_2—范德华半径;
r_3—金属半径

　　同一种元素,这三种半径相差很大。一般来说,共价半径较小,金属半径居中,范德华半径最大。所以在比较不同元素原子半径的相对大小时,一定要用同一类原子半径。表6-5列出了各元素的共价半径,而稀有气体因为只有范德华半径未被列入。

表 6-5　部分元素原子的共价半径　　　　　　　　单位:pm

H 37	II A											III A	IV A	V A	VI A	VII A
Li 156	Be 105											B 91	C 77	N 71	O 60	F 67
Na 186	Mg 160											Al 143	Si 117	P 111	S 104	Cl 99
K 231	Ca 197	Sc 161	Ti 154	V 131	Cr 125	Mn 118	Fe 125	Co 125	Ni 124	Cu 128	Zn 133	Ga 123	Ge 122	As 116	Se 115	Br 114
Rb 243	Sr 215	Y 180	Zr 161	Nb 147	Mo 136	Tc 135	Ru 132	Rh 132	Pd 138	Ag 144	Cd 149	In 151	Sn 140	Sb 145	Te 139	I 138
Cs 265	Ba 210	La 187	Hf 154	Ta 143	W 137	Re 138	Os 134	Ir 136	Pt 139	Au 144	Hg 147	Tl 189	Pb 175	Bi 155	Po 167	At 145

镧系元素

Ce 183	Pr 182	Nd 181	Pm 181	Sm 180	Eu 199	Gd 179	Tb 179	Dy 175	Ho 174	Er 173	Tm 173	Yb 194	Lu 172

原子半径的变化规律如下：

（1）同一周期主族元素，从左到右，原子半径逐渐减小。这是由于同一周期元素原子的电子层相同，从左到右，随着有效核电荷逐渐递增，原子核对外层电子的吸引力增强，故原子半径逐渐减小。

（2）同一主族，从上到下原子半径逐渐增大。这是由于元素的电子层数增加，使得原子半径增加。同一副族，从上到下原子半径增加幅度较小。

2. 电负性

元素的电负性是指元素的原子在分子中对成键电子吸引能力的相对大小。电负性用 χ（希腊字母，读作［kai］）表示。电负性越大，非金属性越强；电负性越小，金属性越强。例如，当 A 和 B 两种原子结合为 AB 分子时，若 B 的电负性大，则生成的分子为 A^+B^- 分子；若 A 的电负性大，则生成的分子为 B^+A^- 分子。

元素电负性的标度和计算方法很多，尽管数据不同，但在周期表中变化规律是一致的。电负性可以综合衡量各元素的金属性和非金属性。

鲍林（Pauling）标度（χ）是根据热力学数据和键能，指定氟的电负性为 4.0，Li 的电负性为 1.0，求算出其他元素的相对电负性数值。后经其他科学工作者校正，得出各元素的相对电负性数据，列于表 6-6。

表 6-6　元素电负性

I A	II A											III A	IV A	V A	VI A	VII A
H 2.10																
Li 0.98	Be 1.57											B 2.04	C 2.55	N 3.04	O 3.44	F 3.98
Na 0.93	Mg 1.31											Al 1.61	Si 1.90	P 2.19	S 2.58	Cl 3.16
K 0.82	Ca 1.00	Sc 1.36	Ti 1.54	V 1.63	Cr 1.66	Mn 1.55	Fe 1.8	Co 1.88	Ni 1.91	Cu 1.90	Zn 1.65	Ga 1.81	Ge 2.01	As 2.18	Se 2.55	Br 2.96
Rb 0.82	Sr 0.95	Y 1.22	Zr 1.33	Nb 1.60	Mo 2.16	Tc 1.9	Ru 2.28	Rh 2.2	Pd 2.20	Ag 1.93	Cd 1.69	In 1.73	Sn 1.06	Sb 2.05	Te 2.10	I 2.66
Cs 0.79	Ba 0.89	La 1.10	Hf 1.3	Ta 1.5	W 2.36	Re 1.9	Os 2.2	Ir 2.2	Pt 2.28	Au 2.54	Hg 2.00	Tl 2.04	Pb 2.33	Bi 2.02	Po 2.00	At 2.20

由表 6-6 可见，随着原子序数的递增，电负性明显地呈周期性变化。同一周期元素从左到右，电负性增加（副族元素有些例外）；同族元素从上至下，电负性依次减小。副族元素后半部，从上至下，电负性略有增加。氟的电负性最大，χ 为 3.98，因而非金属性最强；铯的电负性最小，χ 为 0.79，因而金属性最强。

能力检测

一、判断题（对的打"√"，错的打"×"）

1. 激发态氢原子的电子构型可写成 $2p^1$。（　　）

2. s 区元素原子的内电子层都是全充满的。（　　）

3. 氢原子的 1s 电子激发到 3p 轨道比激发到 3s 轨道所需的能量多。（　　）

4. 非金属元素的电负性均大于 2。（　　）

5. p 区和 d 区元素多有可变的氧化数，s 区元素（H 除外）没有。（　　）

6. L 电子层原子轨道的主量子数都等于 2。（　　）

7. 最外层电子构型为 ns^1 或 ns^2 的元素，都位于 s 区。（　　）

8. 基态氢原子的能量可以准确测得，它的核外电子的位置和动量也可以同时准确地测定。（　　）

9. s 电子在球面轨道上运动，p 电子在双球面轨道上运动。（　　）

10. 在写基态原子的电子构型时，只需按照能级由低到高的顺序且遵守泡利不相容原理排列电子就行。（　　）

二、选择题

1. 基态 ${}_{25}$Mn 的电子构型正确表达式为（　　）。

A. $[Ar]4s^2 3d^5$ B. $[Kr]3d^5 4s^2$

C. $[Ar]3d^5 4s^2$ D. $[Ar]4s^2$

2. 某一电子有下列成套量子数（n、l、m、s），其中不可能存在的是（　　）。

A. 3、1、0、1/2   B. 2、−1、0、1/2

C. 1、0、0、−1/2   D. 3、1、−1、1/2

3. 下列说法中，正确的是（　　）。

A. 在除氢以外的原子中，2p 能级总是比 2s 能级高。

B. 电子云图形中的小黑点代表电子。

C. 主量子数为 1 时，有自旋方向相反的两个轨道。

D. 主量子数为 3 时，有 3s、3p、3d 共三个轨道。

4. 某原子的基态电子构型是 $[Ar]3d^{10}4s^2$，该元素属于（　　）。

A. 第 3 周期，ⅡA 族，s 区   B. 第 4 周期，ⅡA 族，p 区

C. 第 4 周期，ⅠB 族，d 区   D. 第 4 周期，ⅡB 族，ds 区

5. 下列表示基态 Fe 原子的价层电子（8 个）排布，正确的是（　　）。

6. 现有四种元素，基态原子的价层电子排布分别为①$2s^2 2p^5$，②$3s^2 3p^3$，③$3s^2$，④$4s^2$，其中电负性最大和最小的分别是（　　）。

A. ①②   B. ③④   C. ②③   D. ①④

7. 在多电子原子中,决定电子能量的量子数为(   )。

A. n 和 l B. n C. n、l 和 m D. l

8. 某原子的基态电子构型是[Ar]$3d^{10}4s^24p^2$,该元素的价层电子是(   )。

A. $3d^{10}4s^24p^2$ B. $4s^24p^2$

C. $3d^{10}$ D. $4p^2$

9. 基态 $_{11}$Na 原子最外层电子的四个量子数应是(   )。

A. 3、1、0、1/2   B. 4、1、1、1/2

C. 3、0、0、1/2   D. 4、0、0、1/2

10. 下列基态原子中,未成对电子数最多的是(   )。

A. $_{25}$Mn   B. $_{26}$Fe   C. $_{27}$Co   D. $_{28}$Ni

11. 德布罗意关系式是(   )。

A. $\lambda=h/p$ B. $\lambda=c/\nu$

C. $\Delta x \cdot \Delta p \geqslant h/(4\pi)$ D. $h\nu=E_2-E_1$

12. 电子排布为[Ar]$3d^54s^0$ 者,可以表示(   )。

A. $_{25}$Mn   B. $_{26}$Fe^{3+} C. $_{27}$Co^{2+} D. $_{28}$Ni^{2+}

13. 若将氮原子的电子排布写成 N $1s^22s^22p_x^22p_y^1$,违背了(   )。

A. 能量最低原理   B. 能量守恒原理

C. 泡利不相容原理   D. 洪特规则

14. 多电子原子中,下列能级能量最高的是(   )。

A. $n=3,l=1$ B. $n=2,l=0$

C. $n=4,l=1$ D. $n=3,l=2$

15. 主量子数等于 3 的电子层所含有的亚层数为(   )。

A. 1   B. 2   C. 3   D. 4

16. 下列能级属于同一个能级组的是(   )。

A. 4s 3d 4p   B. 4s 4p 4d 4f

C. 2s 2p 3s   D. 5d 5f 6s 6p

17. 下列哪一种电子层的结构不是卤素的电子结构?(   )

A. 2,6   B. 2,7

C. 2,8,7   D. 2,8,18,7

18. 在 $l=2$ 的亚层中,最多可容纳的电子数是(   )。

A. 2   B. 4   C. 8   D. 10

19. 下列关于电子亚层的说法,正确的是(   )。

A. 2p 亚层有 2 个轨道   B. 同一亚层电子的运动状态相同

C. 同一亚层上的各轨道是简并的   D. d 亚层全充满的都是主族元素

20. 以下描述,错误的是(   )。

A. 轨道角量子数表示原子轨道的形状,在多电子原子中和主量子数一起决定能级的高低

B. 磁量子数表示原子轨道的形状,对电子能级没有影响

C. 磁量子数表示原子轨道在空间的伸展方向,对电子的能级没有影响

D. 自旋量子数表示电子的自旋方向

三、填空题

1. C 原子比 D 原子少 2 个电子,已知 C 原子是相对原子质量最小的活泼金属,则 D 元素是_____。

2. $n=4,l=1$ 的原子轨道属_____能级,该能级有_____个简并轨道,半充满时,若用 4 个量子数的组合分别表示这些电子的状态,应该将它们写成_____。具有这样电子构型的原子,其核电荷数为_____,元素符号是_____。

3. 基态原子中,3d 能级半充满的元素是_____和_____。

4. 1~36 号元素中,基态原子电子构型未成对电子最多的元素是_____。

5. 基态 Zn 原子的核外电子排布式为_____,它处于元素周期表的_____周期,_____族。

6. 某基态原子有以下 3 个电子,它们的 4 个量子数的组合分别是:①$1,0,0,+1/2$;②$1,0,0,-1/2$;③$2,0,0,+1/2$。

它们的轨道符号分别为_____,能量由高到低为_____。

7. 屏蔽效应会使电子的能量_____,钻穿效应使电子的能量_____。(升高、降低、不变)

8. 填写下表:(基态)

元素符号	位置(区、周期、族)	价层电子构型	单电子数
Be			
		$3d^7 4s^2$	
	ds 区、第 4 周期、IB 族		
		$2s^2 2p^4$	

四、简答题

1. 某元素位于第 4 周期,该元素失去 3 个电子以后,价层电子构型为 $3d^5 4s^0$。指出该元素的原子序数、元素符号、基态原子电子排布。

2. 写出原子序数为 24 的元素符号以及基态原子的电子排布式,并用四个量子数分别表示每个价层电子的运动状态。

(付煜荣)

第七章 共价键和分子间作用力

本章要求

1. 掌握离子键、共价键的概念及特点。
2. 掌握共价键的现代价键基本理论。
3. 熟悉杂化轨道理论,并解释有关分子的空间构型。
4. 熟悉分子间作用力,并解释物质物理性质的变化规律。

分子是组成物质并决定物质性质的一种微粒,也是物质参与化学反应的基本单元。物质的性质取决于分子的内部结构,学习分子结构的相关知识,有助于了解物质的性质及其变化规律。

原子或离子能结合成分子或晶体,是因为原子或离子间存在着一种强烈的相互作用。这种分子或晶体中直接相邻原子或离子之间强烈的相互作用,称为化学键。根据化学键的生成和作用不同,可将其分为以下三种。

(1) 离子键。活泼金属原子失去电子形成阳离子,活泼非金属原子得到电子形成阴离子,这种由阴、阳离子间通过静电作用而形成的化学键叫做离子键(ionic bond)。由于离子的电荷分布是球形对称的,因此在任何方向、只要空间允许就尽可能多地吸引带相反电荷的离子。离子键既无方向性,又无饱和性。由离子键形成的化合物称为离子化合物,由离子化合物形成的晶体称为离子晶体。大多数无机盐类和许多金属氧化物都属于离子晶体。离子晶体一般熔点较高,其熔融态或水溶液能导电。

(2) 金属键。金属晶体中,通过能够移动的自由电子使金属原子或离子结合形成的化学键称为金属键(metallic bond)。金属键主要存在于固态或液态金属及合金中。金属具有金属光泽,以及良好的导电性、导热性和机械加工性能。

(3) 共价键。原子间通过共用电子(电子云重叠)而形成的化学键称为共价键(covalent bond)。一般来说,同种或电负性相差不大的元素原子间的化学键都是共价键。

本章主要介绍共价键的现代价键理论(包括杂化轨道理论)和分子间作用力的基本要点及其应用,对价层电子对互斥理论也作简要介绍。

第一节　共价键理论

在 $NaCl$、K_2S 这类化合物中,阴、阳离子通过离子键结合在一起。但在 H_2、Cl_2、NH_3 分子中不可能形成离子键。1916 年,美国的路易斯(Lewis)提出了经典的共价键理论(八隅律理论)。他认为分子中的原子都有形成稀有气体电子结构的趋势,以求得本身的稳定。而这种结构,既可以通过电子转移形成离子键来实现,也可以通过共用电子对来实现。

例如:

$$H \cdot + \cdot H \longrightarrow H\!:\!H(或以\ H—H\ 表示)$$

$$:\!\overset{\cdot\cdot}{Cl}\cdot + :\!\overset{\cdot\cdot}{Cl}\cdot \longrightarrow :\!\overset{\cdot\cdot}{Cl}\!:\!\overset{\cdot\cdot}{Cl}\!:(或以\ Cl—Cl\ 表示)$$

虽然经典的共价键理论能够解释一些物质的结构,但是不能解释可以稳定存在的非八隅体分子,也不能说明共价键的本质和分子的几何构型。

一、现代价键理论

(一)现代价键理论的基本要点

1927 年,海特勒(W. H. Heitler)和伦敦(F. London)用量子力学处理了氢分子结构,提出并完善了现代价键理论。基本要点如下:

(1)具有自旋方向相反的未成对电子的两个原子相互接近时,才可以配对形成稳定的共价键。

以氢分子的形成过程为例。当具有自旋方向相同未成对电子的两个氢原子相互接近时,两个氢原子间发生排斥,两核间的电子云密度减小,系统的能量比两个独立氢原子的能量之和还高,这种状况下,两个氢原子之间不能稳定结合。

当具有自旋方向相反未成对电子的两个氢原子相互接近时,虽然存在核与核、电子与电子之间的排斥作用,但一个氢原子的原子核与另外一个氢原子的电子之间的吸引力起主要作用。随着核间距离的减小,两个氢原子的原子轨道相互重叠,并导致两核间的电子云密度增大,从而减小了两核间的正电排斥力,导致系统能量降低,最终形成稳定的氢分子。显然,电子云重叠的程度越大,释放出的能量就越多,共价键就越稳定。

(2)成键时,双方原子轨道相互重叠越大,形成的共价键越牢固,这就是原子轨道最大重叠原理。如图 7-1 所示 3 种重叠方式中,只有(a)的原子轨道重叠最大,可以形成稳定的共价键。

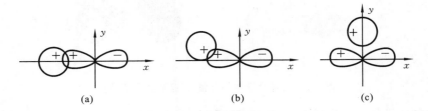

图 7-1 s-p 轨道重叠方式示意图

(二)共价键的特征

1. 饱和性

一个原子有几个未成对的电子,就只能与几个自旋方向相反的电子配成键,或者说,原子能形成共价键的数目是受原子中未成对电子数目限制的,这就是共价键的饱和性。例如：H 原子只有一个未成对电子，它只能形成 H_2 而不能形成 H_3；N 原子有 3 个未成对电子，N 和 H 只能形成 NH_3，而不能形成 NH_4。由此可见，一些元素的原子（如 N、O、F 等）的共价键数等于其未成对电子数。

2. 方向性

原子轨道中，除 s 轨道呈球形对称外，p、d 轨道都有一定的空间取向，它们在成键时，原子轨道间的重叠只能沿着一定的方向（键轴方向）进行，才会达到最大程度的重叠（最大重叠原理），即共价键具有方向性。

┃ 讨论 ┃

1. 分析 HF、H_2O、NH_3 等分子中共价键的方向性和饱和性。
2. NaCl、NaOH、CH_3COONa 分子中是否存在共价键？

（三）共价键的类型

（1）根据成键原子间原子轨道重叠方式的不同，共价键一般分为 σ 键和 π 键两种类型。

① σ 键。成键原子沿着两原子核连线（或键轴）方向，原子轨道以"头碰头"的形式重叠，形成的共价键称为 σ 键（见图 7-2）。该键的特点是重叠部分集中于两核之间，并沿键轴对称分布。形成 σ 键的电子称为 σ 电子。

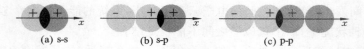

(a) s-s   (b) s-p   (c) p-p

图 7-2　σ 键形成示意图

② π 键。成键原子的原子轨道垂直于两原子核连线，以"肩并肩"的形式重叠，形成的共价键称为 π 键。π 键的特点是重叠部分分布在键轴的两侧，形成 π 键的电子称为 π 电子。例如，乙烯分子中存在 5 个 σ 键、1 个 π 键，如图 7-3 所示。

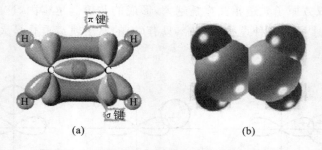

(a)   (b)

图 7-3　乙烯分子中的 σ 键、π 键及其分子结构

又如，氮原子的电子构型为 $1s^2 2s^2 2p_x^1 2p_y^1 2p_z^1$，每个氮原子的 $2p_x$、$2p_y$ 和 $2p_z$ 轨道中各有一个未成对电子，当两个 N 原子相结合时，每个 N 原子以一个 p_x 轨道沿着 x 轴方向"头碰头"重叠，形成一个 σ 键，而两个 N 原子的 p_y 轨道与 p_y 轨道和 p_z 轨道与 p_z 轨道只能以"肩并肩"的方式重叠，形成两个互相垂直的 π 键（见图 7-4）。因此，在氮气分子中，两个 N 原子是以一个 σ 键和两个 π 键结合，氮气分子的结构可表示为 N≡N。

σ 键与 π 键的对比情况见表 7-1。

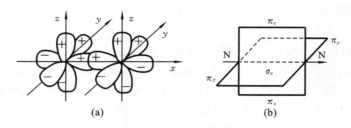

图 7-4 N₂分子形成示意图

表 7-1 σ键与π键的比较

	σ键	π键
轨道组成	由 s-s、s-p、p-p 原子轨道组成	由 p-p、p-d 原子轨道组成
成键方式	轨道以"头碰头"方式重叠	轨道以"肩并肩"方式重叠
重叠部分	沿键轴呈圆筒形对称	垂直于键轴,呈镜面对称
存在形式	所有共价键中都有	仅存于双键或三键中
键的性质	重叠程度大、键能大、稳定性高	重叠程度小、键能小、稳定性低

(2)根据两原子间所成共价键的数目,共价键可分为单键、双键、三键。

① 单键(single bond):两个原子共同拥有一对电子。例如:H_2、Cl_2、HCl。

$$H—H \quad Cl—Cl \quad H—Cl$$

② 双键(double bond):两个原子共同拥有两对电子。例如:CO_2、C_2H_4。

$$O＝C＝O \quad H_2C＝CH_2$$

③ 三键(triple bond):两个原子共同拥有三对电子。例如:N_2、HCN、C_2H_2。

$$N≡N \quad H—C≡N \quad H—C≡C—H$$

(3)根据两原子间共用电子对的来源,共价键可分为正常共价键和配位键。

① 正常共价键。由成键两原子各提供一个电子形成正常共价键,符号为"—"、"＝"或"≡"。

② 配位键。配位键是一种特殊的共价键。它的共用电子对不是由两个原子分别提供,而是全部由其中一个原子提供,另外一个原子只提供空轨道。这种由一个原子单独提供一对孤对电子与另一个有空轨道的原子共用而形成的共价键,叫做配位键。

如图 7-5 所示,铵根离子 NH_4^+ 就是由氨分子中的 N 原子将孤对电子配给 H^+ 而形成的。

NH_4^+ 结构式中的单向箭头就是配位键,它由孤对电子的供方原子指向提供空轨道的受方原子。详见图 7-5。

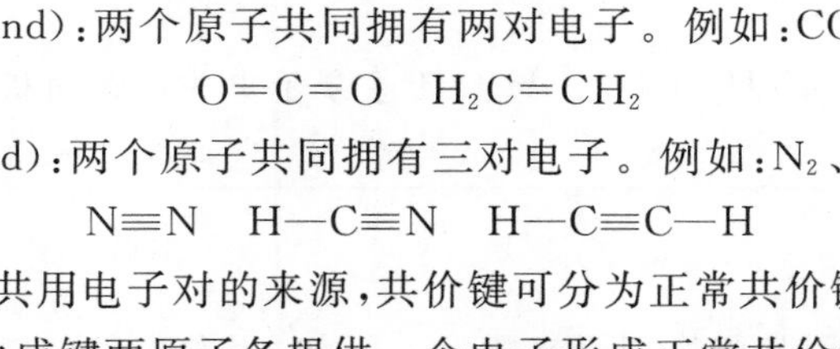

$$H^+ + \begin{matrix} & H & \\ :\!N\!: & H \\ & H & \end{matrix} \longrightarrow \left[\begin{matrix} & H & \\ H\!:\!N\!:\!H \\ & H & \end{matrix} \right]^+ \text{或} \left[\begin{matrix} & H & \\ H\!—\!N\!—\!H \\ & H & \end{matrix} \right]^+$$

图 7-5 NH_4^+ 形成示意图

NH_3、CN^-、SCN^- 及 COO^- 等分子或离子中的 N、C、S、O 等原子上的孤对电子可以与许多过渡金属离子(或金属原子)以配位键形成配合物,如 $[Ag(NH_3)_2]^+$、$[Fe(CN)_6]^{8-}$、

[Fe(SCN)$_6$]$^{8-}$ 等配离子中,位于中心的金属离子与配体之间均以配位键结合成配离子,详见第八章。

(4) 按键的极性分为极性共价键和非极性共价键。

当两个相同的原子通过共用电子对成键时,电子云重叠部分(亦即共用电子对)正处于两原子核连线的中间,为两个原子均等共用,没有发生电子对的偏移,这种共价键称为非极性共价键。例如,O$_2$、H$_2$、N$_2$、Cl$_2$ 中的共价键均为非极性共价键。

由不同元素的原子形成共价键时,由于它们吸引电子对的能力大小不同,共用电子对将偏向于电负性大的原子一边,导致其带有较多的负电荷,而另一方则因电子对的远离,带有部分正电荷。这样的共价键就有极性,称为极性共价键。

例如:

$$\begin{array}{cccc} \text{H—F} & \text{H—Cl} & \text{H—Br} & \text{H—I} \end{array}$$

$$\chi \quad 2.1 \quad 4.0 \quad 2.1 \quad 3.0 \quad 2.1 \quad 2.8 \quad 2.1 \quad 2.5$$

$$\Delta\chi \quad 1.9 \quad\quad 0.9 \quad\quad 0.7 \quad\quad 0.4 \longrightarrow$$

极性变小

再如,HF、H$_2$O 和 NH$_3$ 中共价键的极性由大到小的顺序为:H—F>H—O>N—H。

共价键的极性大小与成键原子的电负性差值有关。差值越大,极性越大;若差值为零,则为非极性共价键。极性共价键是非极性共价键和离子键的过渡键型。

▌讨论▐

分析 I$_2$、HF、H$_2$O、NH$_3$、CH$_4$、CH$_3$OH 等分子中共价键的极性。

二、键参数

化学键的性质可以用某些物理量来描述。例如,用共价键的键能表征键的强弱,用键长和键角描述分子的空间结构等。键能、键角、键长这些表征化学键性质的物理量统称为键参数(bond parameter)。

1. 键能

键能(bond energy)表示键的牢固程度,用符号 E 表示。它的定义是:在 298 K 和 100 kPa 下,断开 1 mol 键所需要的能量。其单位是 kJ/mol。一般来说,键能越大,表明键越牢固,由该化学键形成的分子也就越稳定。

需要注意,因为单键一般是指双原子之间的普通 σ 键,而多重键有 σ 键和 π 键,所以多重键的键能不等于相应单键键能的简单倍数。

2. 键长

键长(bond length)是指构成这个共价键的两个原子的核间距离,用符号 L 表示,见表 7-2。常用单位为 pm(皮米)。

表 7-2 一些共价键的键长和键能

共价键	键长/pm	键能/(kJ/mol)	共价键	键长/pm	键能/(kJ/mol)
H—H	74	436	C—H	109	414

续表

共价键	键长/pm	键能/(kJ/mol)	共价键	键长/pm	键能/(kJ/mol)
C—C	154	347	C—N	147	305
C=C	134	611	C—O	143	360
C≡C	120	837	C=O	121	736
N—N	145	159	C—Cl	177	326
O—O	148	142	N—H	101	389
Cl—Cl	199	244	O—H	96	464
Br—Br	228	192	S—H	136	368
I—I	267	150	N≡N	110	946
S—S	205	264	F—F	128	158

3. 键角

键角(bond angle)是指分子中相邻键和键之间的夹角,用符号 θ 表示。如果知道了一个分子的所有键长和键角数据,那么这个分子的几何形状也就确定了(见表 7-3)。例如氨分子,已知键角∠HNH 是 107°18′,3 个 N—H 键的键长相等,均为 101.5 pm,由此可知氨分子呈三角锥形;又如二氧化碳中键角∠OCO 等于 180°,则二氧化碳分子呈直线形,而且两个 C—O 键长相等。

表 7-3 一些分子的键长、键角和分子构型

分子	键长/pm	键角	分子构型	分子	键长/pm	键角	分子构型
$HgCl_2$	234	180°	直线形	SO_3	143	120°	三角形
CO_2	116.3	180°	直线形	NH_3	101.5	107°18′	三角锥形
H_2O	96	104.45°	V 形	SO_3^{2-}	151	106°	三角锥形
SO_2	143	119.5°	V 形	CH_4	109	109.28′	四面体形
BF_3	131	120°	平面三角形	SO_4^{2-}	149	109.5°	四面体形

三、杂化轨道理论

现代价键理论较好地解释了一些分子的共价键的形成,但对部分多原子的空间构型仍无法解释,如 H_2O 分子中 O 的两个未成对电子在两个不同 p 轨道中,形成的两个 O—H 键间的键角应是 90°,但实际是 104°45′;NH_3 分子中 N 的三个未成对电子在三个不同 p 轨道中,形成的三个 N—H 键间的键角也应接近 90°,但实际上是 107°18′;特别是 CH_4 中的 C 原子只有两个未成对电子,应形成两个共价键,且键角为 90°,但实际上形成了 4 个完全相同的 C—H 键,键角均为 109°28′。为了解释这些现象,1931 年鲍林提出了杂化轨道理论,进一步发展和完善了现代价键理论。

1. 杂化轨道理论的基本要点

(1)成键时,同一原子中能量相近的原子轨道,重新组合成能量、成分相等的新轨道,这个过程称为轨道杂化,形成的新轨道称为杂化轨道。有几个轨道参与杂化,则形成几个杂化轨道。

（2）和未杂化的原子相比，杂化轨道的成键能力增强，电子云更集中，轨道分布更合理。

（3）不同类型的杂化轨道之间的夹角不同，成键后所形成的分子就具有不同的空间构型。

2. 杂化轨道的类型

杂化轨道的类型有很多，本章主要介绍常见物质中存在的 s-p 杂化类型。这种类型有三种，即 sp 杂化、sp^2 杂化和 sp^3 杂化。

（1）sp 杂化：原子在形成分子时，同一原子的 1 个 ns 轨道和 1 个 np 轨道之间进行杂化的过程。形成的 2 个杂化轨道叫做 sp 杂化轨道。sp 杂化轨道的特点是每个杂化轨道中含有 1/2 的 s 轨道成分和 1/2 的 p 轨道成分，两个轨道的夹角为 180°，呈直线形。如气态 $BeCl_2$ 中 Be 的价层电子构型为 $2s^2$，其杂化过程如图 7-6 所示。

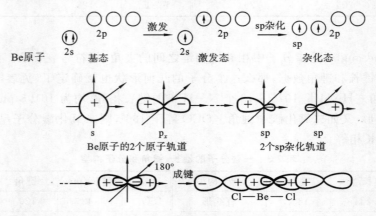

图 7-6　$BeCl_2$ 分子的形成过程示意图

（2）sp^2 杂化：原子在形成分子时，同一原子的 1 个 ns 轨道和 2 个 np 轨道之间进行杂化的过程。形成的 3 个杂化轨道叫做 sp^2 杂化轨道。

sp^2 杂化轨道的特点是每个杂化轨道中含有 1/3 的 s 轨道成分和 2/3 的 p 轨道成分，两个轨道的夹角为 120°，呈平面三角形。如气态 BF_3 中 B 的价层电子构型为 $2s^2 2p^1$，B 原子的杂化过程及 BF_3 分子的空间构型如图 7-7 所示。

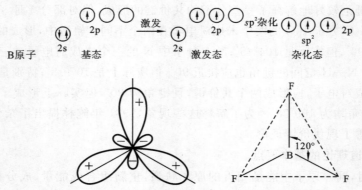

图 7-7　B 原子的 sp^2 杂化轨道和 BF_3 分子的空间构型

（3）sp^3 杂化：原子在形成分子时，同一原子的 1 个 ns 轨道和 3 个 np 轨道之间进行杂化的过程。sp^3 杂化形成 4 个等价的 sp^3 杂化轨道。sp^3 杂化轨道的特点是每个杂化轨道中含有 1/4 的 s 轨道成分和 3/4 的 p 轨道成分，两个轨道的夹角为 $109°28'$，呈正四面体形。如 CH_4 中 C 的价层电子构型为 $2s^2 2p^2$，C 原子的 sp^3 杂化过程和 CH_4 分子的空间构型如图 7-8 所示。

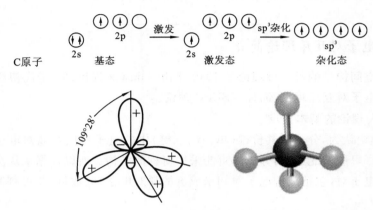

图 7-8　C 原子的 sp^3 杂化轨道及 CH_4 分子的空间构型

$BeCl_2$、BF_3 和 CH_4 分子中各自所含杂化轨道的成分和能量完全相同，这种杂化称为等性杂化。如果在杂化轨道中有不参与成键的孤对电子存在，使得各杂化轨道的成分或能量不完全相同，这种杂化称为不等性杂化。

NH_3 和 H_2O 分子的形成过程中，N 和 O 就是以不等性 sp^3 杂化成键的。

在 NH_3 分子中，N 原子的价层电子构型为 $2s^2 2p^3$，它的一个 2s 轨道和 3 个 2p 轨道形成 4 个 sp^3 杂化轨道，如图 7-9 所示，其中 1 个轨道被 N 原子的孤对电子占据，其余 3 个轨道中各有 1 个成单电子，并与氢原子形成 3 个共价单键。由于孤对电子的电子云对成键电子的排斥作用较强，使得 NH_3 分子的键角为 $107°18'$，空间构型呈三角锥形。

同样，在 H_2O 分子的形成过程中，O 原子的一个 2s 轨道和 3 个 2p 轨道形成 4 个 sp^3 杂化轨道，其中 2 个轨道被 O 原子的孤对电子占据，其余 2 个轨道中各有 1 个成单电子，与 2 个氢原子形成 2 个 O—H 键。两个孤对电子的电子云对成键电子的排斥作用较强，使得 H_2O 分子的键角为 $104°45'$，空间构型呈 V 形。

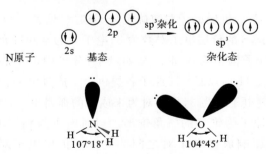

图 7-9　NH_3、H_2O 分子的不等性杂化及空间构型

应当注意的是：除了上述 ns 和 np 可以参与杂化外，nd、$(n-1)d$ 原子轨道也可以参与杂化。

由上述可知,利用杂化轨道理论既可以说明某些共价化合物分子的成键情况,也能说明它们的几何构型。

▌讨论▐

画出 HF、H_2O、NH_3、CH_4、CH_3OH 等分子的空间结构。

四、价层电子对互斥理论简介*

解释分子空间构型的另一种理论是 1940 年由 Sidgwik 提出,60 年代初经 Gillespie 发展起来的价层电子对互斥理论,简称 VSEPR 理论。

1. VSEPR 理论的基本要点

VSEPR 理论认为,分子的共价键(单、双、三键)中的电子对以及孤对电子由于互相排斥作用而趋向尽可能彼此远离,分子尽可能采取对称的结构。所以根据 AB_n 分子中心原子 A 周围的价层电子对(包括成键电子对和未成键的孤对电子)的数目,便可判断和预测分子的空间构型。

若中心原子的价层电子对都是成键电子对而没有孤对电子,则其分子构型和价层电子对的空间排布是一致的;若中心原子的价层电子对中既有成键电子对,又有孤对电子,则其分子构型和价层电子对的空间排布是不相同的。

2. 判断分子或离子构型的步骤

(1)确定中心原子 A 的价层电子对数。首先,应指出分子中原子的相对位置主要取决于中心原子价层上的 σ 键电子对与孤对电子间的排斥,π 键电子对可不必考虑。其次,在计算电子对出现小数时,可作为 1 看待。价层电子对数是中心原子 A 的价层电子数与配位原子 B 的成键电子数之和的一半。

$$价层电子对数 = \frac{A \text{ 的价层电子数} + B \text{ 的成键电子数}}{2}$$

若中心原子 A 为 ⅥA、ⅦA 族的原子,其价层电子数为 6 和 7;若配位原子 B 为 H 和卤族原子,则成键电子数为 1;若 B 为 ⅥA 族的原子,则成键电子数看作 0。

例如:SO_2 中,S 价层电子对数 $= \frac{6+0}{2} = 3$。

(2)根据中心原子 A 的价层电子对数确定分子构型(见表 7-4)。

例如,上述 SO_2 分子,S 的价层电子对数为 3,电子对的空间排布为正三角形,其中有一对孤对电子,故 SO_2 的分子构型为 V 形。又如,NH_3 分子中的中心原子 N 有 5 个价层电子,与 H 原子化合形成 NH_3 时,每个 H 原子各提供 1 个成键电子,这样 N 原子的价电子层中有 4 对电子,其中成键电子对为 3,另 1 对为未成键的孤对电子,所以 NH_3 的分子构型不是正四面体,而是以 N 原子为锥顶的三角锥形。孤对电子与相邻电子对间排斥作用要大些(称为孤对效应),会影响成键电子对之间的夹角。价层电子对间排斥力大小的顺序如下:

孤对-孤对 ≫ 孤对-键对 > 键对-键对

因此,在 NH_3 分子中,受孤对电子的影响,∠HNH 为 107.3°,小于 109.5°。

再如，H_2O 分子中，中心原子 O 的价电子层中有 4 对电子，其中 2 对是成键电子对，另外 2 对是孤对电子，所以 H_2O 分子的电子对分布虽是四面体，但分子呈 V 形。由于孤对-孤对间、孤对-键间的排斥力大于键对-键对间的排斥力，因此，H_2O 分子的键角比 NH_3 分子还要小些，只有 $104.45°$。

表 7-4 价层电子对数与分子构型

分子类型	价层电子对总数	成键电子对	孤对电子	电子对空间排列	分子构型	例子
AB_2	2	2	0	直线形	直线形	$BeCl_2$
AB_3	3	3	0	正三角形	正三角形	BF_3
AB_2	3	2	1	正三角形	V 形	$SnCl_2$
AB_4	4	4	0	正四面体	正四面体	CH_4
AB_3	4	3	1	正四面体	三角锥形	NH_3
AB_2	4	2	2	正四面体	V 形	H_2O
AB_5	5	5	0	三角双锥	三角双锥	PCl_5
AB_4	5	4	1	三角双锥	跷跷板形	SF_4
AB_3	5	3	2	三角双锥	T 形	ClF_3
AB_2	5	2	3	三角双锥	直线	XeF_2
AB_6	6	6	0	正八面体	正八面体	SF_6
AB_5	6	5	1	正八面体	四棱锥体	IF_5
AB_4	6	4	2	正八面体	平面四方形	XeF_4

由上可知，在预测分子构型时，VSEPR 理论概念简单，不涉及原子轨道。只要能绘出分子的电子式，一般就能预测分子形状，并常和杂化轨道理论取得一致结果。

第二节 分子间的作用力

原子结合成分子后，分子间主要是通过分子间作用力结合成物质的。物质的三态变化及溶解度等物理性质均与分子间作用力有关。分子间作用力属于静电引力，其强度远小于化学键。分子间作用力包括范德华力和氢键。范德华力的大小与分子的极性有关。

一、分子的极性

若分子的正电荷重心和负电荷重心完全重合，则分子没有极性，称为非极性分子；若分子的正、负电荷重心不能重合，则为极性分子。

如图 7-10 所示，分子极性的大小用偶极矩（dipole moment）μ 度量，定义为正、负电荷中心间的距离 d 与电荷量 q（正电荷中心或负电荷中心）的乘积，即

$$\mu = qd$$

非极性分子的 $\mu = 0$，极性分子 $\mu > 0$。μ 值越大，说明分子的极性越强。一些分子的偶

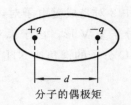

图 7-10 偶极矩示意图

极矩见表 7-5。

对于双原子分子,键的极性就是分子的极性。比如,H_2、O_2、N_2 等都是由非极性共价键形成的非极性分子,HF、HCl、HBr 等都是由极性共价键形成的极性分子。

对于多原子分子,要分两种情况判断分子极性:①如果是由相同元素的原子形成的分子,原子之间的化学键均为非极性键,则分子是非极性分子,如 S_8、P_4 等。②如果是由不同元素的原子形成的分子,则分子的极性要依据分子空间构型来判断。若空间构型完全对称,分子的正电荷重心和负电荷重心必然重合,如 CO_2、BF_3、CH_4、CCl_4 等是非极性分子;若不完全对称,如 H_2O、NH_3、HCN 等,则是极性分子。

表 7-5 一些物质分子的偶极矩与分子构型

分子式	$\mu/(10^{-30}C \cdot m)$	分子构型	分子式	$\mu/(10^{-30}C \cdot m)$	分子构型
H_2	0	直线形	SO_2	5.33	V 形
N_2	0	直线形	H_2O	6.17	V 形
CO_2	0	直线形	NH_3	4.90	三角锥形
CS_2	0	直线形	HCN	9.85	直线形
CH_4	0	正四面体	HF	6.37	直线形
CO	0.4	直线形	HCl	3.57	直线形
$CHCl_3$	3.50	四面体	HBr	2.67	直线形
H_2S	3.67	V 形	HI	1.40	直线形

二、范德华力

范德华力是分子间作用力,属于静电引力。它的能量只是化学键能量的 $1/100 \sim 1/10$。按其产生的原因和特点,将其分为取向力、诱导力和色散力三种。

1. 取向力

当极性分子之间相互接近时,一个分子的正极与另一个分子的负极相互吸引,并按一定的方向产生静电作用。这种由于极性分子之间通过取向产生的分子间作用力,称为取向力。见图 7-11。

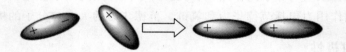

图 7-11 极性分子间的取向力

取向力的大小,与极性分子之间的偶极矩有关。分子的极性越大,取向力越大。

2. 诱导力

当极性分子和非极性分子相互接近时,极性分子的偶极矩产生的电场作用,诱导非极性分子的正、负电荷中心发生偏移,使得非极性分子本身产生一对诱导偶极,再与极性分子以静电引力相吸引,这种分子间作用力叫做诱导力。见图 7-12。

诱导力的大小与极性分子的极性有关,也与非极性分子的变形性有关。极性分子之间除了产生取向力外,也存在诱导力。

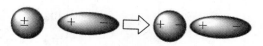

图 7-12　非极性分子受极性分子作用产生诱导偶极矩

3. 色散力

在非极性分子之间也存在相互作用力。这是因为分子内部的原子核和电子在不断运动中,在某一瞬间,正、负电荷中心发生偏移,产生瞬间偶极矩,当几个分子相互接近时,就会因瞬间偶极而发生异极相吸的作用。这种由瞬间偶极所产生的作用力称为色散力,见图 7-13。

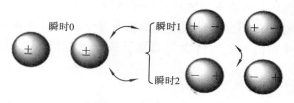

图 7-13　非极性分子间的瞬间偶极矩

虽然瞬间偶极是短暂的,但原子核和电子在不断运动中,瞬间偶极也就不断出现,所以所有分子间都会存在这种作用力。色散力的大小主要与非极性分子的变形性强弱有关,变形性越强,色散力越大。

通常,在非极性分子间只有色散力,在极性分子和非极性分子之间有诱导力和色散力,在极性分子和极性分子之间有取向力、诱导力和色散力。

分子间作用力只有在分子间距足够小时,才能表现出来,随着分子间距离的增大而迅速减弱。分子间作用力对物质的物理性质影响较大。分子间作用力越大,物质的熔点、沸点越高,硬度越大;相对分子质量越高,分子的变形性越强,分子间作用力越大。如 F_2、Cl_2、Br_2、I_2 分子的熔、沸点依次升高。

> ▌**讨论**▐
>
> 比较 HCl、CO_2、H_2O、CCl_4、NH_3、HCN、HF 等分子的极性,找出其中水溶性最大、最小的物质。

三、氢键

按一般规律,氧族元素的氢化物中,H_2O 的相对分子质量最小,分子间作用力应该最弱,熔、沸点本应小于 H_2S、H_2Se、H_2Te。但实际上,相对于同族其他元素的氢化物,水的沸点(100 ℃)和水的熔点(0 ℃)均呈现反常的特别高的数值(见图 7-14),其余三个氧族元素的氢化物的熔、沸点变化均符合上述一般规律。

从图 7-15 可以看出,同样的反常现象还出现在卤素元素氢化物中的 HF 和氮族氢化物中的 NH_3。碳族元素的氢化物中甲烷的沸点并未出现反常。

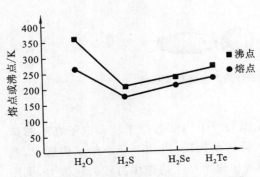

图 7-14　氧族元素氢化物的熔点和沸点变化

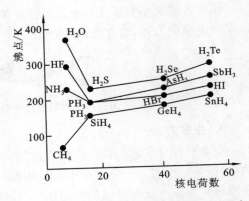

图 7-15　碳、氮、氧、卤四族元素氢化物的沸点

NH_3、H_2O、HF 物质的高沸点反映出其分子间除了存在一般的分子间力之外，还有一种更为强大的特殊的分子间力。这种强度超出普通分子间作用力数倍的特殊分子间力，与连在 N、O、F（及与其类似的电负性特别大的原子或基团）上的带较强正电荷的 H 原子有关，将其称为氢键。

1. 氢键的形成

氢键是指在分子中与电负性特别大的原子 X（一般为 N、O、F）以共价键相连的 H 原子（带接近一个单位的正电荷），和另一分子中（或同一分子邻近基团中）的一个电负性特别大的原子 Y（一般为 N、O、F，所带负电荷接近一个单位）之间的相互作用。

在共价键 X—H 中，由于 X 的电负性大，共用电子对强烈偏向 X 原子一方，使氢原子几乎成为"裸露的质子"，产生很大的偶极矩。由于 H 原子只有一个电子层，且只有一个电子，无内层电子保护，在与 X 成键后，可与另一个电负性大、半径较小的带有孤对电子的 Y 原子产生静电吸引而形成氢键。通常用 X—H⋯Y 表示，其中"⋯"表示一条氢键。

氟化氢分子极性很大，氢氟酸溶液酸性却很弱，就是因为氟化氢分子间以氢键形成了缔合分子，导致解离程度降低，酸性下降。如图 7-16 所示。

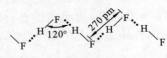

图 7-16　HF 分子间以氢键作用
形成缔合分子

2. 氢键的特点

氢键仍属静电作用力，比化学键弱，但比分子间力强；氢键有方向性和饱和性；能够形成氢键的元素应具有电负性很大、半径小、有孤对电子的特点，通常为 F、O、N 等。X、Y 可以相同，也可以不同。即氢键既可以在同种分子间形成，也可以在不同分子间形成。

3. 氢键的分类

氢键可分成分子间氢键和分子内氢键两种。两个分子之间形成的氢键，称为分子间氢键，如水分子间的氢键、氨水中氨与水分子间的氢键、对硝基苯酚和对羟基苯甲酸甲酯分子间的氢键等。同一分子内的相邻原子团之间形成的氢键，称为分子内氢键，如邻硝基苯酚、邻羟基苯甲酸甲酯等。分子间氢键的存在与否会对两个同分异构体的熔（沸）点产生极大影响，详见图 7-17。

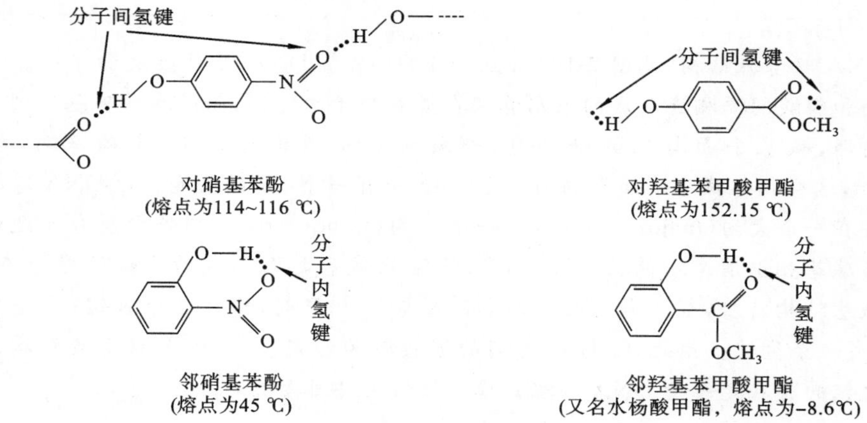

分子间氢键
对硝基苯酚
(熔点为114~116 ℃)
分子间氢键
对羟基苯甲酸甲酯
(熔点为152.15 ℃)
分子内氢键
邻硝基苯酚
(熔点为45 ℃)
分子内氢键
邻羟基苯甲酸甲酯
(又名水杨酸甲酯，熔点为-8.6℃)

图 7-17　分子间氢键和分子内氢键

4. 氢键的应用

氢键广泛存在于许多物质分子中，它的存在会对物质的物理性质产生极大影响，氢键理论可以解释许多物质特殊的物理性质。

例如，羧酸的高沸点、水结冰后体积的增大与氢键的存在有关，详见图 7-18。在溶解性方面，如果溶质和溶剂分子之间形成氢键，则溶解性增强，如氨气与水、氯化氢与水、乙醇与水之间能良好互溶，就与氢键的存在有关。

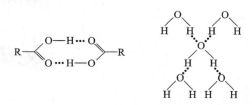

图 7-18　羧酸、水分子中的氢键

讨论

1.“分子中有氢就有氢键。”这句话对不对？

2. 常见有机物 $R-NH_2$、$R-OH$、$R-COOH$、$R-CH_3$、$R-SH$ 中，物质内部分子间能产生氢键的有哪些？物质相互之间能产生氢键的有哪些？

知识拓展

DNA 双螺旋结构

1953 年，沃森和克里克发现了 DNA 双螺旋的结构，开启了分子生物学时代，使遗传的研究深入分子层次，“生命之谜”被打开，人们清楚地了解遗传信息的构成和传递的途径。

DNA 双螺旋结构(见图 7-19)特点如下:①两条 DNA 互补链反向平行。②由脱氧核糖和磷酸间隔相连而成的亲水骨架在螺旋分子的外侧,而疏水的碱基对则在螺旋分子内部,碱基平面与螺旋轴垂直,螺旋旋转一周正好为 10 个碱基对,螺距为 3.4 nm,这样相邻碱基平面间隔为 0.34 nm 并有一个 36°的夹角。③DNA 双螺旋的表面存在一个大沟(major groove)和一个小沟(minor groove),蛋白质分子通过这两个沟与碱基相识别。④两条 DNA 链依靠彼此碱基之间形成的氢键而结合在一起。根据碱基结构特征,嘌呤与嘧啶配对,即 A 与 T 相配对,形成 2 个氢键;G 与 C 相配对,形成 3 个氢键。因此,G 与 C 之间的连接较为稳定。⑤DNA 双螺旋结构比较稳定。氢键的存在是维持 DNA 双螺旋稳定性的主要因素之一。

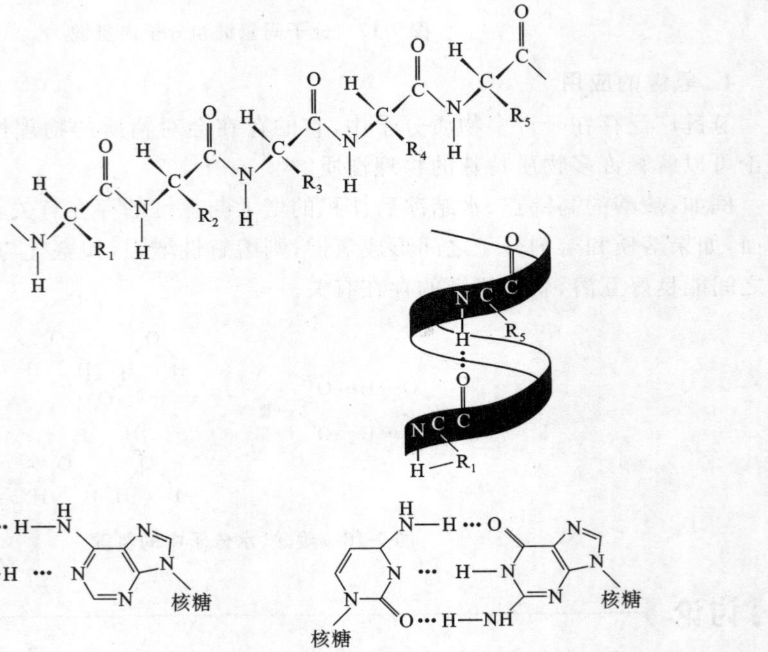

胸腺嘧啶(T)　　　腺嘌呤(A)　　　胞嘧啶(C)　　　鸟嘌呤(G)

图 7-19　DNA 双螺旋结构及碱基配对示意图

发现 DNA 双螺旋结构后的近 50 年里,分子遗传学、分子免疫学、细胞生物学等新学科如雨后春笋般出现,一个又一个生命的奥秘从分子角度得到了更清晰的阐明,DNA 重组技术更是为利用生物工程手段的研究和应用开辟了广阔的前景。

能力检测

一、判断题(正确的打"√",错误的打"×")

1. 化学键是相邻原子与原子(或离子与离子)之间的强烈相互作用。(　　　)

2. 具有未成对电子的两个原子相互接近时可以形成稳定的共价键。（　　）

3. σ键的特点是原子轨道沿键轴方向重叠，重叠部分沿键轴呈圆柱形对称。（　　）

4. 一般来说，σ键的键能比π键的键能小。（　　）

5. s电子与s电子形成的键一定是σ键，p电子与p电子形成的键一定为π键。（　　）

6. HF、HCl、HBr和HI的相对分子质量依次增大，分子间作用力依次增强，故其沸点依次升高。（　　）

7. 共价键有饱和性的原因是每个原子提供一定数目的未成对电子。（　　）

8. π键的键能小于σ键的键能，因此π键的稳定性弱于σ键。（　　）

9. 原子核外有几个未成对电子，就能形成几个共价键。（　　）

10. NH_4^+ 中有3个N—H共价键和1个配位键，但这4个N—H键具有相同的键能、键角和键长。（　　）

11. 原子轨道之所以要发生杂化，是因为能增大成键能力。（　　）

12. 原子轨道发生杂化，若轨道上有孤对电子存在，则这类杂化是不等性的。（　　）

13. 氢键的本质是静电吸引力，但具有共价键的特性，即具有方向性和饱和性。（　　）

14. CO_2 分子与 SO_2 分子之间存在着色散力、诱导力和取向力。（　　）

二、名词解释

化学键、离子键、共价键、杂化轨道、分子间作用力、氢键。

三、填空题

1. 与离子键不同，共价键具有_____和_____特征。共价键按原子轨道重叠方式不同，分为_____和_____。

2. 根据轨道杂化理论，BCl_3 分子的空间构型为_____，偶极矩_____（填"大于"或"等于"）0，中心原子轨道杂化方式为_____；NF_3 分子的空间构型为_____，偶极矩_____（填"大于"或"等于"）0，中心原子轨道杂化方式为_____。

3. $SiCl_4$ 分子具有四面体构型，这是因为Si原子以_____杂化轨道分别与四个Cl原子的_____轨道形成_____，键角为_____。从极性考虑，Si—Cl键是_____，但 $SiCl_4$ 分子则是_____，因为分子具有_____结构，偶极矩_____（填"大于"或"等于"）0。

4. 化合物 CF_4、CCl_4、CBr_4 和 CI_4 都是_____（极性、非极性）分子，分子间的相互作用力是_____，它们的熔点由高到低排列的顺序是_____，这是因为_____。

5. 价键理论认为，只有_____的原子轨道才能重叠成键，重叠越多，核间电子云密度_____，所形成的共价键就越_____。

6. 范德华力是永远存在于分子之间的一种静电作用，它没有_____。氢键具有不同于范德华力的特点，即具有_____，氢键又可分为_____和_____两类。

7. 邻氨基苯酚和对氨基苯酚两种异构体中，前者的熔、沸点_____后者，而较易溶于水的是_____，这是因为它存在_____。

8. 化合物 NH_3、HNO_3、C_6H_6、H_3BO_3、CH_3OH、CH_3CHO、CH_3COOH、CH_3Cl 中能形成氢键的化合物是_____。

四、选择题

1. 下列各组物质,全为离子化合物的是(　　　)。

A. $NaCl$、K_2S、NH_4Cl、$Ca(OH)_2$　　　B. HCl、NaI、$CaCl_2$、K_2S

C. H_2SO_4、KI、$CaCl_2$、Na_2S　　　D. HCl、NaI、$CaCl_2$、H_2CO_3

2. 原子结合成分子的作用力是(　　　)。

A. 化学键　　　　　B. 分子间作用力　　　C. 核力　　　　　D. 氢键

3. 水具有反常高的沸点,这是由于分子中存在着(　　　)。

A. 范德华力　　　　B. 共价键　　　　　C. 氢键　　　　　D. 离子键

4. 已知 CH_4 是正四面体形分子,则中心原子 C 的杂化方式是(　　　)。

A. sp^3 杂化　　　　B. sp^2 杂化　　　　C. sp 杂化　　　　D. 不等性 sp^3 杂化

5. BCl_3 分子空间构型是平面三角形,而 NCl_3 分子的空间构型是三角锥形,则 NCl_3 分子构型是下列哪种杂化引起的?(　　　)

A. sp^3 杂化　　　　B. 不等性 sp^3 杂化　　C. sp^2 杂化　　　　D. sp 杂化

6. 原子轨道之所以要发生杂化,是因为(　　　)。

A. 进行电子重排　　　　　　　　B. 增加配对的电子数

C. 增加成键能力　　　　　　　　D. 保持共价键方向性

7. 下列化合物中,哪个不具有孤对电子?(　　　)

A. H_2O　　　　　B. NH_3　　　　　C. NH_4^+　　　　　D. H_2S

8. 下列说法中,正确的是(　　　)。

A. 固体 I_2 分子间作用力大于液体 Br_2 分子间作用力

B. 分子间氢键和分子内氢键都可使物质熔、沸点升高

C. HCl 分子是直线形的,故 Cl 原子采用 sp 杂化轨道与 H 原子成键

D. $BeCl_2$ 分子的极性小于 BCl_3 分子的极性

9. 关于分子间力的说法,正确的是(　　　)。

A. 大多数含氢化合物间存在氢键

B. 分子型物质的沸点总是随相对分子质量的增加而增大

C. 极性分子间只存在取向力

D. 色散力存在于所有直接相邻分子间

10. 下列各组分子中,化学键均有极性,但分子偶极矩均为零的是(　　　)。

A. NO_2、PCl_3、CH_4　　　　　　　B. NH_3、BF_3、H_2S

C. N_2、CS_2、PH_3　　　　　　　　D. CS_2、BCl_3、$PCl_5(s)$

11. 下列化合物中,含配位键的化合物是(　　　)。

A. H_2O　　　　　B. NH_3　　　　　C. NH_4Cl　　　　D. CH_4

12. 石墨中,层与层之间的结合力是(　　　)。

A. 共价键　　　　　B. 离子键　　　　　C. 金属键　　　　　D. 分子间作用力

13. 下列物质中,分子之间不存在氢键的有(　　　)。

A. H_2O_2　　　　　B. C_2H_5OH　　　　C. H_3BO_3　　　　D. CH_3CHO

五、简答题

1. 化学键有哪几种类型？各有什么特性？

2. 试用杂化轨道理论讨论下列分子的成键及空间构型。

(1) CO_2；(2) NH_3；(3) H_2O；(4) CCl_4；(5) $CHCl_3$。

（**罗孟君**）

第八章　配位化合物

　　配位化合物(coordination compound)简称配合物,曾经也被称为络合物(complex),是组成复杂、具有广泛应用的一类化合物。配合物研究不仅是现代无机化学的重要课题,而且对分析化学、生物化学、电化学、催化动力学等都有十分重要的理论和实际意义,在生化检验、环境监测、药物分析等方面得到广泛应用。配合物是生物体内过渡金属元素的主要存在形式,如植物进行光合作用所依赖的叶绿素是含镁的配合物,人体内输送氧气的血红蛋白是含铁的配合物,人体所需要的部分酶类也是以金属配合物的形式存在的。另外,金属配合物药物已经成为合成无机药物的重要发展方向之一。

　　本章将在原子结构和分子结构的基础上,简要介绍有关配合物的组成和结构、配合物化学键理论、配位平衡及移动,并举例说明配合物在医学、药学中的应用。

 ## 第一节　配合物的基本概念

一、配合物的定义

　　实验室中,向 $CuSO_4$ 溶液中加入过量的氨水,开始生成蓝色沉淀,随着氨水的滴加,蓝色沉淀消失,溶液变为深蓝色溶液,其原因是 $CuSO_4$ 与 NH_3 结合,生成了复杂的化合物,即生成了 $[Cu(NH_3)_4]SO_4$ 化合物。这种化合物含有复杂离子 $[Cu(NH_3)_4]^{2+}$,可以在溶液中稳定存在,并像一个简单离子一样参加反应。在水溶液中的化学反应为

$$CuSO_4 + 4NH_3 \Longrightarrow [Cu(NH_3)_4]SO_4$$

　　在 $[Cu(NH_3)_4]^{2+}$ 中,金属阳离子 Cu^{2+} 和中性分子 NH_3 通过配位键结合,其中共用电子对完全由 NH_3 提供,Cu^{2+} 只提供空轨道。由金属阳离子和一定数目的阴离子或中性分子按一定的空间方式以配位键相结合,生成的复杂离子称为配离子或配位分子。含有配离

子的化合物,称为配合物。在书写配合物时,把配离子或配位分子置于方括号内,如 $[Cu(NH_3)_4]^{2+}$、$[Ag(NH_3)_2]^+$、$[Fe(CN)_6]^{4-}$ 等。

有些复杂化合物,如铁铵矾($NH_4Fe(SO_4)_2 \cdot 6H_2O$)、明矾($KAl(SO_4)_2 \cdot 12H_2O$)等,在晶体状态或溶液中仅含有 NH_4^+、Fe^{3+}、SO_4^{2-}、K^+ 和 Al^{3+} 等简单离子和分子,这些化合物属于复盐(double salt),不是配合物。

二、配合物的组成

配合物的组成如图 8-1 所示。中心原子 Cu^{2+} 和配体 NH_3 通过配位键结合,组成配合物内界(inner sphere),即"[ ]"内的部分。内界,如 $[Cu(NH_3)_4]^{2+}$,是配合物的特征部分,作为一个整体,与处于外界的 SO_4^{2-} 之间以离子键结合。SO_4^{2-} 与中心原子 Cu^{2+} 之间无化学键相连。在水溶液中,$[Cu(NH_3)_4]SO_4$ 解离生成 $[Cu(NH_3)_4]^{2+}$ 和 SO_4^{2-}。当内界电荷为 0 时,内界形成配位分子,如 $[CrCl_3(NH_3)_3]$、$[Fe(CO)_5]$ 等,此类配合物没有外界。

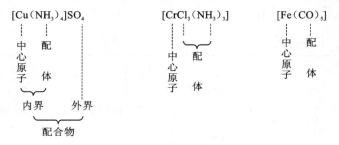

图 8-1 配合物的组成

若配合物内界中配体不止一种时,这种配合物称为混合配体配合物(mixed-ligand complex),简称混配合物。如 $[CrCl_3(NH_3)_3]$ 配合物,配体为 Cl^- 和 NH_3 两种。生物体内的配合物多为混配合物。

1. 中心原子

中心原子(central atom)是具有空的价层轨道、能够接受孤对电子的原子或离子,用 M 表示,位于内界的中心。通常是过渡金属阳离子,如 $[Cu(NH_3)_4]^{2+}$ 配离子的中心原子是 Cu^{2+},$[CrCl_3(NH_3)_3]$ 配合物的中心原子是 Cr^{3+};也可以是中性原子,如 $[Fe(CO)_5]$ 中的 Fe 原子;高氧化态的非金属元素也可以作为中心原子,如 $[SiF_6]^{2-}$ 中的 Si^{4+}。

2. 配体

配体(ligand)是具有孤对电子的阴离子、原子或分子,按照一定的空间排布方式以配位键与中心原子结合,用 L 表示。配体中提供孤对电子与中心原子直接以配位键相结合的原子称为配位原子。它们通常是电负性较大的非金属元素的原子,如 O、S、N、P、C、F、Cl、Br、I 等。一些常见配体列于表 8-1。在配体 NH_3 中,N 原子提供孤对电子,直接与中心原子结合,N 原子为配位原子。

按照与中心原子配位的配位原子的个数,将配体分为单齿配体和多齿配体。只能以一个配位原子与中心原子配位的配体称为单齿配体(monodentate ligand),如 X^-、NH_3、OH^-、H_2O、CN^-、SCN^- 等。含有两个或两个以上的配位原子与中心原子同时配位的配体称为多齿配体(polydentate ligand),如乙二胺($NH_2CH_2CH_2NH_2$,常缩写为 en)、草酸根

$(C_2O_4^{2-})$、氨基乙酸根$(NH_2CH_2COO^-)$等。

表 8-1 常见配体

化学式	名称	缩写	齿数
F^-、Cl^-、Br^-、I^-	卤素离子		
$:CN^-$	氰根		
$:SCN^-$	硫氰酸根		
$:NO_2^-$	硝基		1
$:ONO^-$	亚硝酸根		
$H_2O:$	水		
$:NH_3$	氨		
$H_2\overset{..}{N}CH_2CH_2\overset{..}{N}H_2$	乙二胺	en	
$^-\overset{..}{O}OC\overset{..}{C}OO^-$	草酸根	ox	2
$\begin{array}{c}^-\overset{..}{O}OCCH_2 \qquad CH_2CO\overset{..}{O}^- \\ \quad \overset{..}{N}-CH_2-CH_2-\overset{..}{N} \\ ^-\overset{..}{O}OCCH_2 \qquad CH_2CO\overset{..}{O}^-\end{array}$	乙二胺四乙酸根	edta 或 EDTA	6

3. 配位数

配位数(coordination number)是指中心原子形成的配位键的个数,即中心原子接受配体提供的孤对电子数目。如果配合物中所有配体都是单齿配体,则配位数和配体数相等;如果其中含有多齿配体,则配位数大于配体数。以下是常见类型配合物的配位数与配体数。

$[Ag(NH_3)_2]^+$ 配位数＝2,配体数＝2

$[Cu(en)_2]^{2+}$ 配位数＝4,配体数＝2

$[CoCl_3(NH_3)_3]$ 配位数＝6,配体数＝6

$[Ca(EDTA)]^{2-}$ 配位数＝6,配体数＝1

中心原子结构(如电荷、半径、价层电子构型等)、配体的性质以及形成配合物时的外界条件(浓度、温度等)决定了中心原子配位数的大小。降低反应的温度或增大配体的浓度,有利于形成高配位数的配合物。过渡金属离子的常见配位数为 2、4、6 等,其中最常见的为 4 和 6。

4. 配离子的电荷数

配离子由中心原子和配体组成,所以电荷数等于中心原子和配体电荷的代数和。如 $[Cu(NH_3)_4]^{2+}$ 的中心原子 Cu^{2+} 电荷数为＋2 价,配体 NH_3 电荷数为 0 价,代数和为＋2。

讨论

指出配合物$[Pt(NH_3)_2Cl_2]$的中心原子、配体、配位数、配体数。

三、配合物命名

配合物命名分为传统命名法和系统命名法。传统命名法如$K_4[Fe(CN)_6]$称为黄血盐，$Fe(C_5H_5)_2$称为二茂铁，$K_3[Fe(CN)_6]$称为赤血盐。本节主要介绍系统命名法。

1. 配合物的内界

内界(配位单元)的命名方法,按以下顺序命名:

配体数目→配体名称→"合"→中心原子名称→中心原子的氧化数(罗马字母)。

配体数目用倍数词头"二"、"三"、"四"等数字表示(配体数为"一"时可以省略配体数)。如果内界有多种配体(不同配体之间可用实心圆点"·"隔开),其顺序为:简单离子→复杂离子→有机酸根离子→无机分子→有机分子。同类配体,按配位原子元素符号的英文字母顺序排列。

$[Cu(NH_3)_4]^{2+}$ 　　　　四氨合铜(Ⅱ)配离子

$[Co(H_2O)_2(en)_2]^{3+}$ 　　二水·二(乙二胺)合钴(Ⅲ)配离子

$[Co(NH_3)_5(H_2O)]^{3+}$ 　　五氨·一水合钴(Ⅲ)配离子

2. 配合物的外界

外界命名通常称为某化某、某酸某或某酸。若外界是简单阴离子,命名为"某化……",如Cl^-、Br^-命名为"氯化……"、"溴化……";若外界是复杂阴离子,命名为"某酸……",如SO_4^{2-}、CO_3^{2-}命名为"硫酸……"、"碳酸……";若外界是简单阳离子,命名为"……酸某",如K^+、Na^+命名为"……酸钾"、"……酸钠";若外界是氢离子,命名为"……酸"。

整体配合物的命名方法,通常是阴离子在前,阳离子在后。注意下列例子中的画线部分,是内界配离子的命名。

$[Cu(NH_3)_4]SO_4$ 　　　　　　硫酸四氨合铜(Ⅱ)

$[CrCl_2(H_2O)_4]Cl$ 　　　　　一氯化二氯·四水合铬(Ⅲ)

$[Co(NH_3)_3(H_2O)Cl_2]Cl$ 　一氯化二氯·三氨·一水合钴(Ⅲ)

$Na_3[Fe(CN)_6]$ 　　　　　　六氰合铁(Ⅲ)酸钠

$H_4[Fe(CN)_6]$ 　　　　　　六氰合铁(Ⅱ)酸

$K[Au(CN)_2]$ 　　　　　　　二氰合金(Ⅰ)酸钾

电中性配合物的命名只包括内界命名。例如:

$[Fe(CO)_5]$ 　　　　　　　　五羰基合铁(0)

$[PtCl_4(NH_3)_2]$ 　　　　　　四氯·二氨合铂(Ⅳ)

$[Co(NO_2)_3(NH_3)_3]$ 　　　　三硝基·三氨合钴(Ⅲ)

四、配合物的几何异构现象*

如果两个配合物配体的种类和数目都相同,只是以不同的方式排布在中心原子周围,这种现象称为几何异构。例如,$[Pt(NH_3)_2Cl_2]$(空间构型为平面正方形)就有顺式和反式两种异构体,橘黄色的顺式[Pt(NH₃)₂Cl₂]配合物是一种广泛使用的抗癌药物,而淡黄色的反式[Pt(NH₃)₂Cl₂]配合物则没有药理活性。

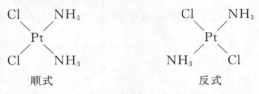

顺式   反式

┃讨论┃

　　1. 配盐和复盐有何区别?如何用实验验证 $NH_4Fe(SO_4)_2 \cdot 6H_2O$ 是复盐而不是配合物?

　　2. 命名配合物:$[Co(NH_3)_2(en)Cl_2]Cl$。

第二节　配合物的化学键理论

　　配合物中的化学键,指的是配位键,即配合物内中心原子与配体之间的化学键。为了解释中心原子与配体之间的结合力和配合物的性质,科学家曾提出多种配合物的化学键理论,主要有配合物的价键理论(valence bond theory,VBT)和晶体场理论(crystal field theory,CFT),本节主要介绍配合物的价键理论,简要叙述配合物晶体场理论。

一、配合物的价键理论

1. 价键理论的基本要点

价键理论基本要点可以概括如下:

(1)中心原子与配体以配位键结合。中心原子 M 有空轨道,是孤对电子接受体(acceptor);配体的配位原子提供孤对电子,是电子对给予体(donor)。两者以配位键结合。

(2)中心原子能量相近的空轨道首先进行杂化。采用杂化轨道成键,使成键能力增强。中心原子的价层电子构型与配体的种类数目决定杂化类型。

(3)配合物具有一定的空间构型。中心原子的杂化类型决定配合物的空间构型、相对稳定性和磁矩,详见表 8-2。

表 8-2　中心原子常见的轨道杂化类型与配合物空间构型

杂化类型	配位数	空间构型		实例
sp	2	直线形		$[CuCl_2]^-$、 $[Ag(NH_3)_2]^+$、 $[Ag(S_2O_3)_2]^{3-}$
sp²	3	平面三角形		$[CuCl_3]^{2-}$、 $[HgI_3]^-$、 $[Cu(CN)_3]^{2-}$

续表

杂化类型	配位数	空间构型		实例
sp³	4	正四面体		$[Ni(CO)_4]$、$[Zn(NH_3)_4]^{2+}$、$[Zn(OH)_4]^{2-}$、
dsp²	4	正方形		$[PtCl_4]^{2-}$、$[Ni(CN)_4]^{2-}$、$[Cu(NH_3)_4]^{2+}$
dsp³	5	三角双锥形		$[Fe(CO)_5]$、$[Ni(CN)_5]^{3-}$、$[CuCl_5]^{3-}$
sp³d² d²sp³	6	正八面体		$[Co(NH_3)_6]^{2+}$、$[Fe(H_2O)_6]^{3+}$、$[Fe(CN)_6]^{3-}$、$[Fe(CN)_6]^{4-}$

下面以$[Fe(CN)_6]^{3-}$为例,说明配合物的价键理论。$_{26}Fe^{3+}$的核外电子排布为$[Ar]3d^5$,价层电子结构如图 8-2 所示。中心原子Fe^{3+}需接纳 6 个CN^-配体提供的 6 对孤对电子,应提供 6 个空的杂化轨道。由于配体CN^-提供孤对电子的能力较强,中心原子Fe^{3+}的价层电子在配体作用下,5 个电子挤进 3 个 d 轨道;空出的 2 个价层 d 轨道,与 1 个 4s 和 3 个 4p 轨道杂化,形成 6 个空的d^2sp^3杂化轨道,这 6 个轨道是等价轨道,容纳由 6 个CN^-提供的 6 对孤对电子,形成 6 个配位键,如图 8-2 所示。

$[Fe(H_2O)_6]^{3-}$的形成如图 8-3 所示。中心原子Fe^{3+}需接纳 6 个H_2O配体提供的孤对电子,应提供 6 个空的杂化轨道。由于配体H_2O提供孤对电子的能力较弱,比CN^-提供孤对电子的能力弱得多,作为配体不能使中心原子Fe^{3+}的价层电子重排,5 个电子仍然排布在 5 个 d 轨道上;中心原子Fe^{3+}只能用 1 个 4s 和 3 个 4p 轨道、2 个 4d 轨道杂化,形成 6 个空的sp^3d^2杂化轨道,这 6 个轨道是等价轨道,容纳由 6 个H_2O提供的 6 对孤对电子,形成 6 个配位键。

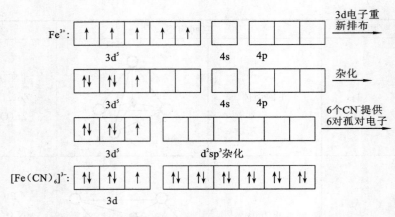

图 8-2　Fe^{3+} 的价层电子构型及 $[Fe(CN)_6]^{3-}$ 的形成

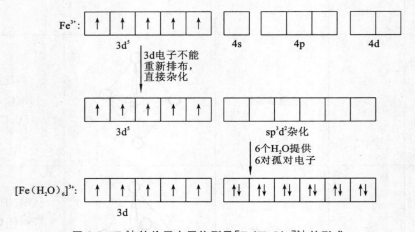

图 8-3　Fe^{3+} 的价层电子构型及 $[Fe(H_2O)_6]^{3+}$ 的形成

由表 8-2 可得，sp^3d^2 杂化轨道和 d^2sp^3 杂化轨道的空间分布一样，所以 $[Fe(H_2O)_6]^{3+}$ 和 $[Fe(CN)_6]^{3-}$ 的空间构型均为正八面体。

2. 外轨型与内轨型

在配合物中，有些配离子的中心原子全部采用最外层的 ns、np、nd 价层电子空轨道参与杂化成键，这样形成的配合物称为外轨型配合物，如 $[Ni(NH_3)_4]^{2+}$ 和 $[Fe(H_2O)_6]^{3+}$ 等。在形成外轨型配合物时，中心原子的 d 轨道电子排布不受配体的影响，仍保持自由离子的电子层构型，此时配合物是单电子数较多的状态。在配合物中，有些配离子的中心原子采用次外层的 $(n-1)d$ 和最外层的 ns、np 价层电子空轨道杂化成键，这样形成的配合物称为内轨型配合物，如 $[Ni(CN)_4]^{2-}$ 和 $[Fe(CN)_6]^{3-}$ 等。在形成内轨型配合物时，中心原子的 d 电子排布在配体的影响下发生变化，重新排布，共用电子对深入中心原子的内层轨道，此时配合物是单电子数较少的状态。

配合物是内轨型还是外轨型，主要取决于中心原子的电荷、价层电子构型，以及配体中的配位原子性质。当中心原子提供的空轨道可以满足内轨型杂化所需的空轨道数目时，中心原子不受配体影响，形成内轨型配合物。例如 $[Cr(H_2O)_6]^{3+}$ 配离子，$_{24}Cr^{3+}$ 的核外电子排布为 $[Ar]3d^3$，价层电子构型如图 8-4 所示。中心原子 Cr^{3+} 具有 2 个空的 3d 轨道，与 1

个 4s 和 3 个 4p 轨道杂化,形成 6 个空的 d^2sp^3 杂化轨道,容纳由 6 个 H_2O 提供的 6 对孤对电子,形成内轨型配合物,如图 8-4 所示。

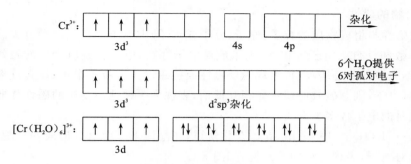

图 8-4 Cr^{3+} 的价层电子构型及 $[Cr(H_2O)_6]^{3+}$ 的形成

当中心原子提供的空轨道即使重排后也不可以满足内轨型杂化所需的空轨道数目时,中心原子不受配体影响,形成外轨型配合物,如 Ag^+、Ni^{2+}、Pt^{2+}、Pd^{2+} 等作为中心原子只能采用外轨型。例如 $[Ni(H_2O)_6]^{2+}$ 配离子,$_{28}Ni^{2+}$ 的核外电子排布为 $[Ar]3d^8$,价层电子构型如图 8-5 所示。中心原子 Ni^{2+} 的 3d 轨道具有 8 个电子,即使发生重排,电子成对后也只能提供 1 个 d 轨道,而与 6 个配体形成内轨型杂化,需要 2 个 $(n-1)d$ 轨道。所以 3d 轨道电子构型不变,只能采用最外层的 1 个 4s 轨道、3 个 4p 轨道和 2 个 4d 轨道杂化,形成 6 个空的 sp^3d^2 杂化轨道,容纳由 6 个 H_2O 提供的 6 对孤对电子,形成外轨型配合物,如图 8-5 所示。

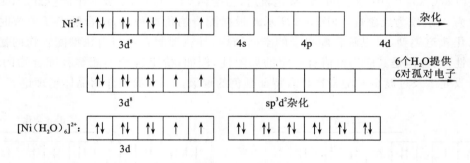

图 8-5 Ni^{2+} 的价层电子构型及 $[Ni(H_2O)_6]^{2+}$ 的形成

有些中心原子的电子构型,既可形成内轨型配合物,也可形成外轨型配合物,如 Fe^{3+}、Fe^{2+} 等。采用的杂化类型受配体影响,配体中的配原子(如 F、O 等)电负性大,不容易给出孤对电子,在形成配合物时,中心原子电子构型保持不变,外层轨道参与成键,形成外轨型配合物;电负性较小的 C 原子作为配位原子时(如 CN^-),C 原子相对电负性小,容易给出孤对电子,在形成配合物时,中心原子电子构型发生变化,形成内轨型配合物。而 N 原子(如在 NH_3 中),则随中心原子的不同,既有外轨型配合物,也有内轨型配合物。一般不同配体对形成配合物的影响由强到弱的顺序为

$CO>CN^->NO_2^->en>NH_3>H_2O>C_2O_4^{2-}>OH^->F^->Cl^->SCN^->S^{2-}>Br^->I^-$

在通常情况下,NH_3 以前的配体容易形成内轨型配合物,NH_3 以后的配体容易形成外轨型配合物。

一般内轨型配合物比外轨型配合物要稳定。这是因为对于同一中心原子,sp^3 杂化轨道的能量比 dsp^2 杂化轨道的能量高,sp^3d^2 杂化轨道的能量比 d^2sp^3 杂化轨道的能量高。

3. 配合物的磁性

物质的磁性与组成物质的粒子(原子、分子或离子)中电子的自旋运动有关。若粒子中正自旋电子数和反自旋电子数相等,无未成对电子存在,电子自旋所产生的磁效应相互抵消,物质就不会被外磁场所吸引,表现为反磁性或抗磁性。若粒子中正、反自旋电子数不相等,有未成对电子,则总磁效应就不能相互抵消,表现为顺磁性。物质的磁性强弱与物质粒子内部未成对的电子数多少有关。

如在 $[Fe(H_2O)_6]^{3-}$ 中,采用 sp^3d^2 杂化轨道,与配体 H_2O 配位,形成 6 个配位键后,仍有 5 个未成对电子,表现为强的顺磁性,如图 8-6 所示。

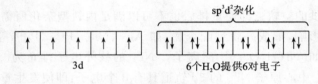

图 8-6 $[Fe(H_2O)_6]^{3-}$ 配离子的电子构型

在 $[Fe(CN)_6]^{3-}$ 中,采用 d^2sp^3 杂化轨道,与配体 CN^- 配位,形成 6 个配位键后,有 1 个未成对电子,表现为弱的顺磁性,如图 8-7 所示。

在 $[Fe(CN)_6]^{4-}$ 中,采用 d^2sp^3 杂化轨道,与配体 CN^- 配位,形成 6 个配位键后,未成对电子数为 0,表现为反磁性,如图 8-8 所示。根据配合物价键理论,结合配离子形成时所采用的杂化轨道类型,可以解释配离子的空间结构、外轨型配合物与内轨型配合物的稳定性以及磁性强弱,但是其应用价值有一定的局限性,例如,价键理论不能解释配合物的紫外-可见吸收光谱及过渡金属配合物具有特征颜色的现象。下面简要介绍晶体场理论。

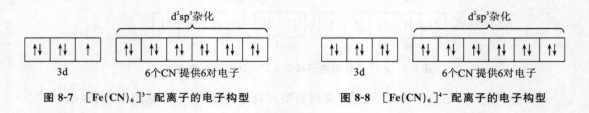

图 8-7 $[Fe(CN)_6]^{3-}$ 配离子的电子构型　　　　　**图 8-8 $[Fe(CN)_6]^{4-}$ 配离子的电子构型**

二、配合物的晶体场理论简介 *

晶体场理论基本要点为中心原子 d 轨道在配体作用下的能级分裂。该理论指出,配体的配位原子的负电荷在中心原子周围形成晶体场,晶体场对于中心原子 d 轨道中的电子产生排斥作用,使 d 轨道产生能级分裂(energy splitting),d 电子按照一定规则排布在分裂后的 d 轨道中。晶体场理论将配合物分为高自旋型配合物和低自旋型配合物,低自旋型配合物比高自旋型配合物稳定。利用晶体场理论可以说明配合物的组成、形状、磁性、颜色和相对稳定性之间的关系。有兴趣的读者可以参阅有关文献。

讨论

1. 如何判断配合物是外轨型配合物还是内轨型配合物？判断$[Fe(CN)_6]^{4-}$和$[Fe(H_2O)_6]^{2+}$分别属于什么类型，以及$[Ni(CN)_4]^{2-}$的杂化类型。

2. $[Co(NH_3)_6]^{3+}$和$[Co(NH_3)_6]^{2+}$哪个稳定性更大？$[Fe(CN)_6]^{4-}$和$[Fe(CN)_6]^{3-}$哪个磁性更强？

第三节 配位平衡

一、配离子的稳定常数

对于任意的配离子，在水溶液中都存在以下平衡：

$$M + xL \rightleftharpoons ML_x$$

在一定的温度下，解离反应速率与配位反应速率相等时，配位反应中的各种物质的浓度不再变化，体系达到动态平衡，称为配位平衡。在平衡状态下，化学反应的各离子浓度保持不变，这种状态称为配位平衡状态。配合物形成反应的平衡常数称为配合物的稳定常数（stability constant），用K_s表示。

$$K_s = \frac{[ML_x]}{[M][L]^x}$$

式中，$[ML_x]$、$[M]$、$[L]$分别表示平衡状态下配离子ML_x、中心原子M、配体L的物质的量浓度单位为 mol/L 时对应的数值。对于相同类型的配离子，K_s值越大，配离子的解离倾向越小，即配离子越稳定；反之，K_s值越小，配离子的解离倾向越大，即配离子越不稳定。比较不同类型配合物的稳定性，只能通过计算判断。在实际工作中，由于K_s数值往往较大，常用$\lg K_s$表示。一些常见配离子的稳定常数K_s和$\lg K_s$值见附录。

例如，在$AgNO_3$溶液中加入氨水，首先生成白色沉淀，随着氨水的继续加入，白色沉淀消失，变为无色溶液，即生成$[Ag(NH_3)_2]^+$配离子：

$$Ag^+ + 2NH_3 \longrightarrow [Ag(NH_3)_2]^+$$

该反应为配位反应。若向$[Ag(NH_3)_2]^+$溶液中加入 KI 溶液，则有黄色的 AgI 沉淀析出。表明溶液中有少量Ag^+存在，加入 KI 后，平衡发生移动，$[Ag(NH_3)_2]^+$配离子会解离出更多的Ag^+，与I^-生成 AgI 沉淀，其解离反应表示为

$$[Ag(NH_3)_2]^+ \longrightarrow Ag^+ + 2NH_3$$

配位反应与解离反应互为可逆反应，表示为：

$$Ag^+ + 2NH_3 \rightleftharpoons [Ag(NH_3)_2]^+$$

根据化学平衡定律，有

$$K_s = \frac{[Ag(NH_3)_2^+]}{[Ag^+][NH_3]^2}$$

查附录得$\lg K_{s,[Ag(NH_3)_2]^+} = 7.05$。

对于相同类型的配离子和配合物的稳定性，可以利用稳定常数 K_s 值比较。例如 $\lg K_{s,[Ag(NH_3)_2]^+}=7.05$，$\lg K_{s,[Ag(CN)_2]^-}=21.1$，$K_{s,[Ag(NH_3)_2]^+}<K_{s,[Ag(CN)_2]^-}$，故 $[Ag(CN)_2]^-$ 的稳定性大于 $[Ag(NH_3)_2]^+$。对于不同类型配离子，不能根据 K_s 值来比较配离子的稳定性，要通过计算相关离子浓度来比较配离子的稳定性。

事实上，配合物的生成都是逐级进行的。因此，溶液中存在着一系列的配位平衡，对应于每一步平衡都有一个稳定常数。

例如，$[Ag(NH_3)_2]^+$ 配离子的形成过程：

第一步 $\qquad Ag^+ + NH_3 \Longleftrightarrow [Ag(NH_3)]^+ \qquad\qquad \lg K_{1,[Ag(NH_3)]^+}=3.24$

第二步 $\qquad [Ag(NH_3)]^+ + NH_3 \Longleftrightarrow [Ag(NH_3)_2]^+ \qquad \lg K_{2,[Ag(NH_3)_2]^+}=3.81$

两个反应相加，就得总配位平衡反应：

$$Ag^+ + 2NH_3 \Longleftrightarrow [Ag(NH_3)_2]^+$$

$$\lg K_s = \lg \frac{[Ag(NH_3)_2^+]}{[Ag^+][NH_3]^2} = \lg(K_1 K_2) = \lg K_1 + \lg K_2 = 7.05$$

其中，$K_1, K_2, \cdots, K_n$ 分别称为逐级稳定常数（stepwise stability constants）。总稳定常数等于各逐级稳定常数的乘积。常用的平衡常数还有累积稳定常数（overall stability constant）β，$\beta_i = K_1 K_2 K_3 \cdots K_i (1 \leqslant i \leqslant n)$，最高级累积稳定常数 β_n 也称为总稳定常数，$\beta_n = K_s$。例如：对于 $[Ag(NH_3)_2]^+$ 配离子，$\lg \beta_2 = \lg K_{s,[Ag(NH_3)_2]^+} = 7.05$。

虽然在配离子的溶液中，各级离子均存在，但在实际工作中，通常加入过量的配位剂，使金属离子绝大部分处在最高配位数的状态，其他较低级的配离子可忽略不计。此时如果只求简单金属离子的浓度，只需按总反应的 K_s 进行计算，而不考虑逐级平衡，这样可使计算简化。

【例 8-1】 试计算 298 K 时，将 0.10 mol/L $CuSO_4$ 溶液与 0.40 mol/L 乙二胺（en）溶液等体积混合得到的溶液中 Cu^{2+} 的平衡浓度。（已知 Cu^{2+} 和 en 可以生成 $[Cu(en)_2]^{2+}$ 配离子，$K_{s,[Cu(en)_2]^{2+}} = 1.0 \times 10^{20}$。）

解：设水溶液中 Cu^{2+} 的平衡浓度为 x mol/L。

	Cu^{2+}	+	2en	$\Longleftrightarrow$	$[Cu(en)_2]^{2+}$
起始浓度/(mol/L)	0.10		0.40		0
平衡浓度/(mol/L)	x		$0.40-2(0.10-x)\approx 0.20$		$0.10-x\approx 0.10$

配位平衡方程式为

$$K_s = \frac{[Cu(en)_2^{2+}]}{[Cu^{2+}][en]^2} = \frac{0.10}{x \cdot 0.20^2}$$

由此解得 $\qquad\qquad x = \frac{0.10}{K_s \cdot 0.20^2} = 2.5 \times 10^{-20}$

即 Cu^{2+} 的平衡浓度为 2.5×10^{-20} mol/L，该结果表明，$x \ll 0.10$，在计算过程中，将 $0.10-x \approx 0.10$ 所引起的误差非常小。

二、配位平衡的移动

对于任意配离子在水溶液中，中心原子 M、配体 L 及生成的配离子 ML_x 之间存在如下配位平衡：

$$M + xL \rightleftharpoons ML_x \quad (略去电荷)$$

当向溶液中加入酸、碱、沉淀剂、氧化剂、还原剂或其他配位剂等时,这些试剂与 M 或 L 可能发生各种化学反应,导致各离子浓度发生改变,引起配位平衡发生移动。这个过程中,配位平衡与其他化学平衡之间相互影响,最后达到多重平衡。

1. 配位平衡与酸碱平衡

(1) 酸效应(acid effect)。由于配体都属于路易斯碱,它们能与溶液中的 H^+ 结合生成弱酸,导致配位平衡向解离的方向移动,这种现象称为酸效应。例如在 $[Cu(NH_3)_4]^{2+}$ 溶液中加入酸,NH_3 可与 H^+ 生成 NH_4^+,使配位平衡发生移动,$[Cu(NH_3)_4]^{2+}$ 配离子向解离方向移动:

$$
\begin{array}{c}
Cu^{2+} + 4NH_3 \rightleftharpoons [Cu(NH_3)_4]^{2+} \\
+ \\
4H^+ \\
\Big\Updownarrow \\
4NH_4^+
\end{array}
$$

总反应为 $\qquad [Cu(NH_3)_4]^{2+} + 4H^+ \rightleftharpoons Cu^{2+} + 4NH_4^+$

(2) 水解效应(hydrolysis effect)。当溶液 pH 值升高时,中心原子 M 将与水进行质子交换,发生水解,生成 $M(OH)_m$ 型沉淀,中心原子 M 浓度减小,配位平衡向解离的方向移动,配离子的稳定性降低,这种现象称为水解效应。例如,溶液 pH 值升高时,$[Cu(NH_3)_4]^{2+}$ 配离子的中心原子 Cu^{2+} 发生水解:

$$
\begin{array}{c}
Cu^{2+} + 4NH_3 \rightleftharpoons [Cu(NH_3)_4]^{2+} \\
+ \\
2OH^- \\
\Big\Updownarrow \\
Cu(OH)_2
\end{array}
$$

总反应为 $\qquad [Cu(NH_3)_4]^{2+} + OH^- \rightleftharpoons Cu(OH)_2 + 4NH_3$

在水溶液中,酸效应和水解效应同时存在,配离子的稳定常数、配体的碱性以及金属氢氧化物的溶解性决定中心原子以哪种存在形式为主。若使配离子浓度具有最大值,应存在一个确定的 pH 值。一般在不发生水解效应的前提下,提高溶液的 pH 值有利于配合物的生成。在生物体内,酸度影响配合物的稳定性。例如胃液中 $pH \approx 2$,许多金属离子无法在胃液中与配体结合生成配合物,但当金属离子随消化液进入肠道时,pH 值上升到 7 或更大一些,在此条件下就易形成配合物。

2. 配位平衡与沉淀平衡

若溶液中存在过渡金属离子的沉淀剂,而配体不受该沉淀剂的影响,则金属离子就会同时参加沉淀平衡和配位平衡。在配离子溶液中加入沉淀剂,若金属离子和沉淀剂生成沉淀,会使配位平衡向解离方向移动。反之,若在沉淀溶液中加入能与金属离子形成配合物的配位剂,沉淀溶解平衡会向溶解方向进行,会有更多的配离子生成。例如,在含有 AgCl 沉淀的溶液中加入过量氨水,AgCl 沉淀溶解;再向此溶液中加入适量 KBr 溶液,则生成淡黄色的沉淀,$[Ag(NH_3)_2]^+$ 配离子解离;然后加入 $Na_2S_2O_3$ 溶液,AgBr 沉淀溶解;接着加入 KI 溶液,$[Ag(S_2O_3)_2]^{3-}$ 配离子解离,又生成黄色的沉淀;再加入 KCN 溶液,黄色的 AgI 沉淀溶解。这一系列转化过程可表示为

$$AgCl + 2NH_3 \Longrightarrow [Ag(NH_3)_2]^+ + Cl^-$$

$$[Ag(NH_3)_2]^+ + Br^- \Longrightarrow AgBr \downarrow + 2NH_3$$

$$AgBr + 2S_2O_3^{2-} \Longrightarrow [Ag(S_2O_3)_2]^{3-} + Br^-$$

$$[Ag(S_2O_3)_2]^{3-} + I^- \Longrightarrow AgI \downarrow + 2S_2O_3^{2-}$$

$$AgI + 2CN^- \Longrightarrow [Ag(CN)_2]^- + I^-$$

分析上述反应可知,每一反应都包括配位平衡和沉淀溶解平衡两个平衡。例如,AgCl 沉淀溶解转化成 $[Ag(NH_3)_2]^+$ 配离子的过程,分步反应为

第一步　　$AgCl \Longrightarrow Ag^+ + Cl^-$　　　　　　　　$K_1 = K_{sp,AgCl}$

第二步　　$Ag^+ + 2NH_3 \Longrightarrow [Ag(NH_3)_2]^+$　　　$K_2 = K_{s,[Ag(NH_3)_2]^+}$

总反应为　　$AgCl + 2NH_3 \Longrightarrow [Ag(NH_3)_2]^+ + Cl^-$　　$K = K_1 K_2 = K_{sp,AgCl} \cdot K_{s,[Ag(NH_3)_2]^+}$

从沉淀溶解生成配离子的平衡常数可知:配离子的 K_s 和沉淀的 K_{sp} 越大,沉淀越容易转化为配离子;反之,配离子的 K_s 和沉淀的 K_{sp} 越小,配离子越容易转化为沉淀。

【例 8-2】 将 0.20 mol/L $AgNO_3$ 溶液与 0.60 mol/L KCN 溶液等体积混合后,再加入固体 KI,使 I^- 的浓度为 0.085 mol/L,能否产生 AgI 沉淀? 忽略体积变化,已知 $K_{s,[Ag(CN)_2]^-} = 1.26 \times 10^{21}$,$K_{sp,AgI} = 8.5 \times 10^{-17}$。

解: 设混合溶液中 Ag^+ 平衡浓度为 x mol/L。

Ag^+ 与 CN^- 在溶液中的配位平衡方程式为

$$\begin{array}{cccc} & Ag^+ & + \quad 2CN^- \Longrightarrow & [Ag(CN)_2]^- \end{array}$$

反应前/(mol/L)　0.10　　　　　　0.30　　　　　　　　0

平衡时/(mol/L)　x　　$0.30 - 2 \times (0.10 - x) \approx 0.10$　　$0.10 - x \approx 0.10$

$$K_s = \frac{[Ag(CN)_2^-]}{x[CN^-]^2}$$

$$x = \frac{[Ag(CN)_2^-]}{K_s[CN^-]^2} = \frac{0.10}{1.26 \times 10^{21} \times (0.10)^2} = 7.9 \times 10^{-21}$$

因为　　　　$[Ag^+][I^-] = 7.9 \times 10^{-21} \times 0.085 = 6.7 \times 10^{-22} < K_{sp}(8.5 \times 10^{-17})$

所以,不能产生 AgI 沉淀。

3. 氧化还原平衡的影响

在配位平衡状态下,向配离子溶液中加入能与中心原子或配体发生氧化还原反应的物质时,将导致金属离子或配体的浓度降低,配位平衡向解离方向移动。例如,向 $[FeCl_2(H_2O)_4]^+$ 配离子溶液中依次加入 CCl_4 溶液、KI 溶液,观察下层 CCl_4 层颜色,发现 CCl_4 层由无色变为紫红色,说明有 I_2 生成。这是由于 I^- 与 Fe^{3+} 发生氧化还原反应,导致配离子向解离方向移动。反应式如下:

$$Fe^{3+} + 2Cl^- + 4H_2O \Longrightarrow [FeCl_2(H_2O)_4]^+$$
$$+$$
$$I^-$$
$$\Updownarrow$$
$$Fe^{2+} + \frac{1}{2}I_2(s)$$

除了氧化还原平衡对配位平衡有影响外,配位平衡对氧化还原平衡也具有影响。在第五章已经学习了能斯特方程,可以计算任意浓度下的电极电势,氧化还原电对的电极电势

反映出电对氧化型的氧化能力和还原型的还原能力。例如,向含有 Fe^{3+} 与 I^- 的溶液中依次加入 CCl_4 溶液、NaF 溶液,观察下层 CCl_4 层颜色,发现 CCl_4 层的紫红色变浅甚至变为无色,说明 I_2 减少。这是由于加入 NaF 溶液后,Fe^{3+} 优先与 F^- 发生配位反应,导致氧化还原平衡向左移动,I_2 减少。这是配位平衡对氧化还原平衡的影响。反应式如下:

$$Fe^{3+} + I^- \Longrightarrow Fe^{2+} + \frac{1}{2}I_2$$
$$+$$
$$6F^-$$
$$\Big\Downarrow$$
$$[FeF_6]^{3-}$$

金属离子形成的配离子越稳定,溶液中金属离子的浓度就会越低,根据能斯特方程,相应的电极电势也越低,例如:

$Ag^+ + e^- \Longrightarrow Ag$ $\varphi^{\ominus}_{Ag^+/Ag} = +0.7991\ V$

$[Ag(NH_3)_2]^+ + e^- \Longrightarrow Ag + 2NH_3$ $\varphi^{\ominus}_{[Ag(NH_3)_2]^+/Ag} = +0.3718\ V$

$[Ag(S_2O_3)_2]^{3-} + e^- \Longrightarrow Ag + 2S_2O_3^{2-}$ $\varphi^{\ominus}_{[Ag(S_2O_3)_2]^{3-}/Ag} = +0.0027\ V$

配位反应可以改变氧化还原电对的电极电势,从而改变氧化还原反应的方向。例如金属 Cu 不能置换酸或水中的氢,但是当向溶液中加入足量 KCN 时,就可以置换出氢气。王水可以与金属铂反应,但是浓硝酸不可以。

第四节　螯　合　物

一、螯合物和螯合效应

螯合物(chelate)为由中心原子与多齿配体形成的环状配合物,又称内配合物。例如,中心原子 Cu^{2+} 与多齿配体乙二胺形成的配合物,乙二胺为二齿配体,与 Cu^{2+} 形成配位数为 4 的具有环状结构的螯合物 $[Cu(en)_2]^{2+}$。其结构式见图 8-9。

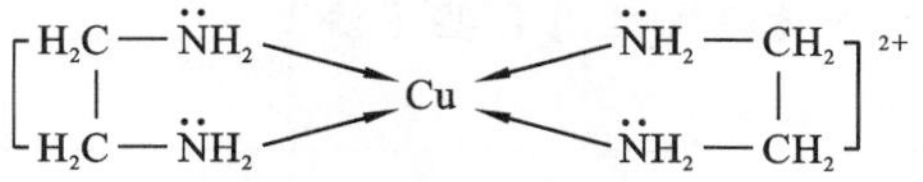

$$\left[\begin{array}{c} H_2C-NH_2 \\ | \\ H_2C-NH_2 \end{array}\!\!\!\!\!\!\!\!\!\searrow Cu \nwarrow\!\!\!\!\!\!\!\!\! \begin{array}{c} NH_2-CH_2 \\ | \\ NH_2-CH_2 \end{array}\right]^{2+}$$

图 8-9　二乙二胺合铜(Ⅱ)配离子

能与中心原子形成螯合物的多齿配体称为螯合剂(chelating agent)。螯合物比与单齿配体形成的配合物稳定性大大增强,这种效应称为螯合效应(chelate effect)。随着螯合物中环数的增多,螯合效应显著增强。例如,螯合物 $[Cd(en)_2]^{2+}$ 的稳定常数比相应的非螯合物 $[Cd(CH_3NH_2)_4]^{2+}$ 的稳定常数大 4000 多倍。

$[Cd(en)_2]^{2+}$ $K_s = 1.66 \times 10^{10}$

$[Cd(CH_3NH_2)_4]^{2+}$ $K_s = 3.55 \times 10^6$

二、影响螯合物稳定性的因素

螯合环的大小和数量都会影响螯合物的稳定性。大多数螯合物具有五元环或六元环。

螯合剂中含有两个或两个以上的配位原子,如 N、O、F 等,这些配位原子的位置必须适当,相互之间通常间隔两个或三个其他原子,以形成稳定的五元环或六元环。相同条件下,五元环稳定性大于六元环。例如,乙二胺($NH_2CH_2CH_2NH_2$)两个配位原子之间间隔两个 C 原子,它与中心原子形成的五元环螯合物稳定性大于 $NH_2CH_2CH_2CH_2NH_2$ 与中心原子形成的六元环螯合物。螯合物形成的环越多,中心原子越不容易脱离,螯合物越稳定。如乙二胺四乙酸(简称 EDTA,书写反应式时用 H_4Y 表示)有 6 个配位原子,螯合能力强,可以与多种金属离子形成稳定螯合物,其中含有 5 个五元环,如图 8-10 所示。

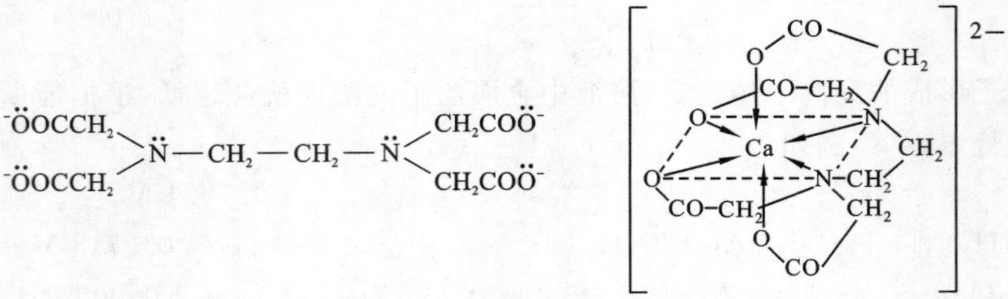

图 8-10　EDTA 及其与 Ca^{2+} 的螯合物

H_4Y 难溶于水,通常用其二钠盐(Na_2H_2Y)作螯合剂,H_4Y 或 Na_2H_2Y 统称 EDTA。EDTA 能与除碱金属以外的绝大多数金属离子形成稳定的螯合物,并且能形成配位比为 1:1 的螯合物。EDTA 溶液无色,与金属离子生成螯合物时,配位反应比较完全,生成的螯合物比较稳定,在滴定分析中,通常采用 EDTA 做配位滴定剂,即螯合滴定。

许多螯合物都具有颜色,可作为检验这些离子的特征反应。例如:在弱碱性条件下,向丁二酮肟溶液中滴加 Ni^{2+},形成鲜红色的二丁二酮肟合镍螯合物沉淀,该反应可用于定性检测 Ni^{2+} 的存在,并可用比色法定量测定 Ni^{2+} 的含量;血清中铜含量测定,可以先用三氯乙酸处理除去蛋白质,然后加入铜试剂,即二乙氨基二硫代甲酸钠,生成黄色螯合物,再用比色法定量测定铜的含量。

▌讨论▐

　　生物体内各种元素的含量测定还有哪些方法?

第五节　配位化合物在医学上的应用

一、人体内的微量元素及其临床检验应用

生命科学中的元素是一门新兴的由多学科相互渗透的边缘学科。它与化学、生物学、医药学、环境科学、食品学、营养学等有着密切关系。目前研究表明,化学元素,特别是微量元素在与人体生物分子的有机联系中,起着关键步骤的调控作用。人体必需常量元素有氧、氮、氯、碳、磷、硫、氢、钙、钾、镁、钠等 11 种,人体必需微量元素目前认为有 14 种:铁、锌、铜、锰、铬、钒、钴、镍、钼、硒、氟、硅、锡、碘。人体必需的微量元素在体内以配合物的形

式存在。在体内,蛋白质、多糖、核酸、磷脂及其各级降解产物都可以作为微量元素的配体,称为生物配体。人体必需的微量元素只有与生物配体结合成配合物,才能维持人体正常生理功能。例如,生物体内与呼吸作用密切相关的血红素,是 Fe^{2+} 的卟啉类螯合物。在一些低级动物(如蜗牛)的血液中,执行输氧功能的是含铜的蛋白质螯合物,称为血蓝蛋白。在海胆一类动物中,执行输氧功能的是钒的螯合物。植物的叶绿素是镁的配合物;生物体中起特殊催化作用的酶,几乎都是以配合物形式存在的金属元素,如铁酶、铜酶等。

利用金属离子与螯合剂能生成某种有特征颜色的螯合物,可作为检验这些离子的特征反应,并根据显色的深浅进行定量分析。例如血清中 Fe^{3+} 含量的测定,用 $Na_2S_2O_3$ 将 Fe^{3+} 还原为 Fe^{2+},再与 α,α'-双吡啶生成红色螯合物,进行比色分析,测定其含量。

二、抗炎抗癌药物的研制

许多药物本身就是配合物。如治疗恶性贫血的维生素 B_{12} 是钴的螯合物,治疗糖尿病的胰岛素是锌的螯合物,8-羟基喹啉的铜、铁配合物有明显的抗菌作用,治疗血吸虫病的酒石酸锑钾也是配合物。特别是 1969 年发现顺铂 $[PtCl_2(NH_3)_2]$ 具有明显的抗癌活性后,开拓了金属配合物抗癌作用研究的新领域。除了铂以外,对其他非铂抗癌金属配合物的研究成为目前研究的热点。

三、有毒金属元素的促排

环境污染、过量服用金属元素药物、职业性中毒以及金属代谢障碍均能引起体内 Pb、As 等污染元素积累和 Ca、Cu 等微量元素过量,造成金属中毒。对于体内的有毒或过量的金属离子,可选择合适的配体与其结合而排出体外,此法称为螯合疗法,所用的螯合剂称为促排剂(或解毒剂),见表 8-3。例如,EDTA 能与 Pb^{2+}、Hg^{2+} 形成稳定的可溶于水且不被人体吸收的螯合物,随新陈代谢排至体外,达到缓解 Hg^{2+}、Pb^{2+} 中毒的目的。

表 8-3 一些常用的金属促排剂

促排剂	促排金属	促排剂	促排金属
2,3-二巯基丙醇(BAL)	Sb、Te、As 等	D-青霉胺	Cu
2,3-二巯基丙磺酸钠(DMPS)	Sb、Te、As 等	脱铁肟胺 B	Fe
$Na_2[Ca(EDTA)]$	Pb、Co 等	二苯硫腙	Tl

┃讨论┃

通过查找资料,看看常用的金属促排剂还有哪些。

┃知识拓展┃

配合物药物简介

配合物药物是近几十年来开发出的药物,目前科学研究者已经采用现代物理、化学和生物学方法较为系统地研究其作用机制。

　　在 20 世纪 60 年代,发现顺铂 $cis\text{-}[PtCl_2(NH_3)_2]$ 具有明显的抗癌活性,开拓了金属配合物抗癌作用研究的新领域。研究表明,凡具有顺式结构 $cis\text{-}[PtA_2X_2]$(A 为胺类,X 为酸根)的中性配合物都具有抗癌活性。目前,含铂药物联合化疗仍是治疗睾丸癌、子宫癌和小叶肺癌等恶性肿瘤的主要手段之一。迄今为止,没有任何有机药物能模拟含铂药物的独特杀伤作用。除了铂以外,对其他非铂抗癌金属配合物的研究也在进行中。

　　配合物药物研究成为无机药物化学研究的一个十分活跃的领域。如利用含钒酸根和钒的一些配合物治疗糖尿病;治疗恶性贫血的维生素 B_{12} 是钴的螯合物;8-羟基喹啉的铜、铁配合物有明显的抗菌作用;利用螯合作用,开发出解毒药,螯合剂也可以用来调节必需金属离子的体内平衡。

能力检测

一、判断题(对的打"√",错的打"×")

1. 配合物均由配离子和外界离子组成。(　　)
2. 配位数就是与中心原子结合的配体数。(　　)
3. 配离子的电荷数等于中心原子的电荷数。(　　)
4. 两种离子中,K_s 较大者,其稳定性不一定高。(　　)
5. EDTA 能与除碱金属以外的绝大多数金属离子形成稳定的螯合物。(　　)
6. $[Fe(CN)_6]^{4-}$ 配离子与 $[Fe(CN)_6]^{3-}$ 配离子的磁性相同,都是反磁性的。(　　)

二、命名下列配合物,并指出配合物的中心原子、配体、配位原子、配位数

(1) $[Cr(NH_3)_6]Cl_3$;　　　　　　　(2) $H[PtCl_6]$;
(3) $K_2[Hg(SCN)_4]$;　　　　　　　(4) $[Cu(NH_3)_4(en)]SO_4$;
(5) $[Ni(NH_3)_4(H_2O)_2]Cl_2$;　　　　(6) $[Pt(NH_3)_4(NO_2)Cl]Br_2$。

三、写出下列配合物的化学式

(1) 硫酸四氨合铜(Ⅱ);　　　　　　(2) 二氯·二羟基·二氨合铂(Ⅳ);
(3) 六氯合锑(Ⅱ)酸钾;　　　　　　(4) 三硝基·三氨合钴(Ⅲ)。

四、选择题

1. 同浓度的配合物水溶液与 NaCl 水溶液的导电能力相近的是(　　)。
A. $Na_2[Cr(NH_3)Cl_5]$　　　　　　　B. $Na[Cr(NH_3)_2Cl_4]$
C. $[Cr(NH_3)_3Cl_3]$　　　　　　　　D. $[Cr(NH_3)_5Cl]Cl_2$

2. 下列配体中属于多齿配体的是(　　)。
A. SCN^-　　　　B. CH_3NH_2　　　　C. H_2O　　　　D. en(乙二胺)

3. 配合物中,中心原子的配位数等于(　　)。
A. 配离子的电荷数　　　　　　　　B. 配体的数目
C. 配位键的数目　　　　　　　　　D. 外界离子的电荷数

4. 下列配体中能够形成螯合物的是(　　)。

A. SCN^- B. CH_3NH_2 C. CH_3SH D. en

5. 已知巯基（—SH）与某些重金属离子能形成较强的配位键,预计下列配体中,重金属离子的最好螯合剂是（　　）。

A. CH_3SH B. $CH_3CH_2CH_2SH$

C. CH_3SSCH_3 D. $HSCH_2CH(SH)CH_2OH$

6. 若使 AgCl 大量溶解,可在溶液中加入（　　）。

A. H_2O B. $AgNO_3$ C. KCl   D. KCN

7. 配合物 $[Pt(NH_3)_2Cl_4]$ 和 $H[Cu(CN)_2]$ 中,中心原子的氧化数分别为（　　）。

A. $+2$、$+2$ B. $+2$、$+1$ C. $+4$、$+2$ D. $+4$、$+1$

8. 在配离子 $[Co(en)_2(NH_3)_2]^{3+}$ 和 $[Cr(C_2O_4)_3]^{3-}$ 中,中心原子的配位数分别为（　　）。

A. 2、3   B. 4、3   C. 6、3   D. 6、6

9. 下列化合物中,能与中心原子形成六元环螯合物的是（　　）。

A. CH_3NH_2 B. $CH_3CH_2NH_2$

C. $NH_2CH_2CH_2NH_2$ D. $NH_2CH_2CH_2CH_2NH_2$

10. 对配合物 $[CoCl(NH_3)_5]SO_4$,下列表述错误的是（　　）。

A. 配体是 Cl^- 和 NH_3 B. 配原子是 Cl 和 N

C. 中心原子的电荷数是 $+3$ D. 中心原子的配位数是 5

11. 已知 $[Ni(CN)_4]^{2-}$ 配合物的中心原子以 dsp^2 杂化,其空间构型是（　　）。

A. 四面体   B. 平面正方形   C. 八面体   D. 直线形

12. 下列配离子中,稳定性最大的是（　　）。

A. $[Co(NH_3)_6]^{3+}$ $K_s=1.58\times10^{35}$ B. $[Co(NH_3)_6]^{2+}$ $K_s=1.29\times10^5$

C. $[Fe(CN)_6]^{4-}$ $K_s=1.0\times10^{35}$ D. $[Fe(CN)_6]^{3-}$ $K_s=1.0\times10^{42}$

五、简答题

1. 若配合物 $[PtCl_2(en)]$ 是反磁性的,请用价键理论说明它的轨道杂化类型。

2. 请用价键理论说明 $[Cr(H_2O)_6]^{3+}$ 配离子的杂化类型,并判断磁性、配离子空间构型。

六、计算题

在含有 Zn^{2+} 的溶液加入氨水,直到 NH_3 的平衡浓度为 5.0×10^{-3} mol/L,此时溶液中的 Zn^{2+} 有一半与配体 NH_3 形成了 $[Zn(NH_3)_4]^{2+}$,试计算 $[Zn(NH_3)_4]^{2+}$ 配离子的 K_s 值。

（李海霞）

第九章 s区元素

本章要求

1. 熟悉 s 区元素的电子构型与性质递变关系。

2. 掌握 s 区元素单质和重要化合物的性质。

3. 了解水的硬度的概念及水质净化的几种方法，以及 s 区元素在医学检验及药学中的一些应用。

s 区元素包括周期表中第ⅠA族和第ⅡA族，位于周期表的最左侧，价层电子构型分别为 ns^1 和 ns^2，共 13 种元素。

第一节 碱金属、碱土金属区

元素周期表中第ⅠA族金属包括锂、钠、钾、铷、铯、钫这六种元素，钫具有放射性。本族元素的氧化物溶于水呈强碱性，因而得名碱金属。第ⅡA族碱土金属包括铍、镁、钙、锶、钡、镭这六种元素。它们氧化物的性质介于"碱性的"碱金属氧化物和"土性的"难熔融氧化物（Al_2O_3）之间，故称为碱土金属。

一、碱金属和碱土金属的通性

碱金属和碱土金属的基本性质见表 9-1 和表 9-2。

表 9-1 碱金属元素的基本性质

性质	锂	钠	钾	铷	铯
元素符号	Li	Na	K	Rb	Cs
原子序数	3	11	19	37	55
价层电子构型	$2s^1$	$3s^1$	$4s^1$	$5s^1$	$6s^1$
主要氧化数	+1	+1	+1	+1	+1
原子半径/pm	145	180	220	235	260
第一电离能/(kJ/mol)	520	496	419	403	376

续表

性质	锂	钠	钾	铷	铯
电负性	1.0	0.9	0.8	0.8	0.7
熔点/K	453.5	370.8	336.6	311.9	310.4
沸点/K	1620	1156	1047	961	951.4
硬度(以金刚石为 10)	0.6	0.4	0.5	0.3	0.2
密度(293 K)/(g/cm³)	0.543	0.971	0.862	1.532	1.873
$\varphi_{M^+/M}^{\ominus}/V$	−3.0401	−2.71	−2.931	−2.925	−2.923

表 9-2 碱土金属元素的基本性质

性质	铍	镁	钙	锶	钡
元素符号	Be	Mg	Ca	Sr	Ba
原子序数	4	12	20	38	56
价层电子构型	$2s^2$	$3s^2$	$4s^2$	$5s^2$	$6s^2$
主要氧化数	+2	+2	+2	+2	+2
原子半径/pm	105	150	180	200	215
第一电离能/(kJ/mol)	899.5	737.7	589.8	549.5	502.9
第二电离能/(kJ/mol)	1757	1451	1145	1046	965.2
电负性	1.5	1.2	1.0	1.0	0.9
熔点/K	1551	921.8	1112	1042	998
沸点/K	3243	1363	1757	1657	1913
硬度(以金刚石为 10)	—	2.0	1.5	2.8	—
密度(293 K)/(g/cm³)	1.848	1.738	1.55	2.63	3.51
$\varphi_{M^{2+}/M}^{\ominus}/V$	−1.85	−2.372	−2.868	−2.89	−2.912

碱金属元素的价层电子构型为 ns^1,其次外层都是 8 个电子(锂为 2 个),易失去外层电子形成 +1 的阳离子,故其单质都是很强的还原剂,其标准电极电势值都较低,是金属活泼性最强的一族元素,自然界中碱金属元素的化合物多为离子化合物。碱金属的盐都易溶于水(半径较大的阴离子盐除外),不水解。它们的氧化物和氢氧化物都显强碱性。

碱土金属元素的价层电子构型为 ns^2,其次外层也都是 8 个电子的稳定构型(铍为 2 个),在反应时倾向于失去 2 个电子形成 +2 的阳离子,故其单质也是活泼性很强的金属,但比同周期碱金属差些。碱土金属的氯化物、硫化物、硝酸盐可溶于水,而碳酸盐、草酸盐、硫酸盐、磷酸盐中大多数微溶或难溶于水。它们的氧化物、氢氧化物也显强碱性,但氢氧化物的溶解度较小。

碱金属和碱土金属随着电子层数的增加,核电荷对外层电子的吸引力逐渐减弱,其性质呈规律性变化,电负性和电离能逐渐减小,熔、沸点逐渐降低,同族元素的金属性从上到下逐渐增强。

二、碱金属和碱土金属单质

碱金属和碱土金属元素的性质很活泼,因此在自然界中没有游离态的单质存在,只能以化合态存在于一些矿物中。通常用电解它们的熔融盐或在高温下用 Na 还原卤化物来制备单质。

碱金属具有良好的导电性,在光照下能放出电子。其中铯对光最敏感,是制造光电池的良好材料。用铷和铯能制造出最准确的原子钟,国际时间单位"秒"就是以铯原子钟为标准制定的。

锂广泛应用于高能电池和高能燃料,特别是用于飞机制造方面。钠可溶解于汞中形成钠汞齐(钠与汞的合金),在有机合成反应中做还原剂。钠和钾的液体合金用作核反应堆的冷却剂。

碱土金属单质随着原子序数的增大,从上到下原子半径逐渐增大,密度依次增大,熔点和沸点依次降低,金属性依次增强。碱土金属单质的熔点和沸点比碱金属高。碱土金属元素硬度、密度也比较小,除铍和镁以外,其余单质都能用小刀切开。新切开的断面有金属光泽,接触空气后表面会变灰暗,这是因为生成了一层氧化膜。

1. 与水反应

碱金属和碱土金属单质都能从水或者非氧化性酸中置换出氢,生成 H_2,同时产生大量的热,反应程度从上到下逐渐强烈。例如:

$$2Na + 2H_2O = 2NaOH + H_2\uparrow$$

实验室常用的钠和钾必须隔绝空气和水,存放在煤油中,以免发生燃烧和爆炸。

$$Mg + 2H_2O = Mg(OH)_2 + H_2\uparrow$$

生成的 $Mg(OH)_2$ 难溶于水,覆盖在 Mg 表面使之在冷水中不反应,需加热促进反应。

碱金属和碱土金属单质都可与大多数非金属单质直接化合,形成离子化合物,如 NaH、CaH_2 等,Li、Be 的部分化合物为共价化合物。这些氢化物均为强还原剂,遇水即强烈水解放出 H_2。

2. 置换反应

碱金属和碱土金属可将其他金属从其盐中置换出来,常用于制备稀有金属或贵金属等。由于碱金属和碱土金属都可与空气中的氧气、二氧化碳和水进行强烈反应,所以这些置换反应不能在敞口容器或者水溶液中进行。

$$SiF_4 + 4Na = Si + 4NaF$$

三、碱金属和碱土金属重要的化合物

1. 氧化物

碱金属的氧化物可分为以下三类。

(1)普通氧化物:碱金属氧化物都能直接与水反应生成强碱。

$$M_2O + H_2O = 2MOH \quad (\text{M 代表碱金属})$$

(2)过氧化物:碱金属元素都能形成过氧化物。过氧化物中含有过氧键(—O—O—),其中以过氧化钠最为重要,用途广。钠在空气中燃烧即能生成过氧化钠,过氧化钠与水或稀酸反应能生成过氧化氢,过氧化氢分解即放出氧气:

$$Na_2O_2 + 2H_2O =\!\!=\!\!= H_2O_2 + 2NaOH$$

$$2H_2O_2 =\!\!=\!\!= 2H_2O + O_2 \uparrow$$

过氧化氢可用于消毒、漂白。过氧化钠还可用于制取氧气,是强氧化剂,使用时必须注意安全。过氧化钠与二氧化碳反应能生成氧气:

$$2Na_2O_2 + 2CO_2 =\!\!=\!\!= 2Na_2CO_3 + O_2 \uparrow$$

因此可用作潜水员或飞行员呼吸面具中的供氧剂。

（3）超氧化物和臭氧化物:除锂、铍、镁外的碱金属和碱土金属都能形成超氧化物,通式为 MO_2。K、Rb、Cs 的氢氧化物与臭氧反应可制得其臭氧化物。

2. 氢氧化物

碱金属的氧化物都能直接与水反应生成强碱,称为苛性碱,苛性碱对皮肤和纤维有强烈的腐蚀作用,易溶于水并放出大量热,在空气中易潮解,与空气中的二氧化碳反应生成碳酸盐,所以要密闭保存。

氢氧化钠能与玻璃中的 SiO_2 反应,因此盛放氢氧化钠溶液的试剂瓶要用橡皮塞,最好用耐腐蚀的塑料试剂瓶盛放。氢氧化钠(俗称烧碱)和碳酸钠(俗称纯碱)一样,都是现代工业的重要化工原料。

3. 盐类

碱金属和碱土金属常见的盐类主要有硝酸盐、硫酸盐、卤化物、碳酸盐和磷酸盐等,都是无色水合晶体或白色结晶性粉末。铍和钡的可溶性盐有毒。

（1）碱金属盐:碱金属的盐大都是离子化合物,易溶于水,并在水溶液中完全解离。碱金属盐多以水合物形式存在,碱金属离子的半径越小,其水合能力越强。如锂盐几乎全部水合,钠盐中约有 75% 是水合盐,而钾盐中有 25% 左右是水合盐。钠盐吸湿性强于钾盐,易潮解。因此,火药和分析化学中的基准物质多用钾盐(如 KNO_3、$KClO_3$、$K_2Cr_2O_7$ 和邻苯二甲酸氢钾等)而不用钠盐。

碱金属盐的热稳定性:硫酸盐在高温下既不挥发,也不分解;卤化物能挥发,但不分解;碳酸氢盐易受热分解成碳酸盐;硝酸盐的热稳定性较差,受热至一定温度时就分解为亚硝酸盐和氧气。

（2）碱土金属盐:由于碱土金属离子比同周期碱金属离子半径小,电荷多,对负离子的极化能力强。碱土金属盐的离子性比较小,$BeCl_2$ 和 $MgCl_2$ 甚至有明显的共价性。

除卤化物和硝酸盐外,多数碱土金属盐的溶解度比较小。铍盐多数易溶。而钙、锶、钡盐多数难溶,且依 Ca—Sr—Ba 顺序,其硫酸盐的溶解度递减。碱土金属的碳酸盐在通入过量的 CO_2 的水溶液中可形成酸式碳酸盐而溶解,但受热又能析出碳酸盐沉淀。这是暂时硬水经过烧煮可得软化以及 $CaCO_3$、$MgCO_3$ 在锅炉中形成沉淀(锅垢)的原因。

$$MCO_3 + CO_2 + H_2O \xrightarrow{\triangle} M(HCO_3)_2$$

碱土金属碳酸盐比碱金属碳酸盐热稳定性差,受热后会分解为氧化物和二氧化碳。

四、焰色反应

碱金属和碱土金属钙、锶、钡的挥发性盐在高温无色火焰中灼烧时,会使火焰呈现特殊颜色,这一性质称为焰色反应。具体方法:用铂丝蘸取少量其盐或盐溶液,在无色火焰上灼烧,根据火焰的颜色可以进行离子的定性鉴别。碱金属和碱土金属的焰色见表9-3。

表 9-3　碱金属和碱土金属的焰色

离子	Li^+	Na^+	K^+	Rb^+	Cs^+	Ca^{2+}	Sr^{2+}	Ba^{2+}
颜色	红	黄	紫	紫红	紫红	砖红	红	黄绿

利用焰色反应的原理,可用上述元素的硝酸盐或氯酸盐,再加上镁粉、炭粉、松香、火药等按比例混合,制成五彩缤纷的焰火。

第二节　水的净化

水是人类生存与生活中不可缺少的物质。地面水由于与土壤、矿物等接触,常溶有较多的钙盐、镁盐及其他矿物质。工业废水和生活污水的污染,也使天然水中含有许多杂质。根据生产和生活的需要,对天然水进行适当的处理和净化有重要的实际意义。

一、水的硬度

硬水(hard water)是指溶解了较多的钙盐和镁盐的水。如果水中仅含有钙、镁的酸式碳酸盐,可用简单的煮沸方法使其转化为沉淀除去,这样的水称为暂时硬水。含有钙、镁的氯化物及硫酸盐的水不能用煮沸的方法把它们除去,则称为永久硬水。

水中钙盐和镁盐的含量常用硬度(hardness)来表示。水的硬度是指每升水中含有Ca^{2+}、Mg^{2+}的量相当于$CaCO_3$的质量(mg),单位为 mg/L。

日常饮用水中,如果饮用硬度过高的水,则摄入的Ca^{2+}、Mg^{2+}会刺激肠黏膜,易引起慢性腹泻。国家对生产和生活用水硬度都做了统一规定。例如,生活用水硬度(GB5749—2006)≤450 mg/L(以$CaCO_3$计)。蒸气锅炉若长期使用硬水,锅炉内壁会结下坚实的锅垢,其主要成分是$CaSO_4$、$CaCO_3$、$MgCO_3$及部分铁盐、铝盐。锅垢的产生导致导热不良,不但浪费燃料,同时由于受热不均,还可能引起锅炉的爆裂。因此,锅炉用水必须软化。我国对锅炉用水的标准为硬度≤8.9 mg/L(以$CaCO_3$计)。

二、水质净化的方法

在供水过程中,通常用到的净水方法有以下几种:蒸馏法、煮沸法、活性炭法、离子交换法、高活性超净法、反渗透法、臭氧杀菌法、紫外线杀菌法等。这些方法各有利弊。

1. 硬水软化

(1) 化学方法:加石灰和纯碱除去Ca^{2+}、Mg^{2+}等离子,反应式如下:

$$Mg^{2+} + Ca(OH)_2 =\!=\!= Mg(OH)_2\downarrow + Ca^{2+}$$

$$Ca^{2+} + Na_2CO_3 =\!=\!= CaCO_3\downarrow + 2Na^+$$

(2) 离子交换法:用离子交换剂中的正离子(如H^+或Na^+)来交换水中的Ca^{2+}、Mg^{2+}而使硬水软化的方法。常用的离子交换剂为离子交换树脂。

2. 反渗透法

反渗透法是一种膜分离技术。其原理如下:在容器内用一个半透膜(只允许水分子自由通过)将纯水和盐溶液隔开,由于膜两侧单位体积内水分子数目不同,为保持膜两侧水分子浓度的平衡,纯水会透过半透膜扩散至盐溶液一侧,该过程为渗透。达到渗透平衡时,两侧液面会产生高度差,若要阻止渗透现象的发生,需在溶液一侧施加一定的压力,该压力与高度差成正比,称为盐溶液的渗透压。若在盐溶液一侧施加一个大于其渗透压的压力,则水分子会从盐溶液一侧进入纯水一侧,盐溶液中的水即可被分离出去,这一过程称为反渗透。反渗透技术属于新型高科技,在众多水质净化方法中,其净化效果远远优于其他技术,具有明显优势。

第三节 s 区元素在医学检验及药学中的一些应用

s 区元素钠、钾、镁、钙都是生命体必需元素。Na^+ 和 K^+ 通过细胞膜的离子通道调节膜内外电势变化,进行神经信息的传递。钙在生命体骨骼、牙齿等组织的形成,神经系统正常生理功能的维持,体液电解质和酸碱平衡的维持中起着重要作用。Ca^{2+} 还是凝血因子,参与凝血过程。此外,Ca^{2+} 还参与神经递质的合成与代谢,激素的合成与分泌。镁是多种酶和合成酶的辅助因子或激活剂,参与体内蛋白质的合成。在糖酵解过程、DNA 复制及RNA 合成等主要代谢过程和反应中,均需 Mg^{2+} 的参加。此外,镁在抑制神经的兴奋性、肌肉收缩和体温调节等方面起主要作用。

碱金属锂的碳酸盐(Li_3CO_3)是抗狂躁型抑郁症的药物。KCl 是生命体电解质补充药,常用于低血钾症及洋地黄中毒引起的心律不齐。Mg 的多种化合物药剂可用作泻药、抗惊厥药。缺钙会引起骨质疏松等病症,儿童缺钙会造成营养不良,甚至导致佝偻症。碳酸钙、葡萄糖酸钙等是常用的补钙制剂。

能力检测

一、选择题

1. 关于氧化钠和过氧化钠的性质比较中,正确的是( )。

A. 两者均为白色固体

B. 过氧化钠比氧化钠稳定

C. 过氧化钠可与水及二氧化碳反应生成氧气,而氧化钠则不能

D. 两者都具有漂白性

2. CO_2 跟下列物质反应能产生 O_2 的是( )。

A. NaOH   B. Na_2O C. Na_2O_2 D. Na_2CO_3

3. 下列混合物溶于水,所得溶液中溶质只有一种的是( )。

A. Na_2O_2 和 Na_2CO_3 B. Na 和 NaCl

C. Na_2O 和 Na_2O_2 D. NaOH 和 Na

4. 下列各组物质在一定条件下反应,不产生氧气的是( )。

A. Na_2O_2 和 H_2O B. Na_2O 和 H_2O

C. $KClO_3$ 和 MnO_2 D. Na_2O_2 和 CO_2

5. 以下四种氢氧化物中碱性最强的是（   ）。

A. LiOH   B. NaOH   C. CsOH   D. KOH   E. $Ba(OH)_2$

二、简答题

1. 在防毒面具里，常用过氧化钠作为氧气的主要来源，是因为它能和二氧化碳、水等物质发生反应，试写出化学反应方程式。

2. 商品 NaOH 为何常含有 Na_2CO_3 杂质？

3. 实验室盛放强碱的试剂瓶为何不能用玻璃塞？

三、计算题

将 Na_2O_2、$NaHCO_3$ 组成的混合物分成等质量的两份，向第一份中加入 100 mL 盐酸，充分反应后恰好为中性，放出的气体在标准状况下共 2.24 L。将此气体通入第二份混合物中，充分反应后，气体体积变为 2.016 L。求加入的盐酸的物质的量浓度。

（白 熙）

第十章 p区元素

本章要求

1. 了解 p 区元素的基本性质及其与电子层结构的关系。
2. 熟悉 p 区元素的重要化合物的主要化学性质及其递变规律。
3. 了解某些单质、常见氧化物和含氧酸的结构。

p 区元素包括元素周期表ⅢA族至ⅦA族元素和零族元素（稀有气体），位于周期表的右侧，价层电子构型为 $ns^2np^{1\sim6}$。

第一节 p 区元素概述

p 区元素的递变规律符合元素周期表的一般规律，易形成最外层 8 电子的稳定结构，p 区元素既可以获得电子而显示负氧化态，也可以失去电子（包括 s 电子和部分 p 电子）而呈正氧化态。与相应的 s 区元素相比，其失电子能力较弱。随着 p 电子数的增加，元素得电子的能力逐渐增强。除氟外，一般都有多种氧化态，最高氧化数与族数相等。在同一族中，随着电子层数的增加，失电子能力逐渐增强，从上到下由典型的非金属元素逐渐过渡到金属元素（除ⅦA族和ⅧA族外）。

同一周期元素从左往右价层电子数逐渐增多，其最高氧化数逐渐增大，半径逐渐减小，氢氧化物酸性逐渐增强。例如第 3 周期元素情况：

$$Al(OH)_3 \quad H_2SiO_3 \quad H_3PO_4 \quad H_2SO_4 \quad HClO_4$$
$$\text{两性} \qquad \text{弱酸} \qquad \text{中强酸} \qquad \text{强酸} \qquad \text{最强酸}$$

相同氧化数的同一族元素，从上到下，电子层数逐渐增多，即半径增大，因而氢氧化物酸性逐渐减弱。例如第ⅥA族元素情况：

$$H_2SO_4 > H_2SeO_4 > H_2TeO_4 > H_2PoO_4$$

对含有同一元素不同氧化数的氢氧化物，高氧化数的酸性强，低氧化数的酸性弱。例如：

$$HClO_4 < HClO_3 < HClO_2 < HClO$$

第二节 卤素元素

周期表ⅦA族元素包括氟、氯、溴、碘和砹（放射性元素），称为卤素（halogen）。这些元素都是典型的非金属元素，易与典型的金属元素生成盐。

一、卤素概述

卤素的基本性质见表 10-1。

表 10-1 卤素的一些基本性质

性质	氟	氯	溴	碘
元素符号	F	Cl	Br	I
原子序数	9	17	35	53
相对原子质量	18.998	35.453	79.904	126.905
价层电子构型	$2s^2 2p^5$	$3s^2 3p^5$	$4s^2 4p^5$	$5s^2 5p^5$
主要氧化数	$-1,0$	$-1,0,+1,+3,$ $+4,+5,+7$	$-1,0,+1,$ $+3,+5,+7$	$-1,0,+1,$ $+3,+5,+7$
第一电离能/(kJ/mol)	1681	1251	1140	1008
电负性	4.0	3.0	2.8	2.5

卤素原子的价层电子构型为 ns^2np^5，因此卤素原子在化学反应中易得一个电子形成负离子 X^-。常温下，卤素单质均为双原子分子，原子间以共价键结合。卤素单质的化学性质很活泼，是较强的氧化剂，能与绝大多数的金属、非金属直接化合成卤化物，也能与许多还原性物质反应。例如：

$$2M + nX_2 === 2MX_n \quad （M 为金属单质，X 为卤素原子）$$
$$2P + 3X_2 === 2PX_3$$
$$H_2S + X_2 === S\downarrow + 2HX$$

卤素单质与水的反应属于歧化反应。例如：

$$Cl_2 + H_2O === H^+ + Cl^- + HClO$$

卤素单质的氧化性：$F_2 > Cl_2 > Br_2 > I_2$。卤离子的还原性：$F^- < Cl^- < Br^- < I^-$。

二、卤化氢和卤化物

1. 卤化氢

卤化氢（HX）是具有刺激性气味的无色气体，极易溶于水，在潮湿的空气中与水蒸气结合形成细小的酸雾而"冒烟"。

卤化氢的水溶液称为氢卤酸，它们均为无色液体。人们习惯上称氢氯酸为盐酸，盐酸是最重要，也是最常用的无机三大强酸之一。市售浓盐酸密度为 1.19 g/cm^3，HCl 质量分数为 37%，约 12 mol/L。

氢卤酸的主要化学性质如下：

（1）酸性：除氢氟酸外，其他氢卤酸都是强酸。酸性顺序为：$HCl < HBr < HI$。

氢氟酸是弱酸。298 K 时，氢氟酸的 $K_a = 3.53 \times 10^{-4}$。与其他弱酸相同，氢氟酸的浓度越稀，解离度越大。但是在高浓度的氢氟酸中，由于 F^- 能与 HF 分子以氢键缔合，生成稳定的 HF_2^-，反而使 HF 的解离度增大，溶液的酸性增强：

$$HF \rightleftharpoons H^+ + F^-$$
$$HF + F^- \rightleftharpoons HF_2^- \qquad K = 5.1$$

氢氟酸的另一特殊性质是能与二氧化硅或硅酸盐作用，生成气态的四氟化硅。因此，不能用玻璃或陶瓷容器储存氢氟酸，而要储存在塑料瓶中。这一反应在分析化学中可用于测定 SiO_2 的含量：

$$SiO_2 + 4HF = SiF_4 \uparrow + 2H_2O$$
$$CaSiO_3 + 6HF = SiF_4 \uparrow + 3H_2O + CaF_2$$

氢氟酸和氟化氢能严重地损伤皮肤、刺激呼吸系统，使用时应注意防护。若皮肤不慎沾染氢氟酸，应立刻用大量的水冲洗，并涂敷氨水。

（2）还原性：HX 具有还原性。其还原性顺序为：$HF < HCl < HBr < HI$。

HI 溶液在常温下即可被空气中的 O_2 所氧化：

$$4HI + O_2 = 2I_2 + 2H_2O$$

HBr 和 HCl 在与强氧化剂作用时才表现出还原性。例如：

$$16HCl + 2KMnO_4 = 5Cl_2 \uparrow + 2MnCl_2 + 8H_2O + 2KCl$$

HF 则不能被常用的氧化剂所氧化。

（3）沉淀反应：HX 与某些金属离子作用时，能生成难溶于水的金属卤化物沉淀。例如：

$$HX + AgNO_3 = AgX \downarrow + HNO_3 \qquad （HF 除外）$$

能与 HCl、HBr 和 HI 生成沉淀的金属离子主要有 Ag^+、Cu^+、Hg_2^{2+} 和 Pb^{2+}。此外，$HgBr_2$ 和 HgI_2 也难溶于水。

能与 HF 生成沉淀的金属离子主要有碱土金属离子（Be^{2+} 除外）、Mn^{2+}、Fe^{2+}、Cu^{2+}、Zn^{2+} 和 Pb^{2+}。

2. 卤化物

所有的元素除了氦、氖和氩之外都能生成卤化物。由于单质氟有很强的氧化性，元素形成氟化物时往往可以表现为最高氧化态。如 SF_6，BrF_7 等。由于 I^- 的还原性较强，所以金属元素在形成碘化物时，往往可以表现为较低的氧化态（例如 CuI），有的金属元素甚至不生成碘化物。

大多数金属卤化物可以由元素直接化合生成：

$$nX_2 + 2M = 2MX_n$$

金属卤化物的性质受金属电负性、离子半径、所带电荷以及卤离子的变形性等因素影响。若金属有较小的电负性和较大的离子半径，则其卤化物为离子化合物。例如，碱金属和碱土金属（Be 除外）。若金属有高的电离能，金属离子半径愈小、氧化数愈高，则其卤化物的共价性就愈高。例如，KCl、$CaCl_2$、$ScCl_3$ 和 $TiCl_4$ 的性质递变，由一种高熔点的离子化合物 KCl，到常温下为液体的共价化合物 $TiCl_4$。金属元素的氟化物主要为离子化合物，其他卤化物则不一定，因此氟化物的熔点比其他卤化物都高。例如，CaF_2 在 1573 K 以上才熔化,而 $CaCl_2$、$CaBr_2$ 和 CaI_2 的熔点皆在 873 K 以下。

三、卤素的含氧酸及其盐

氯、溴、碘都能形成氧化数为＋1、＋3、＋5 和＋7 这四种类型的含氧酸及其盐。表 10-2 列出了目前已知的卤素含氧酸,其中有较多实际用途的是氯的含氧酸及其盐。

表 10-2　卤素含氧酸

	氟	氯	溴	碘
次卤酸	(HFO)	HClO*	HBrO*	HIO*
亚卤酸		HClO$_2$*	HBrO$_2$*	
卤酸		HClO$_3$*	HBrO$_3$*	HIO$_3$
高卤酸		HClO$_4$	HBrO$_4$*	HIO$_4$、H$_5$IO$_6$

* 表示仅存在于溶液中。

1. 次氯酸及其盐

常温下次氯酸(HClO)具有刺鼻的气味,其稀溶液无色,浓溶液显黄色。HClO 是弱酸,291 K 时,$K_a = 2.95 \times 10^{-8}$。HClO 及其盐的主要化学性质如下:

(1) 不稳定性:次氯酸及其盐均不稳定,在溶液中常以两种方式分解:

$$2HClO \Longrightarrow 2HCl + O_2 \uparrow \quad 或 \quad 2ClO^- \Longrightarrow 2Cl^- + O_2 \uparrow$$

$$3HClO \Longrightarrow 2HCl + HClO_3 \quad 或 \quad 3ClO^- \Longrightarrow 2Cl^- + ClO_3^- \quad (歧化反应)$$

光照、溶液中有催化剂或有能与 O_2 化合的物质存在时,次氯酸及其盐即分解放出 O_2,它们的杀菌作用和漂白作用就是基于这一反应;加热时次氯酸及其盐主要发生歧化反应。

次氯酸的稳定性小于次氯酸盐。常用的次氯酸盐主要有次氯酸钠(NaClO)和漂白粉。漂白粉是次氯酸钙($Ca(ClO)_2$)、氯化钙($CaCl_2$)和氢氧化钙($Ca(OH)_2$)的混合物。298 K 时,将 Cl_2 通入熟石灰中即可得到漂白粉:

$$2Cl_2 + 2Ca(OH)_2 \Longrightarrow Ca(ClO)_2 + CaCl_2 + 2H_2O$$

$Ca(ClO)_2$ 是漂白粉的有效成分。分析化学中测定漂白粉有效成分含量的方法如下:用盐酸与一定质量的漂白粉作用,以生成 Cl_2(称为有效氯)的量确定 $Ca(ClO)_2$ 的含量。反应式为

$$Ca(ClO)_2 + 4HCl \Longrightarrow 2Cl_2 \uparrow + CaCl_2 + 2H_2O$$

有效氯是指具有消毒能力(强氧化性)的氯的质量分数。工业上要求漂白粉含有效氯45%～70%。次氯酸盐露置于空气中会逐渐失效,其分解反应的过程为

$$2ClO^- + CO_2 + H_2O \Longrightarrow 2HClO + CO_3^{2-}$$

$$2HClO \Longrightarrow 2HCl + O_2 \uparrow$$

(2) 强氧化性:由氯元素的电极电势可知,次氯酸及其盐都是强氧化剂,它们作为氧化剂时,本身被还原成 Cl^-:

$$HClO + H^+ + 2e^- \Longrightarrow Cl^- + H_2O \qquad \varphi^\ominus = 1.49 \text{ V}$$

$$ClO^- + H_2O + 2e^- \Longrightarrow Cl^- + 2OH^- \qquad \varphi^\ominus = 0.90 \text{ V}$$

2. 氯酸及其盐

氯酸($HClO_3$)是强酸,其稀溶液在室温时较稳定,当遇热或溶液浓度超过40%时,即迅

速分解并发生爆炸：

$$8HClO_3 =\!\!=\!\!= 4HClO_4 + 2Cl_2\uparrow + 3O_2\uparrow + 2H_2O$$

氯酸盐为离子化合物，常用的可溶性氯酸盐有 $KClO_3$ 和 $NaClO_3$。

当有催化剂（如 MnO_2）存在时，$KClO_3$ 受热则分解并放出 O_2：

$$2KClO_3 \xrightarrow{\triangle} 2KCl + 3O_2\uparrow$$

氯酸及其固体盐的酸性溶液都是强氧化剂。例如，在酸性介质中，氯酸盐能将 Cl^- 氧化为 Cl_2：

$$ClO_3^- + 5Cl^- + 6H^+ =\!\!=\!\!= 3Cl_2 + 3H_2O$$

$KClO_3$ 与易燃物（如硫、磷、碳等）或有机物混合时，受撞击即发生爆炸。因此，$KClO_3$ 常用于制造火柴、焰火及炸药等。

3. 高氯酸及其盐

高氯酸（$HClO_4$）是已知的无机酸中最强的酸，它在冰醋酸、硫酸或硝酸溶液中仍然能给出质子。常温下，无水高氯酸是无色、黏稠状液体，不稳定，储存时会发生分解、爆炸，浓度低于 60% 的 $HClO_4$ 溶液是稳定的。

高氯酸盐大多易溶于水，仅钾、铷、铯和铵盐的溶解度很小，ClO_4^- 在溶液中非常稳定，它与金属离子的结合倾向也很弱。通常高氯酸及其盐的溶液没有明显的氧化性，但浓热的高氯酸溶液和高温下的高氯酸盐固体是强氧化剂。

总之，氯的含氧酸及其盐的氧化性随氯原子氧化数的升高而减弱；介质酸性愈强，氯的含氧酸及其盐的氧化性和热稳定性愈强。

第三节 氧族元素

元素周期表中 ⅥA 族元素统称为氧族元素，它包括氧、硫、硒、碲和钋，钋是放射性元素。

一、氢化物和金属硫化物

本族元素的氢化物 H_2O、H_2S、H_2Se 和 H_2Te 性质的递变与卤化氢相似，即随中心原子原子序数的增大，熔点、沸点、酸性、还原性依次增加（H_2O 因形成氢键，熔点、沸点比 H_2S 高），而稳定性、键能依次减小。

1. 过氧化氢

过氧化氢与水一样也是氧的氢化物。纯的过氧化氢是淡蓝色的黏稠液体，能以任意比例与水混溶，其水溶液俗称双氧水。纯 H_2O_2 物理性质与 H_2O 相似。因分子间氢键缔合作用强，H_2O_2 沸点为 423 K，凝固点为 272.26 K，密度大于水。

H_2O_2 不稳定，常温下即能分解，放出 O_2：

$$2H_2O_2 =\!\!=\!\!= O_2\uparrow + 2H_2O$$

遇热、遇光、遇酸碱或某些具有催化作用的重金属离子（如 Mn^{2+}、Cu^{2+}、Cr^{3+}、Fe^{2+} 等）时，分解反应加速。MnO_2 可使 H_2O_2 迅速分解完全。高温下 H_2O_2 分解甚至发生爆炸。因此,保存 H_2O_2 时应注意避光、低温和密闭。

H_2O_2 在溶液中可解离出 H^+,使溶液显弱酸性。298 K 时,H_2O_2 的一级解离常数 K_1 $=2.4\times10^{-12}$。

$$H_2O_2 \rightleftharpoons H^+ + HO_2^-$$

H_2O_2 与碱作用生成过氧化物。例如:

$$H_2O_2 + Ba(OH)_2 = BaO_2 + 2H_2O$$

H_2O_2 分子中氧原子的氧化数为 -1,处于中间氧化态,因此 H_2O_2 既有氧化性,又有还原性。H_2O_2 在酸性介质中是强氧化剂。例如:

$$H_2O_2 + 2HI = I_2 + 2H_2O$$
$$4H_2O_2 + PbS = PbSO_4 + 4H_2O$$

H_2O_2 在碱性介质中也能与许多还原剂作用。例如:

$$3H_2O_2 + 2Cr(OH)_3 + 4NaOH = 2Na_2CrO_4 + 8H_2O$$

当 H_2O_2 与某些强氧化剂(如 $KMnO_4$、Cl_2 等)作用时,可显示其还原性。例如:

$$5H_2O_2 + 2KMnO_4 + 3H_2SO_4 = 5O_2\uparrow + 2MnSO_4 + 8H_2O + K_2SO_4$$

作为氧化剂,H_2O_2 最突出的优点是氧化性强,且不引入杂质。因此,无机和有机合成反应中常用 H_2O_2 作氧化剂。H_2O_2 还可用作漂白剂、燃料电池中的燃料和火箭推进剂等。在医药方面,过氧化氢稀溶液(3%)作为温和的消毒杀菌剂,广泛用于洗涤伤口、漱口等。

2. 硫化氢

硫化氢是无色、有臭鸡蛋气味的有毒气体。当空气中 H_2S 的体积分数达 0.1% 时,就能引起头疼晕眩等中毒症状,故制备或使用 H_2S 时必须在通风橱中进行。

H_2S 能溶于水,常温下饱和溶液的浓度约为 0.1 mol/L,H_2S 的水溶液称为氢硫酸。氢硫酸具有弱酸性、还原性。

H_2S 为二元弱酸,在溶液中有如下解离平衡:

$$H_2S \rightleftharpoons H^+ + HS^- \qquad K_1 = 5.7\times10^{-8}$$
$$HS^- \rightleftharpoons H^+ + S^{2-} \qquad K_2 = 1.2\times10^{-15}$$

H_2S 中硫的氧化数为 -2,是含硫化合物中氧化数最低的,因此具有强的还原性,能被 I_2、O_2 氧化生成单质硫:

$$H_2S + I_2 = 2HI + S$$

氢硫酸溶液久置可变混浊,是因为被空气中的氧缓慢氧化,析出硫沉淀。

$$2H_2S + O_2 = 2S\downarrow + 2H_2O$$

H_2S 与强氧化剂作用时,还可被氧化成更高氧化态的化合物。例如:

$$H_2S + 4Cl_2 + 4H_2O = H_2SO_4 + 8HCl$$

3. 金属硫化物

金属硫化物可看作氢硫酸的盐,绝大多数金属都能形成硫化物。

碱金属硫化物和硫化铵易溶于水,碱土金属硫化物溶解度较小。由于水解作用,碱金属和碱土金属的硫化物溶液呈显著的碱性。例如:

$$Na_2S + H_2O = NaHS + NaOH$$
$$S^{2-} + H_2O = HS^- + OH^-$$

二、硫的含氧化合物

1. 二氧化硫、亚硫酸及其盐

（1）二氧化硫：二氧化硫是无色、有刺激性臭味的气体，易液化、易溶于水，常温下 1 体积水约能溶解 40 体积二氧化硫。

二氧化硫中的硫的氧化数为 +4，因此二氧化硫既有氧化性，也有还原性。与强还原剂（如硫化氢）作用，二氧化硫显示出氧化性。硫元素氧化数降低，由 +4 变为 0。

$$SO_2 + 2H_2S = 3S + 2H_2O$$

在更多情况下，二氧化硫是还原剂，能与 MnO_4^-、IO_3^-、I_2、Cl_2 等氧化剂反应。硫元素的氧化数升高，由 +4 变为 +6。例如：

$$SO_2 + Cl_2 + 2H_2O = H_2SO_4 + 2HCl$$
$$3SO_2 + IO_3^- + 3H_2O = I^- + 3H_2SO_4$$

有催化剂存在时，二氧化硫能与氧气反应，生成三氧化硫：

$$2SO_2 + O_2 \xrightarrow[723\ K]{V_2O_5} 2SO_3$$

工业上用此反应制取 SO_3。

二氧化硫能与某些有机色素结合生成无色化合物，因而可用于漂白纸张、草制品，还可用作食品工业的防腐剂。

（2）亚硫酸及其盐：二氧化硫溶于水形成的溶液称为亚硫酸（H_2SO_3），为二元弱酸。解离平衡为

$$SO_2 + H_2O \rightleftharpoons H_2SO_3 \rightleftharpoons H^+ + HSO_3^- \qquad K_1 = 1.4 \times 10^{-2}$$
$$HSO_3^- \rightleftharpoons H^+ + SO_3^{2-} \qquad K_2 = 6.3 \times 10^{-8}$$

亚硫酸盐遇热易发生歧化反应，生成硫化物和硫酸盐。例如：

$$4Na_2SO_3 \xrightarrow{\triangle} 3Na_2SO_4 + Na_2S$$

长时间加热亚硫酸氢钠浓溶液，可脱水生成焦亚硫酸钠（$Na_2S_2O_5$）：

$$2NaHSO_3 = Na_2S_2O_5 + H_2O$$

亚硫酸及其盐中 S 的氧化数为 +4，处于中间价态。因此，既有氧化性，又有还原性。作为还原剂，能与许多氧化剂作用，本身被氧化成为 SO_4^{2-}。例如，亚硫酸钠能被空气中的 O_2 缓慢地氧化：

$$2Na_2SO_3 + O_2 = 2Na_2SO_4$$

因此，Na_2SO_3 溶液应随用随配，亚硫酸盐固体应密闭储存。

亚硫酸及其盐与强还原剂作用时，也能显示出氧化性。例如：

$$SO_3^{2-} + 2H_2S + 2H^+ = 3S \downarrow + 3H_2O$$

亚硫酸钠、亚硫酸氢钠和焦亚硫酸钠是药物制剂过程中常用的抗氧剂，因为它们的氧化产物对人体无害，所以可直接加到制剂中，以保护易氧化变质的药物。亚硫酸氢钠在农业上还可作为植物光呼吸的抑制剂，以降低农作物对养料的消耗，提高产量。

2. 三氧化硫、硫酸及其盐

（1）三氧化硫：三氧化硫是无色易挥发固体，熔点为 16.2 ℃，沸点为 44 ℃。三氧化硫极易吸收水分，溶于水生成硫酸并放出大量热。

三氧化硫是强氧化剂,加热时能氧化磷、硫、铁、锌等物质。例如:

$$5SO_3 + 2P \xrightarrow{\triangle} 5SO_2 + P_2O_5$$

(2) 硫酸及其盐:纯硫酸是无色油状液体。市售浓硫酸密度为 $1.84\ kg/L$,H_2SO_4 质量分数为 98%,约 $18\ mol/L$。硫酸是最常用的三大无机强酸之一。

浓硫酸具有强烈的吸水性,吸水时形成一系列 SO_3 的水合物($SO_3 \cdot xH_2O$),溶液被稀释,因此,储存浓硫酸的容器必须密闭。实验室里常用浓硫酸作干燥剂,干燥氧气、氢气、二氧化碳等气体。

浓硫酸能与水以任何比例混合,混合时水合作用极其强烈,并放出大量的热。因此,在稀释浓硫酸时,应在不断搅拌下将浓硫酸缓缓加入水中,而不能将水倒入浓硫酸中,否则浓硫酸会因剧烈的水合作用而暴沸,发生伤害事故。

浓硫酸具有强烈的脱水性。浓硫酸不仅能吸收游离的水分,还能从某些有机物中夺取与水分子组成比例相同的氢和氧,使其脱水炭化。例如,蔗糖遇浓硫酸脱水炭化:

$$C_{12}H_{22}O_{11}(蔗糖) \xrightarrow{浓硫酸} 12C + 11H_2O$$

因此,浓硫酸能严重烧伤皮肤,损坏衣物、纸张等,使用浓硫酸时必须注意安全。

浓硫酸具有强酸性和强氧化性。H_2SO_4 是二元强酸,一级解离完全,二级解离常数 $K_2 = 1.2 \times 10^{-2}$。硫酸是重要的基本化学化工原料,主要用于冶金、炼油、化肥、制药、染料等工业。硫酸也是实验室的常用试剂,用于制备挥发性酸或置换弱酸等,稀硫酸还常用作化学反应的酸性介质。

浓硫酸具有强氧化性,它可以氧化许多金属和非金属元素。例如:

$$2H_2SO_4(浓) + Cu \xrightarrow{\triangle} CuSO_4 + SO_2 \uparrow + 2H_2O$$

$$2H_2SO_4(浓) + C \xrightarrow{\triangle} CO_2 \uparrow + 2SO_2 \uparrow + 2H_2O$$

加热时浓硫酸的氧化性更加显著,只有金和铂加热时不跟浓硫酸作用。铁和铝能跟冷的浓硫酸作用,生成一层致密的氧化膜,使内部的金属不再跟浓硫酸反应,这一现象称为金属的"钝化"。所以常用铁罐运输、存放冷的浓硫酸。

稀硫酸具有一般无机强酸的通性,可以与金属活动顺序位于氢以前的金属发生置换反应,放出 H_2 和生成相应的盐。硫酸盐基本上都是离子化合物,除碱金属和碱土金属能形成酸式盐外,其他金属的硫酸盐均为正盐。酸式盐均易溶于水。正盐大部分易溶于水,仅 Ag_2SO_4、Hg_2SO_4、$CaSO_4$ 微溶,$BaSO_4$、$PbSO_4$、$SrSO_4$ 难溶于水。

3. 硫代硫酸钠

硫代硫酸钠($Na_2S_2O_3 \cdot 5H_2O$)又名海波(hypo)或大苏打,为无色透明的柱状晶体,易溶于水,溶液因 $S_2O_3^{2-}$ 水解而呈弱碱性:

$$S_2O_3^{2-} + H_2O \Longrightarrow HS_2O_3^- + OH^-$$

$S_2O_3^{2-}$ 的结构可认为是 SO_4^{2-} 中的一个非羟基氧原子被硫原子取代所形成的。$S_2O_3^{2-}$ 中硫原子的平均氧化数为 $+2$。

$Na_2S_2O_3$ 遇强酸迅速分解,析出单质 S,并放出 SO_2 气体:

$$S_2O_3^{2-} + 2H^+ \Longrightarrow S \downarrow + SO_2 \uparrow + H_2O$$

$Na_2S_2O_3$ 是中等强度的还原剂,可与 I_2 定量反应,生成连四硫酸钠($Na_2S_4O_6$)。这一反应是分析化学中碘量法的基本反应：

$$2Na_2S_2O_3 + I_2 \rightleftharpoons Na_2S_4O_6 + 2NaI$$

$Na_2S_2O_3$ 与强氧化剂作用时，也可被氧化成为 SO_4^{2-}。例如：

$$Na_2S_2O_3 + 4Cl_2 + 5H_2O \rightleftharpoons 2H_2SO_4 + 6HCl + 2NaCl$$

$Na_2S_2O_3$ 可作为卤素和氰化物中毒时的解毒剂、药物制剂中的抗氧剂。$Na_2S_2O_3$ 与氰化物的反应式为

$$Na_2S_2O_3 + NaCN \rightleftharpoons Na_2SO_3 + NaSCN$$

$S_2O_3^{2-}$ 有很强的配位作用，能与许多金属形成稳定的配合物。例如：

$$2S_2O_3^{2-} + AgBr \rightleftharpoons [Ag(S_2O_3)_2]^{3-} + Br^-$$

因此，$Na_2S_2O_3$ 在医药上可作为重金属中毒时的解毒剂。

第四节 氮族元素

氮族元素位于周期表的ⅤA族，包括氮、磷、砷、锑、铋五种元素。

一、氮族元素

氮族元素的基本性质见表10-3。

表 10-3 氮族元素的基本性质

性质	氮	磷	砷	锑	铋
元素符号	N	P	As	Sb	Bi
原子序数	7	15	33	51	83
相对原子质量	14.01	30.97	74.92	121.8	209.0
价层电子构型	$2s^2 2p^3$	$3s^2 3p^3$	$4s^2 4p^3$	$5s^2 5p^3$	$6s^2 6p^3$
主要氧化数	$-3、-2、-1、$ $+1、+2、+3、$ $+4、+5$	$-3、+1、$ $+3、+5$	$-3、+3、$ $+5$	$+3、+5$	$+3、+5$
第一电离能/(kJ/mol)	1402.3	1011.8	944	831.6	703.3
第二电离能/(kJ/mol)	2856.1	1903.2	1797.8	1595	1610
第三电离能/(kJ/mol)	4578.1	2912	2735.5	2440	2466
电负性	3.0	2.1	2.0	1.9	1.9

氮族元素原子的价层电子构型为 $ns^2 np^3$，与ⅦA族、ⅥA族元素比较，其非金属性较弱。仅电负性较大的氮和磷能与电负性较小的活泼金属（如锂、钙、镁等）生成氧化数为 -3 的离子化合物，但遇水即强烈地水解。其他元素与电负性较小的元素化合时，可以形成氧化数为 -3 的共价化合物，最常见的是氢化物。本族元素与电负性较大的元素化合时主要形成氧化数为 $+3、+5$ 的共价化合物，如 NF_3、PBr_5、AsF_5 和 $SbCl_5$ 等。

本族元素的基本性质变化十分有规律。随着元素原子序数的增大，元素的非金属性递

减,金属性递增。氮、磷是典型的非金属,砷是准金属,而锑、铋则是金属。

二、氮的氢化物和含氧化合物

1. 氨

(1) 物理性质:常温下氨是具有刺激性气味的无色气体。因氨分子间存在氢键,所以氨的熔点和沸点均高于同一主族磷的氢化物。氨易液化,常压下液化温度为 $-33.4\ ℃$。液氨汽化时需要吸收大量热,会使周围温度急剧下降,所以常用作制冷剂。氨极易溶于水,20 ℃时,1 体积水能溶解约 700 体积氨,其水溶液称为氨水。

(2) 化学性质:

① 弱碱性:NH_3 分子具有结合质子的能力,因此是一种碱。即

$$NH_3 + H^+ \Longrightarrow NH_4^+$$

氨溶于水时形成水合物 $NH_3 \cdot H_2O$,其中少数 $NH_3 \cdot H_2O$ 发生解离,使氨溶液显碱性:

$$NH_3 \cdot H_2O \Longrightarrow NH_4^+ + OH^- \qquad K_b = 1.77 \times 10^{-5}$$

② 配位性:NH_3 是中强配体,配位原子 N 上的一对孤对电子能与许多金属离子以配位键结合,形成稳定的配合物,如 $[Ag(NH_3)_2]^+$、$[Cu(NH_3)_4]^{2+}$ 等配离子,因此,许多金属的难溶盐和难溶性氢氧化物都能溶解在氨水中。

③ 还原性:氨能跟金属氧化物发生氧化还原反应。例如:

$$2NH_3 + 3CuO \xrightarrow{\triangle} 3Cu + N_2 \uparrow + 3H_2O$$

氨在纯氧中燃烧,被氧化为氮气:

$$4NH_3 + 3O_2 \xrightarrow{\text{燃烧}} 2N_2 \uparrow + 6H_2O$$

在铂的催化作用下,氨能被氧化为一氧化氮:

$$4NH_3 + 5O_2 \xrightarrow[\triangle]{\text{催化剂}} 4NO \uparrow + 6H_2O$$

2. 氮的氧化物

常见的氮氧化物有一氧化二氮(N_2O)、一氧化氮(NO)、三氧化二氮(N_2O_3)、二氧化氮(NO_2)、五氧化二氮(N_2O_5)等,其中较为重要的是 NO 和 NO_2。

氮气与氧气在电弧高温下,可直接化合成一氧化氮。雷雨天气,大气中常有 NO 生成。NO 是无色气体,常温下,易与 O_2 化合成为 NO_2:

$$2NO + O_2 = 2NO_2$$

NO 在生物体内可以作为传递生命信息的第二信使和神经递质,有扩张血管、调整血压、参与调节心脏及神经系统的功能。

NO_2 是红棕色气体,有特殊臭味,冷却时可聚合成无色双聚体 N_2O_4 气体:

$$2NO_2 = N_2O_4$$

N_2O_4 是混合酸酐,它与水反应生成硝酸和亚硝酸:

$$N_2O_4 + H_2O = HNO_3 + HNO_2$$

3. 亚硝酸及其盐

亚硝酸(HNO_2)是一元弱酸,很不稳定,仅能存在于冷的稀溶液中,受热即分解:

$$2HNO_2 \Longrightarrow NO \uparrow + NO_2 \uparrow + H_2O$$

HNO_2 分子中氮原子的氧化数为 +3,处于氮的中间氧化态。因此,它既有氧化性,又有还原性。在酸性介质中,HNO_2 及其盐主要显氧化性,能与许多还原剂作用,本身可被还原成为 NO、N_2O、N_2 或 NH_4^+ 等,最常见的还原产物是 NO。例如:

$$2HNO_2 + 2HI \Longrightarrow 2NO \uparrow + I_2 + 2H_2O$$

此反应能定量地进行,可用于测定亚硝酸及其盐的含量。

当亚硝酸及其盐与强氧化剂作用时,能显示出还原性,本身被氧化成为 NO_3^-。例如:

$$5NO_2^- + 2MnO_4^- + 6H^+ \Longrightarrow 5NO_3^- + 2Mn^{2+} + 3H_2O$$

在碱性介质中,NO_2^- 的还原性更为显著,空气中的 O_2 就能氧化 NO_2^- 为 NO_3^-。

除一些重金属的亚硝酸盐(如 $AgNO_2$)微溶于水、受热易分解外,其余金属的亚硝酸盐易溶于水,受热时也不分解。

NO_2^- 是强配体,能与许多中心原子形成配合物。

亚硝酸盐有毒,误食后会使正常的二价铁被氧化成三价铁,形成高铁血红蛋白,高铁血红蛋白能抑制正常的血红蛋白携带氧和释放氧的功能,致使机体缺氧窒息,特别是中枢神经系统缺氧更为敏感。此外,大量或长期摄入亚硝酸盐会致癌。

4. 硝酸及其盐

(1) 硝酸:硝酸是重要的无机酸,纯硝酸是无色、易挥发、有刺激性气味的液体,能以任意比例与水混溶。硝酸是一种强酸,除具有酸的一般通性外,还有较强的氧化性。

① 不稳定性:硝酸不稳定,易挥发,易分解,光照或受热时分解加快。

$$4HNO_3 \Longrightarrow 4NO_2 \uparrow + O_2 \uparrow + 2H_2O$$

因二氧化氮为红棕色,溶在硝酸内使硝酸显黄色。因此,硝酸应盛放在棕色试剂瓶内避光、低温下保存。HNO_3 质量分数为 98% 以上的浓硝酸在空气中会"发烟",称为发烟硝酸。溶有过量 NO_2 的红棕色发烟硝酸比纯硝酸的氧化性更强。

② 氧化性:硝酸中氮元素的最高氧化数为 +5,具有强氧化性,而且硝酸不稳定,易分解放出氧气和二氧化氮,使硝酸的氧化性更强。

硝酸能跟大多数非金属发生反应。例如,碳、硫、磷、碘都能被氧化,生成相应的氧化物或含氧酸:

$$C + 4HNO_3(浓) \Longrightarrow CO_2 \uparrow + 4NO_2 \uparrow + 2H_2O$$

$$S + 6HNO_3(浓) \Longrightarrow H_2SO_4 + 6NO_2 \uparrow + 2H_2O$$

$$P + 5HNO_3(浓) \Longrightarrow H_3PO_4 + 5NO_2 \uparrow + H_2O$$

$$3I_2 + 10HNO_3(稀) \Longrightarrow 6HIO_3 + 10NO \uparrow + 2H_2O$$

除金、铂等少数金属外,硝酸几乎能氧化所有的金属,其还原产物各不相同,这主要取决于硝酸的浓度、金属的活泼性和反应的温度。跟不活泼金属反应时,浓硝酸多被还原为 NO_2,而稀硝酸主要被还原为 NO。活泼金属跟稀硝酸反应,则生成 N_2O 或铵盐。例如:

$$Cu + 4HNO_3(浓) \Longrightarrow Cu(NO_3)_2 + 2NO_2 \uparrow + 2H_2O$$

$$3Cu + 8HNO_3(稀) \Longrightarrow 3Cu(NO_3)_2 + 2NO \uparrow + 4H_2O$$

$$4Zn + 10HNO_3(稀) \Longrightarrow 4Zn(NO_3)_2 + NH_4NO_3 + 3H_2O$$

铝、铁、铬等金属能溶于稀硝酸,但不溶于冷的浓硝酸,因为这些金属表面被浓硝酸氧化,产生"钝化"现象。

浓硝酸与浓盐酸按体积比为 1：3 混合后为王水。不溶于硝酸的金、铂等贵金属能溶于王水。例如：

$$Au + HNO_3 + 4HCl = H[AuCl_4] + NO\uparrow + 2H_2O$$

硝酸用途很多,可以制取含氮染料、塑料、药物、炸药(如硝酸甘油、TNT、苦味酸)等。在医药方面,硝酸甘油也可用作心绞痛的缓解药物。

(2) 硝酸盐:硝酸盐通常易溶于水,它的水溶液没有氧化性。硝酸盐在常温下是较稳定的,但在高温条件下硝酸盐固体会分解放出氧气,而显氧化性。不同硝酸盐热分解的产物不同。碱金属和碱土金属的硝酸盐热分解,放出 O_2 并生成相应的亚硝酸盐;金属活泼性顺序在 Mg 与 Cu 之间的硝酸盐热分解,放出 O_2 并生成相应的氧化物;金属活泼性在 Cu 之后的金属硝酸盐则分解为金属单质。例如：

$$2NaNO_3 \xrightarrow{\triangle} 2NaNO_2 + O_2\uparrow$$

$$2Pb(NO_3)_2 \xrightarrow{\triangle} 2PbO + 4NO_2\uparrow + O_2\uparrow$$

$$2AgNO_3 \xrightarrow{\triangle} 2Ag + 2NO_2\uparrow + O_2\uparrow$$

三、磷的化合物

1. 磷的卤化物

磷能与卤素直接化合生成卤化物,其中较为重要的是三氯化磷和五氯化磷。

三氯化磷是无色液体,沸点为 349 K。其分子结构呈三角锥形(与 NH_3 相似)。三氯化磷可以和氧气、氯气发生反应,生成三氯氧磷(也称氯酰磷)和五氯化磷。

$$2PCl_3 + O_2 = 2POCl_3$$

$$PCl_3 + Cl_2 = PCl_5$$

磷的卤化物都易水解,最终生成亚磷酸和磷酸：

$$PCl_3 + 3H_2O = H_3PO_3 + 3HCl$$

$$PCl_5 + H_2O = POCl_3 + 2HCl$$

$$POCl_3 + 3H_2O = H_3PO_4 + 3HCl$$

在有机化学中,磷的卤化物常用作反应的卤化剂。

2. 磷的氧化物

磷的氧化物有三氧化二磷(P_4O_6)和五氧化二磷(P_4O_{10})等。P_4O_6 是一种强毒性的具有滑腻感的白色、吸潮性、蜡状固体,溶于冷水中缓慢生成亚磷酸,与热水作用发生歧化反应,生成磷酸和极毒的磷化氢气体：

$$P_4O_6 + 6H_2O(冷) = 4H_3PO_3$$

$$P_4O_6 + 6H_2O(热) = PH_3\uparrow + 3H_3PO_4$$

P_4O_{10} 是白色、粉末状固体,具有很强的吸水性,是最强的干燥剂之一。它甚至可以从许多化合物中夺取化合态的水：

$$P_4O_{10} + 6H_2SO_4 = 6SO_3 + 4H_3PO_4$$

P_4O_{10} 与水反应生成 P(Ⅴ)的几种含氧酸,并放出大量的热：

$$P_4O_{10} \xrightarrow{2H_2O} 4HPO_3 \xrightarrow{2H_2O} 2H_4P_2O_7 \xrightarrow{2H_2O} 4H_3PO_4$$

3. 磷的含氧酸及其盐

纯净的磷酸是无色晶体,熔点为 42 ℃,加热时逐渐脱水生成焦磷酸、偏磷酸等含氧酸。磷酸与水能以任意比例混溶。

磷酸是中等强度的三元酸,具有酸的通性。磷酸没有氧化性,也没有挥发性,性质稳定,不易分解。

工业上以质量分数为 76% 的硫酸跟磷酸钙反应,制取磷酸。

$$Ca_3(PO_4)_2 + 3H_2SO_4 = 2H_3PO_4 + 3CaSO_4$$

纯的磷酸可用磷燃烧生成 P_4O_{10},再用水吸收而制得。

磷酸是三元酸,可形成正盐和两种酸式盐。正盐和磷酸氢盐中,只有钾盐、钠盐和铵盐溶于水,而磷酸二氢盐几乎全部溶于水。Na_2HPO_4 和 NaH_2PO_4 用于配制缓冲溶液。

磷酸的铵盐和钙盐是重要的化肥,如磷酸二氢钙和硫酸钙的混合物称为过磷酸钙,可直接用作肥料,易被植物吸收。

第五节 碳族元素

元素周期表中 IVA 族包括碳、硅、锗、锡、铅五种元素。本族元素的价层电子构型为 ns^2np^2,常见氧化态为 +4 和 +2,以共价键结合为特征。碳、硅是非金属,锗、锡是两性金属,铅以金属性为主。

一、碳的氧化物、碳酸及其盐

1. 碳的氧化物

(1)一氧化碳:碳在氧气不足条件下燃烧,生成无色、无味、有毒气体 CO。CO 具有还原性,能与 Pd(II)盐溶液反应生成黑色金属钯,该反应可用来检验 CO:

$$CO + PdCl_2 + H_2O = Pd\downarrow + CO_2\uparrow + 2HCl$$

CO 与血红蛋白结合,血红蛋白就失去输送 O_2 的能力,致使人缺氧而死亡。当空气中的 CO 体积分数达 0.1% 时,就会引起中毒。亚甲基蓝($C_{16}H_{18}N_3ClS$)可从血红蛋白-CO 配合物中夺取 CO,因此可用于煤气中毒病人的解毒。

(2)二氧化碳:碳在氧气充足条件下燃烧生成 CO_2。CO_2 在大气中约占 0.03%(体积分数),为温室效应气体。自然界通过植物的光合作用和海洋中浮游生物可将 CO_2 转变为 O_2,维持大气中 O_2 和 CO_2 的平衡。CO_2 的过度排放和乱砍滥伐森林等已经打破了这一平衡,这被认为是全球平均气温上升的重要原因。CO_2 用于制冷剂、灭火剂,近年来作为超临界流体的常用介质在中草药分离上得到了应用。

2. 碳酸及碳酸盐

CO_2 溶于水只有一小部分转化成 H_2CO_3,大部分是以水合分子形式存在。碳酸是二元弱酸,它的盐有正盐和酸式盐两种,性质如下:

(1)溶解性:除 NH_4^+、碱金属(除 Li^+)的碳酸盐易溶于水,其余均难溶;酸式碳酸盐的溶解度一般大于正盐。

(2)酸碱性:$NaHCO_3$ 俗称小苏打,其水溶液显弱碱性。Na_2CO_3 俗称纯碱,在水溶液中

因 CO_3^{2-} 水解而显较强碱性。

二、二氧化硅、硅酸及其盐

1. 二氧化硅

硅在地壳中含量仅次于氧，主要以 SiO_2 和硅酸盐的形式存在。SiO_2 在自然界中有晶体和无定形两种形态。石英是最常见的二氧化硅晶体。紫水晶、玛瑙和碧玉都是含有杂质的有色石英晶体。

二氧化硅的化学性质非常不活泼，氢氟酸是唯一可以将其溶解的酸：

$$SiO_2 + 4HF == SiF_4 \uparrow + 2H_2O$$

SiO_2 显酸性，可溶于 NaOH 溶液，得到硅酸盐：

$$SiO_2 + 2NaOH == Na_2SiO_3 + H_2O$$

2. 硅酸

由于 SiO_2 不溶于水，一般用硅的非金属化合物通过水解的方法制备硅酸：

$$SiCl_4 + 4H_2O == H_4SiO_4 + 4HCl$$

单个硅酸可溶于水，但由于硅酸分子易聚合成相对分子质量很大的多硅酸而不溶于水，呈胶状，称硅酸凝胶。硅胶是一种白色透明物体，具有多孔性，比表面积较大，因此有很好的吸水性能，可作为吸附剂、干燥剂。

3. 硅酸盐

自然界中硅酸盐种类很多，分布很广，除钾、钠的硅酸盐易溶外，其余均难溶。可溶性硅酸钠（Na_2SiO_3）俗称水玻璃，工业上称泡花碱。水玻璃是很好的黏合剂，肥皂、洗涤剂的填充剂，木材和织物浸过水玻璃后，可以防腐、阻燃。硅酸盐广泛存在于地壳，主要是硅酸铝盐。利用天然硅酸盐为原料的工业称为硅酸盐工业，包括制砖、水泥、陶瓷、玻璃等工业。

三硅酸镁（$2MgO \cdot 3SiO_2 \cdot nH_2O$）是治疗胃溃疡的较好药物，它可以中和胃酸并生成胶状沉淀（硅酸），对胃溃疡面具有保护作用。

三、锡、铅的化合物

1. 锡的化合物

锡的氧化数有 +2 和 +4，其中 +4 的化合物更稳定。常见的氧化数为 +4 的锡化合物有锡酸钠（$Na_2SnO_3 \cdot 3H_2O$）、四氯化锡（$SnCl_4$），都是无色晶体。常见的氧化数为 +2 的锡化合物有二氯化锡或称氯化亚锡（$SnCl_2 \cdot 2H_2O$），是无色晶体，溶于水，但易水解生成白色沉淀。因此，配制二氯化锡溶液时需先将其溶于浓盐酸，然后加水稀释成所需浓度的溶液。

$$SnCl_2 + H_2O == Sn(OH)Cl \downarrow + HCl$$

二氯化锡有还原性，可将汞盐还原成单质汞，该反应很灵敏，可用于鉴定汞盐。

2. 铅的化合物

铅有氧化数为 +2 和 +4 的两类氧化物。常温下 PbO 呈黄色，加热到 488 ℃ 转变为红色，俗称"密陀僧"，是一种中药。PbO_2 呈棕色。Pb_3O_4（$2PbO \cdot PbO_2$）俗名红丹或铅丹，具有直接杀灭细菌、寄生虫和制止黏液分泌的作用，医药上用作外科药膏。

PbO 是碱性氧化物，PbO$_2$ 是酸性氧化物，这符合"高价酸性强、低价碱性强"的规律。
PbO$_2$ 与稀酸不反应，但能将浓盐酸氧化成 Cl$_2$。

$$PbO_2 + 4HCl = PbCl_2 + 2H_2O + Cl_2 \uparrow$$

绝大多数铅盐难溶于水。硝酸铅和醋酸铅（属共价化合物）易溶于水。四乙基铅常作为防爆剂添加到汽油中。另外，铅的化合物常用于制备颜料。

第六节 硼族元素

元素周期表中ⅢA 族元素称为硼族元素，包括硼、铝、镓、铟、铊五种元素。

本族元素的价层电子构型为 ns^2np^1，常见氧化数为 +3。硼的化合物都是共价型的，其他元素可形成 M^{3+} 型离子。本族元素原子只有 3 个价层电子，这种价层电子数少于价层轨道数目的原子，称为缺电子原子，所形成的化合物有时也是缺电子化合物。它们有极强的接受电子能力，易形成聚合型分子和配合物。

一、硼的化合物

1. 硼的氢化物

硼和氢不能直接化合，但可以通过间接的方式得到一系列共价型的硼氢化合物（硼烷，broane）。最简单的硼烷是乙硼烷（B$_2$H$_6$）。近年来，根据电子衍射实验结果对乙硼烷的结构提出如下模型：每个硼原子采取 sp^3 杂化，并分别与 2 个 H 结合，生成 4 个 B—H，6 个原子近似在同一个平面；2 个 B 原子间通过 2 个 H 原子形成 2 个 B—H—B 三中心两电子键，分别位于这个平面的上、下方，如图 10-1 所示。

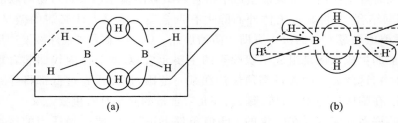

(a)　　　　　　　　　　(b)

图 10-1　乙硼烷的结构

2. 硼的含氧化合物

硼是亲氧元素，易形成含氧化合物，主要包括三氧化二硼（B$_2$O$_3$）、硼酸（H$_3$BO$_3$）和硼砂（Na$_2$B$_4$O$_7$·10H$_2$O）等。B—O 键的键能很大，其含氧化合物较稳定。地壳中存在硼酸矿石。

硼酸是一元弱酸，$K_a = 5.8 \times 10^{-10}$，其溶解度随温度升高而显著增大。硼酸的酸性是由于硼酸本身是缺电子化合物，溶于水后其空轨道接受了来自水分子解离出的 OH$^-$ 的孤对电子，使溶液显酸性：

$$HO-B-OH + H-OH \rightleftharpoons \left[\begin{array}{c} OH \\ \downarrow \\ HO-B-OH \\ | \\ OH \end{array}\right]^- + H^+$$

（分子式中第一个硼上方标注 OH）

硼酸的弱酸性有杀菌作用，且对人体皮肤的刺激性小，因此常用于配制硼酸软膏、痱子粉等。

硼砂是白色晶体，易溶。其分子式可以写成 $2HBO_2 \cdot 2NaBO_2 \cdot 9H_2O$，其水溶液具有缓冲作用，实验室常用来配制缓冲溶液，在 20 ℃时，硼砂溶液的 pH 值为 9.24，在定量分析中用作碱性基准物质。

二、铝及其化合物

铝是银白色金属，质轻，是光和热的良好反射体，在许多领域有广泛应用。单质铝在空气中可与氧气反应，在其表面形成致密的氧化铝膜，阻止内层铝的进一步氧化。氧化铝和氢氧化铝都不溶于水，且两者都具有两性，遇酸生成铝盐，遇碱生成铝酸盐。例如：

$$Al(OH)_3 + NaOH \longrightarrow Na[Al(OH)_4]$$

第七节　p区元素在医学检验及药学中的应用

p 区元素中有很多属于人体必需元素，其中 C、N、O、H 是组成糖、脂肪、蛋白质等营养物质的基本元素。生命体内，磷以核蛋白、磷蛋白、磷酸酯以及无机磷酸盐的形式存在，如骨骼中的磷酸钙、血液中的磷酸氢根离子等。硫是某些蛋白质的重要组成元素之一，大部分存在于毛发、软骨等组织内。金属硫蛋白中富含软碱基团巯基（—SH），易与软酸 Hg^{2+}、Cd^{2+}、Pb^{2+} 等牢固结合，并将其带出体外而除去有毒金属。硒是人体必需的微量元素，充足的硒及其他重要的微量元素的摄入有助于防治癌症。Cl^- 是维系细胞外液渗透压的主要离子，并参与胃酸的生成。碘是组成甲状腺素的主要元素，对调节体内代谢起着重要的作用。在正常人体内，这些元素的含量都须保持在某一范围，过高或者过低都将导致某些疾病的发生。因此，在临床检验中，对磷、硫、氯等元素含量的测定具有重要意义。

医学检验中，许多反应需要在一定的 pH 值条件下进行，需要选择适当的缓冲系。磷酸盐缓冲溶液和碳酸盐缓冲溶液是医学检验中经常用到的两种缓冲溶液。例如，血清转氨酶的测定用 pH 值为 7.40 的磷酸盐缓冲溶液，血清碱性磷酸酶的测定用 pH 值为 10.0 的碳酸盐缓冲溶液等。

许多 p 区元素还可以用作药物治疗疾病。例如，药用氢氧化铝常被制成凝胶或片剂，用于治疗胃酸过多、胃溃疡、十二指肠溃疡等症。硝酸甘油是心血管疾病的常用药物，含磷药物在临床上也有广泛应用，如磷柳酸可用于消炎，磷霉素、磷氨霉素常用于杀菌等。酒石酸锑钾曾用来治疗血吸虫病。铝酸铋在 pH 值小于 5 的条件下，能与机体溃疡部位的组织氨基酸螯合，生成黏合力很强的沉淀物，因此，常用来治疗胃溃疡和十二指肠溃疡。

■ 知识拓展 ■

砷的毒性和含砷药物

砷是人体必需的微量元素，在体内含量一般为 14～21 mg，但是砷的蓄积性很强，As(Ⅲ)可与机体内蛋白质的巯基结合导致酶失活，因此，当砷在体内蓄积至一定含量后引起中毒。As_2O_3（砒霜）的致死量约为 0.1 g。近代化学分析表明，拿破仑便是死于砷中毒。

但是，砷的很多化合物也可作为治疗疾病的药物。如无机砷雄黄（As_4S_4）等常被人们用来治疗牛皮癣、风湿病、白血病、梅毒、痔疮等。近代研究表明，As_2O_3 可诱导急性早幼粒细胞白血病（APL）细胞凋亡和部分分化，因此可用于治疗白血病。临床上有机砷常用来治疗锥虫病，As_2O_3 作为牙髓失活剂。砷的化合物可控制细菌和其他病毒感染，是临床上治疗癌症的一种重要手段。

能力检测

一、选择题

1. 不能用金属跟氯气直接反应制得的氯化物是（　　）。

A. 氯化钾　　　　B. 氯化亚铁　　　　C. 氯化锌　　　　D. 氯化铜

2. 盐酸的性质是（　　）。

A. 只有酸性　　　　　　　　B. 只有还原性

C. 有酸性、氧化性，无还原性　　D. 有酸性、氧化性和还原性

3. 浓硫酸可作为干燥剂，是利用它具有（　　）。

A. 吸水性　　　　B. 难挥发性　　　　C. 强酸性　　　　D. 脱水性

4. 将铜片放入浓硝酸中，会（　　）。

A. 生成硝酸铜和水　　　　　　B. 生成硝酸铜和氢气

C. 生成硝酸铜、二氧化氮和水　　D. 生成硝酸铜、一氧化氮和水

5. 下列关于氮族元素（用 R 代表）的叙述，正确的是（　　）。

A. 最高氧化数是＋5　　　　　　B. 氢化物的通式为 RH_5

C. 非金属性由上到下递增　　　　D. 其含氧酸均为一元强酸

二、填空题

1. 卤族元素包括＿＿＿＿、＿＿＿＿、＿＿＿＿、＿＿＿＿和砹五种元素。

2. 医用生理盐水是＿＿＿＿g/L 的＿＿＿＿溶液。

3. 氢硫酸在空气中易被＿＿＿＿而变混浊，析出沉淀物是＿＿＿＿，其化学反应方程式是＿＿＿＿＿＿＿＿＿＿。

4. 氧族元素包括＿＿＿＿、＿＿＿＿、硒、碲和钋五种元素，在元素周期表中处于＿＿＿＿族，其原子最外电子层上都有＿＿＿＿个电子。

（白　熙）

第十一章 d区和ds区元素

元素周期表中ⅢB～ⅦB族和Ⅷ族属于 d 区,ⅠB～ⅡB族为 ds 区。它们都是金属元素,在人类生活的各个方面均具有重要意义。

通常人们按不同周期将过渡元素分为下列三个过渡系:

第一过渡系——第 4 周期元素从钪(Sc)到锌(Zn);

第二过渡系——第 5 周期元素从钇(Y)到镉(Cd);

第三过渡系——第 6 周期元素从镥(Lu)到汞(Hg)。

d 区元素都是金属元素,具有许多共同性质,本章选述部分过渡元素。

第一节 d 区和 ds 区元素概述

一、原子的电子层结构和原子半径

d 区和 ds 区元素原子结构特点是它们的原子最外层大多有 2 个 s 电子(少数只有 1 个 s 电子,Pd 无 5s 电子),次外层分别有 1～10 个 d 电子,故 d 区和 ds 区元素的价层电子构型可概括为 $(n-1)d^{1\sim10}ns^{1\sim2}$(Pd 为 $5s^0$),它们的共同特点是随着核电荷的增加,电子依次填充在次外层的 d 轨道上,它对核的屏蔽效应比外层电子的大,致使有效核电荷增加不多。故同周期元素的原子半径从左到右只略有减小,不如电子填充在最外层的主族元素减小得那样明显,详见表 11-1。就同主族的过渡元素而言,其原子半径自上而下也增加不明显。

二、氧化数

d 区和 ds 区元素有多种氧化数,这是由于 d 区和 ds 区元素外层的 s 电子与次外层 d 电子的能级相近。因此,除 s 电子外,d 电子也能部分或全部作为价层电子参与成键,形成多种氧化数。从表 11-1 可以看出,多数 d 区和 ds 区元素的氧化数呈连续性变化,如 Mn 有 +2、+3、+4、+6、+7 等。而主族元素的氧化数通常呈跳跃式变化,如 Sn、Pb 为 +2、+4,Cl 为 +1、+3、+5、+7 等。大多数 d 区元素的最高氧化数等于它们所在族数,这一点和主族元素相似。

三、单质的物理性质

多数 d 区和 ds 区元素(ⅡB 族元素除外)的熔点、沸点高,硬度大。例如,单质中密度最大的是重铂组元素,锇、铱、铂的密度依次为 22.57 g/cm^3、22.42 g/cm^3、21.45 g/cm^3。熔点、沸点最高的是钨(熔点为 3410 ℃,沸点为 5660 ℃),硬度最大的是铬(仅次于金刚石)。这种现象与 d 区和 ds 区元素的原子半径较小,晶体中除 s 电子外还有 d 电子参与成键等因素有关。因此,d 区和 ds 区元素具有许多独特的物理性质。

第 4、5、6 周期的 d 区和 ds 区元素分别称为第一、二、三过渡系。第一过渡系元素的一般性质见表 11-1。

表 11-1 第一过渡系 d 区和 ds 区元素的一般性质

第一过渡系	价层电子构型	熔点/℃	沸点/℃	原子半径/pm	第一电离能/(kJ/mol)	常见氧化数
Sc	$3d^1 4s^2$	1541	2836	161	639.5	3
Ti	$3d^2 4s^2$	1668	3287	145	664.5	3、4
V	$3d^3 4s^2$	1917	3421	132	656.5	4、5
Cr	$3d^4 4s^2$	1907	2679	125	659.0	3、4、5、6
Mn	$3d^5 4s^2$	1244	2095	124	723.8	2、3、4、6、7
Fe	$3d^6 4s^2$	1535	2861	124	765.7	2、3、6
Co	$3d^7 4s^2$	1494	2927	125	764.9	2、3
Ni	$3d^8 4s^2$	1493	2884	125	742.5	2、3
Cu	$3d^{10} 4s^1$	1085	2562	128	751.7	1、2
Zn	$3d^{10} 4s^2$	420	907	133	912.6	2

四、单质的化学性质

d 区和 ds 区元素具有金属的一般化学性质,但彼此的活泼性差别较大,第一过渡系都是比较活泼的金属,它们的标准电极电势都是负值(Cu 除外),第二、三过渡系元素的活泼性较第一过渡系弱。现将它们的化学活性分为五类,列于表 11-2。

表 11-2 过渡元素单质的化学活性分类

化学活性分类	可以作用介质	第一过渡系	第二过渡系	第三过渡系
很活泼的金属	H_2O	Sc	Y	Lu
活泼的金属	非氧化性酸	V、Cu 除外	Cd	—
不活泼金属	HNO_3、浓硫酸	V、Cu	Mo、Tc、Pd、Ag	Re、Hg

续表

化学活性分类	可以作用介质	第一过渡系	第二过渡系	第三过渡系
极不活泼金属	王水	—	Zr	Hf、Pt、Au
惰性金属	HNO_3+HF	—	Nb	Ta、W
	$NaOH+$氧化剂	—	Ru、Rh	Os、Ir

五、水合离子的颜色

d 区和 ds 区元素的水合离子大多是有颜色的(见表 11-3),d 区和 ds 区元素与其他配体形成的配离子也常具有颜色,其原因比较复杂。据研究,这种现象与许多 d 区和 ds 区元素离子具有未成对的 d 电子有关。其中 Cu^+、Ag^+、Zn^{2+}、Cd^{2+}、Hg^{2+} 等离子没有未成对的 d 电子,所以都是无色的。

表 11-3 d 区和 ds 区元素水合离子的颜色

未成对的 d 电子数	水合离子的颜色
0	Ag^+、Zn^+、Cd^{2+}、Sc^{3+}、Ti^{4+} 等(无色)
1	Cu^{2+}(蓝)、Ti^{3+}(紫)
2	Ni^{2+}(绿)、V^{3+}(绿)
3	Cr^{3+}(蓝紫)、Co^{2+}(粉红)
4	Fe^{2+}(浅绿)
5	Mn^{2+}(浅粉)

六、配位性

d 区和 ds 区元素易形成配合物。由于 d 区和 ds 区元素原子或离子的价层电子轨道多(5 个 d 轨道、1 个 s 轨道、3 个 p 轨道),具有 $(n-1)d$、ns、np 或 ns、np、nd 构型,就它们的离子而言,其中的 ns、np、nd 轨道是空的,$(n-1)d$ 轨道也是部分空或全空的,这种构型具备了接受配体孤对电子并形成外轨或内轨型配合物的条件。另外,d 区和 ds 区元素的离子半径较小,并有较大的有效核电荷,故对配体有较强的吸引力。

第二节 铬、锰、铁和钴

一、铬及其化合物

1. 铬

铬是周期系ⅥB族第一种元素,主要矿物是铬铁矿($FeO·Cr_2O_3$)。金属铬具有灰白色金属光泽,是最硬的金属单质,主要用于电镀和冶炼合金钢。在汽车、自行车和精密仪器等器件表面镀铬,可使器件表面光亮、耐磨、耐腐蚀。把铬加入钢中,能增加耐磨性、耐热性和耐腐蚀性,还能增强钢的硬度和弹性,故铬可用于冶炼多种合金钢。含 Cr 在 12%以上的钢称为不锈钢,是广泛使用的金属材料。

铬是人体必需的微量元素,但铬(Ⅵ)化合物有毒。

一般条件下,铬在空气或水中都是相当稳定的,由于它的表面容易形成一层氧化膜,而降低了它的活泼性。在室温下,无保护膜的铬能溶于稀盐酸或硫酸溶液,而不溶于硝酸或磷酸;在高温下,铬能与活泼的非金属反应,与碳、氮、硼也能形成化合物。

铬原子的价层电子构型为 $3d^5 4s^1$。铬也能形成多种氧化数的化合物,其中以氧化数为 +6 和 +3 的两类化合物最为常见和重要。

2. 铬的氧化物和氢氧化物

铬的氧化物有 CrO、Cr_2O_3 和 CrO_3,对应的水合物为 $Cr(OH)_2$、$Cr(OH)_3$ 和含氧酸 H_2CrO_4、$H_2Cr_2O_7$ 等。它们的氧化态从低到高,其碱性依次减弱,酸性依次增强。

$$\xleftarrow{\qquad\qquad 碱性增强 \qquad\qquad}$$

CrO	Cr_2O_3	CrO_3
碱性	两性	酸性
$Cr(OH)_2$	$Cr(OH)_3$	H_2CrO_4、$H_2Cr_2O_7$
碱性	两性	酸性

$$\xrightarrow{\qquad\qquad 酸性增强 \qquad\qquad}$$

1) 三氧化二铬

三氧化二铬(Cr_2O_3)为绿色晶体,不溶于水,具有两性,溶于酸形成 $Cr(Ⅲ)$盐,溶于强碱形成亚铬酸盐(CrO_2^-):

$$Cr_2O_3 + 3H_2SO_4 \Longrightarrow Cr(SO_4)_3 + 3H_2O$$
$$Cr_2O_3 + 2NaOH \Longrightarrow 2NaCrO_2 + H_2O$$

Cr_2O_3 可由($NH_4)_2Cr_2O_7$加热分解制得:

$$(NH_4)_2Cr_2O_7 \Longrightarrow Cr_2O_3 + N_2\uparrow + 4H_2O$$

Cr_2O_3 常用作媒染剂、有机合成的催化剂以及油漆的颜料(铬绿),也是冶炼金属铬和制取铬盐的原料。

2) 氢氧化铬

在铬(Ⅲ)盐中加入氨水或 $NaOH$ 溶液,即有灰蓝色的氢氧化铬($Cr(OH)_3$)胶体沉淀析出:

$$Cr_2(SO_4)_3 + 6NaOH \Longrightarrow 2Cr(OH)_3\downarrow + 3Na_2SO_4$$

$Cr(OH)_3$ 具有明显的两性,在溶液中存在两种平衡:

$$Cr^{3+} + 3OH^- \Longrightarrow Cr(OH)_3 \Longrightarrow H^+ + Cr(OH)_4^- （或写成 CrO_2^-）$$
$$（紫色）\qquad\qquad （乌绿色）\qquad\qquad （绿色）$$

向 $Cr(OH)_3$ 沉淀中加酸或加碱,沉淀都会溶解:

$$Cr(OH)_3 + 3HCl \Longrightarrow CrCl_3 + 3H_2O$$
$$Cr(OH)_3 + NaOH \Longrightarrow NaCr(OH)_4 （或 NaCrO_2）$$

3) 三氧化铬

三氧化铬(CrO_3)为暗红色的针状晶体,易潮解,有毒,超过熔点(195 ℃)即分解释放出 O_2。CrO_3 为强氧化剂,遇有机物易引起燃烧或爆炸。

CrO_3 可由固体 $Na_2Cr_2O_7$ 和浓硫酸经复分解制得:

$$Na_2Cr_2O_7 + 2H_2SO_4(浓) =\!=\!= 2CrO_3 \downarrow + 2NaHSO_4 + H_2O$$

CrO_3 溶于碱溶液,生成铬酸盐:

$$CrO_3 + 2NaOH =\!=\!= Na_2CrO_4 + H_2O$$

因此,CrO_3 被称为铬(Ⅵ)酸的酐,简称铬酐。它遇水能形成铬(Ⅵ)的两种酸:H_2CrO_4 和其二聚体 $H_2Cr_2O_7$。上述两种酸形成的盐溶液分别是铬酸盐和重铬酸盐,向铬酸盐溶液中加入酸,溶液由黄色变为橙红色,而向重铬酸盐溶液中加入碱,溶液由橙红色变为黄色。这表明在铬酸盐或重铬酸盐溶液中存在如下平衡:

$$2CrO_4^{2-} + 2H^+ \underset{OH^-}{\overset{H^+}{\rightleftharpoons}} Cr_2O_7^{2-} + H_2O$$
$$(黄色) \qquad\qquad (橙红色)$$

3. 铬(Ⅲ)盐

常见的铬(Ⅲ)盐有三氯化铬($CrCl_3 \cdot 6H_2O$,绿色或紫色)、硫酸铬($Cr_2(SO_4)_3 \cdot 18H_2O$,紫色),以及铬钾矾（$KCr(SO_4)_2 \cdot 12H_2O$,蓝紫色）。它们都易溶于水,水合离子 $[Cr(H_2O)_6]^{3+}$ 不仅存在于溶液中,也存在于上述化合物的晶体中。

在铬的配合物中,以 Cr^{3+} 的配合物为最多,Cr^{3+} 除了与 H_2O 形成配合物外,与 Cl^-、NH_3、CN^-、SCN^-、$C_2O_4^{2-}$ 等都能形成配合物,如 $[CrCl_6]^{3-}$、$[Cr(NH_3)_6]^{3+}$、$[Cr(CN)_6]^{3-}$ 等,配位数一般为 6。下面简单介绍三氯化铬。

三氯化铬($CrCl_3 \cdot 6H_2O$)是常见的 $Cr(Ⅲ)$ 盐,为暗绿色晶体,易潮解,在工业上用作催化剂、媒染剂和防腐剂等。

需指出,Cl^- 和 H_2O 都是 Cr^{3+} 的配体,根据结晶的条件（溶剂和结晶温度等）不同,Cl^- 和 H_2O 两种配体分布在配离子内界和外界的数目也不同,从而得到颜色各异的不同配合物:$[Cr(H_2O)_4Cl_2]Cl$(暗绿色)、$[Cr(H_2O)_5Cl]Cl_2 \cdot H_2O$(淡绿色)和 $[Cr(H_2O)_6]Cl_3$(紫色)。

4. 铬酸盐和重铬酸盐

铬酸和重铬酸的钠、钾、铵盐都是可溶的,其颜色与其酸根一致。$Cr(Ⅵ)$ 盐在酸性溶液中以 $Cr_2O_7^{2-}$ 存在时显现出强氧化性,在碱性条件下 $Cr(Ⅵ)$ 的氧化性极弱,相反 $Cr(Ⅲ)$ 的还原性相当强。此外,重铬酸盐大多易溶于水,而铬酸盐中除钾、钠、铵盐外,一般难溶于水。

铬酸钠(Na_2CrO_4)和铬酸钾(K_2CrO_4)都是黄色结晶,前者和许多钠盐相似,容易潮解,这两种铬酸盐的水溶液都显碱性。

重铬酸钠($Na_2Cr_2O_7$)和重铬酸钾($K_2Cr_2O_7$)都是橙红色晶体,前者易潮解,它们的水溶液都显酸性。$Na_2Cr_2O_7$ 和 $K_2Cr_2O_7$ 的商品名分别称红矾钠和红矾钾,都是强氧化剂,在鞣革、电镀等工业中广泛应用。由于 $K_2Cr_2O_7$ 无吸潮性,又易用重结晶法提纯,故用它作分析化学中的基准试剂（标定其他试剂的含量）。

$Cr_2O_7^{2-}$ 与 H_2O_2 的特征反应可用于 $Cr(Ⅵ)$ 或 H_2O_2 的鉴别:

$$Cr_2O_7^{2-} + 4H_2O_2 + 2H^+ \overset{乙醚}{=\!=\!=} 2CrO_5 + 5H_2O$$

CrO_5 被称为过氧化铬,在室温下不稳定,需加入乙醚使之稳定,它在乙醚中呈蓝色,该蓝色化合物的化学式实际为 $CrO(O_2)_2 \cdot (C_2O_5)_2O$,微热或放置一段时间即分解为 Cr^{3+} 和 O_2。

二、锰及其化合物

1. 锰

锰是元素周期表ⅦB族第一种元素,在地壳中的含量在过渡元素中占第三位,仅次于铁和钛,它主要以氧化物形式存在,如软锰矿($MnO_2 \cdot xH_2O$)。

金属锰的外形与铁相似,表面容易生锈变暗黑,质硬而脆。纯锰用途不大,常用来以锰铁的形式制造各种合金钢。锰钢既坚硬,又强韧,是轧制铁轨和架设桥梁的优良材料。锰钢制造的自行车质量轻、强度大,深受欢迎。Mn 与 Al、Fe 制成的合金钢是一种很有前途的超低温合金钢,其强度、韧性都十分优异,可用于沸点分别为 $-163\ ℃$ 和 $-195\ ℃$ 的液化天然气、液氮的储存和运送。

锰也是人体必需的微量元素,在心脏及神经系统中,起着举足轻重的作用。

锰属于活泼金属,在空气中锰表面生成的氧化物膜,可以保护金属内部不受侵蚀。粉末状的锰能彻底被氧化,有时甚至能起火,并生成 Mn_3O_4(MnO 与 Mn_2O_3 的混合物,类似于 Fe_3O_4)。锰能分解冷水:

$$Mn+2H_2O =\!=\!= Mn(OH)_2 \downarrow + H_2 \uparrow$$

锰和卤素、S、N 等非金属能直接化合,生成 MnX_2、MnS、Mn_3N_2 等。

锰溶于一般的无机酸,生成 Mn(Ⅱ)盐,与冷的浓硫酸作用缓慢。在有氧化剂存在下,金属锰可以与熔融碱作用,生成 K_2MnO_4:

$$2Mn+4KOH+3O_2 =\!=\!= 2K_2MnO_4 + 2H_2O$$

锰原子的价层电子构型是 $3d^5 4s^2$,最高氧化数为 $+7$,还有 $+6$、$+4$、$+3$、$+2$ 等,其中以 $+2$、$+4$、$+7$ 三种氧化数的化合物最为重要。

2. 锰的化合物

具有多种氧化态的锰,在一定的条件下可以相互转变。因此,氧化还原性也是锰化合物的特征性质,图 11-1 是锰的元素电极电势图。

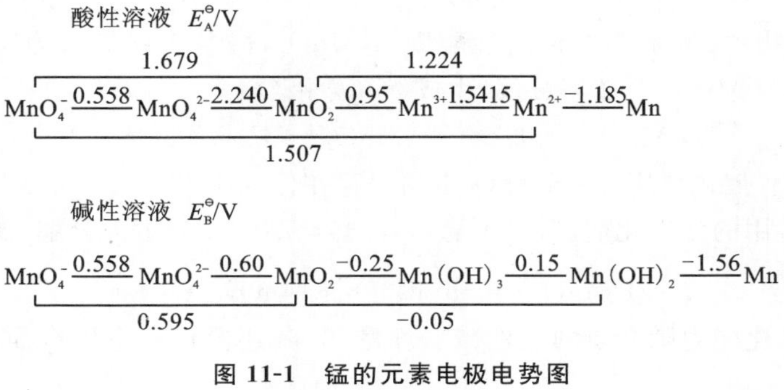

酸性溶液 $E_A^{\ominus}/V$

$$MnO_4^- \xrightarrow{0.558} MnO_4^{2-} \xrightarrow{2.240} MnO_2 \xrightarrow{0.95} Mn^{3+} \xrightarrow{1.5415} Mn^{2+} \xrightarrow{-1.185} Mn$$

上方:$\overbrace{\qquad}^{1.679}$ $\overbrace{\qquad}^{1.224}$
下方:$\underbrace{\qquad}_{1.507}$

碱性溶液 $E_B^{\ominus}/V$

$$MnO_4^- \xrightarrow{0.558} MnO_4^{2-} \xrightarrow{0.60} MnO_2 \xrightarrow{-0.25} Mn(OH)_3 \xrightarrow{0.15} Mn(OH)_2 \xrightarrow{-1.56} Mn$$

下方:$\underbrace{\qquad}_{0.595}$ $\underbrace{\qquad}_{-0.05}$

图 11-1 锰的元素电极电势图

1) 锰(Ⅱ)

锰(Ⅱ)化合物有氧化锰(MnO,或称氧化亚锰)、氢氧化锰及 Mn(Ⅱ)盐,其中以 Mn(Ⅱ)盐最为常见,如 $MnCl_2$、$MnSO_4$、$Mn(NO_3)_2$、$MnCO_3$、MnS 等。Mn^{2+} 的价层电子构型为 $3d^5$,属于 d 能级半充满的稳定状态,故这类化合物相对稳定。此外,Mn(Ⅱ)的稳定性与介质的酸碱性有关。与锰的其他氧化态相比,Mn^{2+} 在酸性溶液中最稳定,它既不易被氧化,也不易被还原。欲使 Mn^{2+} 氧化,必须选用强氧化剂,如 $NaBiO_3$、PbO_2、$(NH_4)_2S_2O_8$

等。例如：

$$2Mn^{2+} + 5NaBiO_3 + 14H^+ \Longrightarrow 2MnO_4^- + 5Bi^{2+} + 5Na^+ + 7H_2O$$

反应产物 MnO_4^- 即使在很稀的溶液中，也能显出它具有特征性的红色。因此，上述反应可用来鉴定溶液中 Mn^{2+} 的存在。

在 Mn(Ⅱ)盐溶液中加入 NaOH 或氨水，都能生成 $Mn(OH)_2$ 白色沉淀：

$$Mn^{2+} + 2OH^- \Longrightarrow Mn(OH)_2 \downarrow$$

$$Mn^{2+} + 2NH_3 \cdot H_2O \Longrightarrow Mn(OH)_2 \downarrow + 2NH_4^+$$

从锰元素的电极电势图可知：在碱性介质中，Mn(Ⅱ)极易被氧化，故 $Mn(OH)_2$ 不能稳定存在，甚至溶解在水中的少量氧也能将它氧化，沉淀很快由白色变成褐色的水合二氧化锰：

$$2Mn(OH)_2 + O_2 \Longrightarrow 2MnO(OH)_2$$

这个反应在水质分析中用于测定水中的溶解氧。反应原理是在吸氧后的 $MnO(OH)_2$ 中加入适量 H_2SO_4 使其酸化，然后和过量的 KI 溶液作用，I^- 被氧化而析出 I_2，再用 NaS_2O_3 标准溶液滴定 I_2，经换算就可得知水中的溶解氧。

2）锰(Ⅳ)

锰(Ⅳ)化合物中最重要的是二氧化锰（MnO_2），通常状况下性质稳定，具有两性，但在酸、碱介质中易被还原或氧化，不稳定。如 MnO_2 在酸性介质中有强氧化性：

$$MnO_2 + 4HCl(浓) \Longrightarrow MnCl_2 + Cl_2 \uparrow + 2H_2O$$

$$2MnO_2 + 2H_2SO_4(浓) \Longrightarrow 2MnSO_4 + O_2 \uparrow + 2H_2O$$

前一反应常用于实验室制备少量氯气。MnO_2 也能够与 H_2O_2 和 Fe^{2+} 等发生反应：

$$MnO_2 + H_2O_2 + H_2SO_4 \Longrightarrow MnSO_4 + O_2 \uparrow + 2H_2O$$

$$MnO_2 + 2FeSO_4 + 2H_2SO_4 \Longrightarrow MnSO_4 + Fe_2(SO_4)_3 + 2H_2O$$

MnO_2 用途广泛，大量用于制造干电池，以及玻璃、陶瓷、火柴、油漆等工业中，也是制备其他锰化合物的主要原料。

3）锰(Ⅶ)

锰(Ⅶ)化合物中，最重要的是高锰酸钾（$KMnO_4$，俗名灰锰氧），为暗紫色晶体，有光泽。在酸性溶液中 MnO_4^- 会缓慢分解，生成 MnO_2 和 O_2：

$$4MnO_4^- + 4H^+ \Longrightarrow 4MnO_2 + 2H_2O + 3O_2 \uparrow$$

光对此反应有催化作用，故 $KMnO_4$ 必须保存在棕色瓶中。

$KMnO_4$ 是常用的强氧化剂，对热不稳定，加热至 200 ℃ 以上即分解，放出 O_2：

$$2KMnO_4 \xrightarrow{\triangle} K_2MnO_4 + MnO_2 + O_2 \uparrow$$

$KMnO_4$ 的氧化能力随介质的酸性减弱而减弱，其还原产物也因介质的酸碱性不同而不同。

MnO_4^- 在酸性、中性（或弱碱性）、强碱性介质中的还原产物分别为 Mn^{2+}、MnO_2 及 MnO_4^{2-}：

$$2MnO_4^- + 5SO_3^{2-} + 6H^+ \Longrightarrow 2Mn^{2+} + 5SO_4^{2-} + 3H_2O$$

（紫色）　　　　　　（淡红色或无色）

$$2MnO_4^- + 3SO_3^{2-} + H_2O \Longrightarrow 2MnO_2 \downarrow + 3SO_4^{2-} + 2OH^-$$

（棕色）

$$2MnO_4^- + SO_3^{2-} + 2OH^- \xlongequal{\quad\quad} 2MnO_4^{2-} + SO_4^{2-} + H_2O$$

（绿色）

$KMnO_4$ 用途很广泛,在化学工业中可用于检测维生素 C、糖精等,在轻化工业中用于纤维、油脂的漂白和脱色,在医疗上可用作杀菌消毒剂,其 0.1% 的稀溶液常用于饮食用具、水果和器皿的消毒,5% 的溶液可用于治疗烫伤,还可用作油脂及蜡的漂白剂。

三、铁及其化合物

1. 铁单质

铁(Fe)位于元素周期表ⅧB族,金属铁具有光泽的灰白色金属,密度大,熔点高,有很好的延展性,具有强磁性。

铁在地壳中丰度排第四,主要以化合态存在。铁的主要矿物有赤铁矿(Fe_2O_3)、磁铁矿(Fe_3O_4)和黄铁矿(FeS_2)。铁是钢铁工业最重要的产品和原材料。常见的钢材和铸铁都称为铁碳合金,其中,生铁含碳量在 $1.7\% \sim 4.5\%$,熟铁含碳量在 0.1% 以下,而钢的含碳量介于两者之间。

由于钢铁的耐腐蚀性差,在钢中加入 Cr、Ni、Mn、Ti 等制成合金钢,能够大大改善普通钢的性质。如不锈钢含 Cr $16.5\% \sim 19.5\%$、Ni $8\% \sim 10\%$、C $0.07\% \sim 0.15\%$,这种钢有韧性、展性,容易铸造,可热轧、冷轧、不生锈、耐腐蚀、耐热、无磁性。

铁属于中等活泼金属,在高温下能和 O、S、Cl 等非金属作用。Fe 溶于盐酸、稀硫酸和硝酸,遇到浓碱液也会慢慢被侵蚀,但冷的浓硫酸、浓硝酸会使其钝化,表面产生致密氧化膜。

铁原子的价层电子构型为 $3d^6 4s^2$,通常可以失去电子呈现 $+2$、$+3$ 氧化数。Fe^{3+} 比 Fe^{2+} 稳定。

2. 铁的氧化物和氢氧化物

铁生成的通常是 $+2$、$+3$ 氧化数的有色氧化物,其中 FeO 为黑色,Fe_2O_3 为砖红色,除此之外,还能形成黑色的混合价态氧化物 Fe_3O_4。

Fe_2O_3 能溶于强酸,而难溶于水和碱,属于碱性氧化物。当它与酸作用时,生成 Fe(Ⅲ) 盐。例如:

$$Fe_2O_3 + 6HCl \xlongequal{\quad\quad} 2FeCl_3 + 3H_2O$$

Fe_2O_3 俗称铁红,可做红色颜料、抛光粉和磁性材料。

铁的氢氧化物包括 $Fe(OH)_2$、$Fe(OH)_3$,均难溶于水,其中 $Fe(OH)_2$ 很不稳定,容易被空气中的氧气所氧化,由白色沉淀变为绿色,直至变为红棕色的 $Fe(OH)_3$:

$$Fe^{2+} + 2OH^- \xlongequal{\quad\quad} Fe(OH)_2 \downarrow$$

$$4Fe(OH)_2 + O_2 + 2H_2O \xlongequal{\quad\quad} 4Fe(OH)_3 \downarrow$$

3. 铁(Ⅱ)盐、铁(Ⅲ)盐

1) 铁(Ⅱ)盐

铁(Ⅱ)盐又称为亚铁盐,如硫酸亚铁($FeSO_4 \cdot 7H_2O$,俗称绿矾)、氯化亚铁($FeCl_2 \cdot 4H_2O$)、硫化亚铁(FeS)等。铁的硫酸盐能和碱金属或铵的硫酸盐形成复盐,如硫酸亚铁铵(($NH_4)_2SO_4 \cdot 6H_2O$,俗称莫尔盐)比相应的亚铁盐($FeSO_4 \cdot 7H_2O$)更稳定,不易被氧化,是化学分析中常用的还原剂,用于标定 $KMnO_4$ 的标准溶液等。

$FeSO_4 \cdot 7H_2O$ 放置在空气中,表面容易被氧化,生成黄褐色的 $Fe(OH)SO_4$:

$$4FeSO_4 + 2H_2O + O_2 \Longrightarrow 4Fe(OH)SO_4$$

在酸性溶液中,Fe^{2+} 也会被空气中的氧气所氧化:

$$4Fe^{2+} + O_2 + 4H^+ \Longrightarrow 4Fe^{3+} + 2H_2O$$

因此,要保存 $Fe(Ⅱ)$ 盐溶液,应加足够浓度的酸,同时加几颗铁钉,以防止其水解和氧化。

$FeSO_4$ 应用相当广泛,它与鞣酸作用生成鞣酸亚铁,在空气中被氧化成黑色鞣酸铁,常用于制作蓝黑墨水。此外,$FeSO_4$ 还常用作媒染剂、鞣革剂和木材防腐剂等。

2) 铁(Ⅲ)盐

铁(Ⅲ)盐又称高价铁,如 $Fe(NO_3)_3 \cdot 6H_2O$、$Fe_2(SO_4)_3 \cdot 6H_2O$、$FeCl_3 \cdot 6H_2O$ 等,都易溶于水,由于 $Fe(OH)_3$ 比 $Fe(OH)_2$ 的碱性更弱,所以 $Fe(Ⅲ)$ 盐较 $Fe(Ⅱ)$ 盐更易水解,而使溶液显黄色或红棕色:

$$[Fe(H_2O)_6]^{3+} + H_2O \Longrightarrow [Fe(OH)(H_2O)_5]^{2+} + H_3O^+$$
$$[Fe(OH)(H_2O)_5]^{2+} + H_2O \Longrightarrow [Fe(OH)_2(H_2O)_4]^+ + H_3O^+$$

若增大 pH 值,将进一步缩聚成红棕色的胶状溶液。当 pH 值为 4~5 时,即形成水合三氧化二铁沉淀。

Fe^{3+} 也具有一定的氧化性,能够氧化许多物质。例如:

$$2Fe^{3+} + H_2S \Longrightarrow 2Fe^{2+} + S + 2H^+$$
$$2Fe^{3+} + H_2S \Longrightarrow 2Fe^{2+} + S + 2H^+$$
$$2Fe^{3+} + Cu \Longrightarrow 2Fe^{2+} + Cu^{2+}$$

在电子工业中,利用第三个反应刻蚀印刷电路铜板。

4. 铁的配合物

Fe^{2+}、Fe^{3+} 水解倾向剧烈,难以形成稳定的氨合物,但能与 CN^- 形成稳定配合物,且都属于内轨型配合物,如六氰合铁(Ⅱ)酸钾($K_4[Fe(CN)_6]$),简称亚铁氰化钾,俗名黄血盐,为柠檬黄色结晶,六氰合铁(Ⅲ)酸钾($K_3[Fe(CN)_6]$),简称铁氰化钾,俗名赤血盐,为深红色结晶。Fe^{3+} 能够与 SCN^- 形成血红色的异硫氰酸根合铁配离子。

在含有 Fe^{2+} 的溶液中加入铁氰化钾,或在含有 Fe^{3+} 的溶液中加入亚铁氰化钾,都有蓝色沉淀形成:

$$K^+ + Fe^{2+} + [Fe(CN)_6]^{3-} \Longrightarrow KFe[Fe(CN)_6]\downarrow$$
$$\text{(滕氏蓝)}$$
$$K^+ + Fe^{3+} + [Fe(CN)_6]^{4-} \Longrightarrow KFe[Fe(CN)_6]\downarrow$$
$$\text{(普鲁士蓝)}$$

以上两个反应可用来鉴定 Fe^{2+} 和 Fe^{3+} 的存在。结构研究表明,这两种蓝色沉淀的组成和结构相同,都是 $K[Fe(Ⅱ)(CN)_6Fe(Ⅲ)]$。

四、钴及其化合物

1. 钴的单质

钴(Co)位于元素周期表ⅧB族,其单质是具有光泽的银白色金属,硬而脆,具有强磁性,与其他金属形成的合金是良好的磁性材料。钴是中等活泼的金属,能从非金属性酸中置换出氢气,与冷的浓硝酸可发生钝化现象,在强碱中的稳定性比铁高。钴的价层电子构型为 $3d^7 4s^2$,可以失去电子呈现 $+2$、$+3$ 氧化数,且 Co^{2+} 比 Co^{3+} 稳定。

2. 钴的氧化物和氢氧化物

1)钴的氧化物

钴能够形成 $+2$ 和 $+3$ 氧化数的有色氧化物,CoO(灰绿色)和 Co_2O_3(黑色)均能溶于强酸,而不溶于水和碱,属于碱性氧化物。

Co_2O_3 氧化性比 Fe_2O_3 强,与 Mn_2O_3 相似,与酸作用时发生氧化还原反应,得到的不是 $Co(Ⅲ)$ 盐,而是 $Co(Ⅱ)$ 盐:

$$Co_2O_3 + 6HCl \Longrightarrow 2CoCl_2 + Cl_2\uparrow + 3H_2O$$

2)钴的氢氧化物

与 $Fe(OH)_2$ 相比,$Co(OH)_2$ 稳定性更好,但在空气中也能缓慢地被氧化,从粉红色的 $Co(OH)_2$ 变成棕黑色的 $CoO(OH)$,但因 $Co(OH)_2$ 还原性较弱,反应较慢。

$Co(OH)_3$ 也是两性偏碱性,但由于它在酸性介质中有很强的氧化性,它与非还原性酸(如 H_2SO_4、HNO_3)作用时氧化 H_2O 放出 O_2,而与浓盐酸作用时,则将其氧化并放出 Cl_2:

$$2Co(OH)_3 + 2H_2SO_4 \Longrightarrow 2CoSO_4 + \frac{1}{2}O_2\uparrow + 5H_2O$$

$$2Co(OH)_3 + 6HCl \Longrightarrow 2CoCl_2 + Cl_2\uparrow + 6H_2O$$

3. 钴盐

钴盐多以二价钴的形式存在,它们包括氯化物、硫酸盐、硝酸盐、碳酸盐、硫化物等。钴的强酸盐都易溶于水,并有微弱的水解,因而溶液显酸性。氯化钴($CoCl_2 \cdot 6H_2O$)是重要的钴(Ⅱ)盐,因所含结晶水的数目不同而呈现不同的颜色。随着温度上升,所含结晶水逐渐减少,颜色随之变化:

$$CoCl_2 \cdot 6H_2O \xrightarrow{52.3\,℃} CoCl_2 \cdot 2H_2O \xrightarrow{90\,℃} CoCl_2 \cdot H_2O \xrightarrow{120\,℃} CoCl_2$$
$$\text{(粉红色)} \qquad\quad \text{(紫红色)} \qquad\quad \text{(蓝紫色)} \qquad\quad \text{(蓝色)}$$

利用氯化钴的这种特性,可判断干燥剂的含水情况。例如,用作干燥剂的硅胶,常浸以 $CoCl_2$ 溶液后烘干备用。当硅胶由蓝色变为红色时,表明吸水已达饱和。将红色硅胶在 $120\,℃$ 烘干至蓝色仍可使用。因而 $CoCl_2$ 被用作干燥剂(如硅胶)的干湿指示剂。$CoCl_2$ 也可用作陶瓷着色剂。

第三节 铜、银、锌

一、铜及其化合物

1. 铜

铜位于元素周期表 ds 区 ⅠB 族,自然界中铜主要以硫化物矿和氧化物矿的形式存在,也有以单质状态存在的矿物。例如,辉铜矿(Cu_2S)、黄铜矿($CuFeS_2$)、赤铜矿(Cu_2O)、孔雀石($Cu_2(OH)_2CO_3$)等。

铜原子的价层电子构型为 $3d^{10} 4s^1$,最外层电子与碱金属相似,只有一个电子,而次外层却有 18 个电子(碱金属为 8 个)。铜最常见的氧化数为 +2、+1。由于铜的金属阳离子具有较强的极化力,本身变形性又大,通常它们的二元化合物具有相当程度的共价性,与其他过渡元素类似,易形成配合物。

纯铜是红色重金属,具有极好的延展性和可塑性,导热、导电能力极强,是最通用的导体。此外,铜能与许多金属形成合金,铜合金品种多,如黄铜(Cu60%,Zn40%)、青铜(Cu80%,Sn15%,Zn5%)、白铜(Cu50%~70%,Ni13%~15%,Zn13%~15%)等。其中黄铜表面经抛光可呈金黄色,是仿金首饰的材料。

铜的化学活泼性不强,在干燥空气中通常比较稳定,在潮湿的空气中易与空气中的二氧化碳反应,在表面形成绿色的碱式碳酸铜("铜绿"的主要成分,它没有保护内层金属的能力):

$$2Cu+O_2+H_2O+CO_2 = Cu_2(OH)_2CO_3$$

2. 铜的化合物

铜通常有 +1 和 +2 两种氧化数的化合物。以 Cu(Ⅱ)化合物最为常见,如氧化铜(CuO)、硫酸铜(CuSO_4)等,Cu(Ⅰ)化合物常称为亚铜化合物。

1) 铜的氧化物

(1) 氧化亚铜:氧化亚铜(Cu_2O)为暗红色固体,有毒,对热稳定,难溶于水,易溶于稀酸,并立即歧化为 Cu 和 Cu^{2+},溶于氨水,形成无色配离子[Cu(NH_3)_2]^+:

$$Cu_2O+2H^+ = Cu^{2+}+Cu+H_2O$$
$$Cu_2O+4NH_3+H_2O = 2[Cu(NH_3)_2]^++2OH^-$$

[Cu(NH_3)_2]^+ 遇到空气则被氧化为深蓝色的[Cu(NH_3)_4]^{2+}:

$$4[Cu(NH_3)_2]^++O_2+8NH_3+2H_2O = 4[Cu(NH_3)_4]^{2+}+4OH^-$$

Cu_2O 主要用作玻璃、搪瓷工业的红色颜料,此外,它具有半导体性质,可用作整流器的材料。它还可用于制造船底防污漆和农业上的杀虫剂。

(2) 氧化铜:氧化铜(CuO)不溶于水,属偏碱性氧化物,可溶于稀酸:

$$CuO+2H^+ = Cu^{2+}+H_2O$$

由于配位作用,也溶于 NH_4Cl 或 KCN 等溶液。

CuO 的热稳定性很高,加热到 1000 ℃才开始分解为暗红色的 Cu_2O:

$$4CuO \xrightarrow{1000\,℃} 2Cu_2O+O_2 \uparrow$$

加热分解硝酸铜或碱式碳酸铜均可制得黑色的 CuO:

$$2Cu(NO_3)_2 \xrightarrow{\triangle} 2CuO+4NO_2 \uparrow+O_2 \uparrow$$
$$Cu_2(OH)_2CO_3 \xrightarrow{\triangle} 2Cu+CO_2 \uparrow+H_2O \uparrow$$

2) 氢氧化铜

氢氧化铜(Cu(OH)_2)为浅蓝色粉末,向 CuSO_4 或其他可溶性铜盐的冷溶液中加入适量 NaOH 或 KOH,即析出 Cu(OH)_2 沉淀,60~80 ℃时逐渐脱水而呈 CuO,颜色随之变暗。

$$CuSO_4+2NaOH = Cu(OH)_2 \downarrow+Na_2SO_4$$
$$Cu(OH)_2 = CuO+H_2O$$

Cu(OH)_2 显两性(但以弱碱性为主),难溶于水,易溶于酸,也能溶于浓的强碱溶液中,生成亮蓝色的四羟基合铜(Ⅱ)配离子:

$$Cu(OH)_2 + 2OH^- \rightleftharpoons [Cu(OH)_4]^{2-}$$

$[Cu(OH)_4]^{2-}$ 配离子可被葡萄糖还原为暗红色的 Cu_2O：

$$2[Cu(OH)_4]^{2-} + C_6H_{12}O_6 \longrightarrow Cu_2O + C_6H_{12}O_7 + 4OH^- + 2H_2O$$
$$\qquad\qquad\text{（葡萄糖）}\qquad\qquad\text{（葡萄糖酸）}$$

医学上利用此反应来检查糖尿病。

此外，$Cu(OH)_2$ 易溶于氨水，能生成深蓝色的四氨合铜（Ⅱ）配离子（$[Cu(NH_3)_4]^{2+}$）。

3）重要的铜（Ⅱ）盐

铜（Ⅱ）盐很多，可溶的有 $CuSO_4$、$Cu(NO_3)_2$、$CuCl_2$ 等，难溶的有 CuS、$Cu_2(OH)_2CO_3$ 等。Cu^{2+} 的价层电子构型是 $3d^9 4s^0$，在各种溶液中都以配离子的形式存在。除了 $[Cu(H_2O)_4]^{2+}$（蓝色）外，还有在过量氨水中的 $[Cu(NH_3)_4]^{2+}$（深蓝色），以及在浓盐酸或氯化物中的 $[CuCl_4]^{2+}$（土黄色）等。

五水硫酸铜（$CuSO_4 \cdot 5H_2O$）为蓝色结晶，又名胆矾或蓝矾，有毒。在空气中慢慢风化，表面上形成白色粉状物。加热至 250 ℃ 左右失去全部结晶水得到无水硫酸铜，无水硫酸铜极易吸水，吸水后又变成蓝色的水合物。故无水硫酸铜可用于检验有机物中微量水分，也可用作干燥剂。

硫酸铜的用途很广泛，包括作为媒染剂、蓝色颜料、船舶油漆、电镀剂、杀菌及防腐剂。$CuSO_4$ 溶液有较强的杀菌能力，可防止水中藻类生长，它和石灰乳混合制得的"波尔多"液能消灭树木的害虫。

二水氯化铜（$CuCl_2 \cdot 2H_2O$）为绿色晶体，在潮湿的空气中易潮解，在干燥空气中也易风化。无水氯化铜为棕黄色固体，不但易溶于水，还易溶于乙醇、丙酮等有机溶剂。

碱式碳酸铜（$Cu(OH)_2 \cdot CuCO_3 \cdot xH_2O$）为孔雀绿色的无定形粉末，铜生锈后产生的"铜绿"就是该化合物。碱式碳酸铜是有机合成的催化剂、种子杀虫剂、饲料中铜的来源，也可用作颜料、烟火等。

二、银的化合物

银通常形成氧化数为 +1 的化合物，在常见银的化合物中，只有 $AgNO_3$ 易溶于水。银的化合物都有不同程度的感光性。例如，$AgCl$、$AgNO_3$、Ag_2SO_4 和 $AgCN$ 等都是白色结晶，$AgBr$、AgI 和 Ag_2CO_3 等为黄色结晶，上述银盐见光均变灰或黑色。故银盐一般都保存在棕色瓶中，并在瓶外包裹一层不透光黑纸。银易和许多配体形成配合物，常见的配体有 NH_3、CN^-、SCN^- 和 $S_2O_3^{2-}$ 等。

$AgNO_3$ 是最重要的可溶性银盐，它不仅在感光材料、制镜、保温瓶、电镀、医药、电子等工业中广泛应用，还是制备其他银化合物的重要原料。$AgNO_3$ 在干燥空气中比较稳定，潮湿状态下见光容易分解，并因析出单质银而变黑：

$$2AgNO_3 \xrightarrow{\text{光}} 2Ag\downarrow + 2NO\uparrow + 2O_2\uparrow$$

$AgNO_3$ 具有氧化性，遇到微量有机物即被还原成单质银，因此，皮肤或工作服沾上 $AgNO_3$ 后逐渐变成紫黑色。$AgNO_3$ 有一定的杀菌能力，但对皮肤有烧蚀作用。含银氨配离子（$[Ag(NH_3)_2]^+$）的溶液能把醛和某些糖类氧化，本身被还原为 Ag：

$$2[Ag(NH_3)_2]^+ + HCHO + 3OH^- \rightleftharpoons HCOO^- + 2Ag(s) + 4NH_3 + 2H_2O$$

工业上利用这类反应来制镜或在保温瓶的夹层上镀银。

氢氧化银（AgOH）和氧化银（Ag₂O）：在 AgNO₃ 溶液中加入 NaOH，首先出现的是极不稳定的 AgOH 白色沉淀，AgOH 立即脱水变为暗棕色的 Ag₂O：

$$AgNO_3 + NaOH = AgOH\downarrow + NaNO_3$$

$$2AgOH = Ag_2O + H_2O$$

Ag₂O 具有较强的氧化性，与有机物摩擦可引起燃烧，能氧化 CO、H₂O₂，其本身被还原为单质银：

$$Ag_2O + CO = 2Ag + CO_2$$

$$Ag_2O + H_2O_2 = 2Ag + O_2\uparrow + H_2O$$

Ag₂O 与 MnO₂、Co₂O₃、CuO 的混合物在室温下，能将 CO 迅速氧化为 CO₂，因此被用于防毒面具中。

Ag₂O 与 NH₃ 作用，易生成配合物 [Ag(NH₃)₂]OH，该配合物暴露在空气中时易分解为黑色的易爆物 AgN₃。凡是接触过 [Ag(NH₃)₂]⁺ 的器皿、用具，使用后必须立即清洗干净，以免留下隐患。

三、锌及其化合物

锌是元素周期表 ds 区 ⅡB 族元素，它的价层电子构型为 $3d^{10}4s^2$，其最外层只有 2 个电子，与 ⅡA 族碱土金属相似，但因其次外层的电子排布不同，表现出的金属活泼性相差甚远。锌在自然界中主要以氧化物或硫化物形式存在，如闪锌矿（ZnS）、红锌矿（ZnO）、菱锌矿（ZnCO₃）等。

锌是活泼金属，在加热条件下，能与许多非金属（如卤素、氧、硫、磷等）发生化学反应。它易溶于酸，也能溶于碱，是一种典型的两性金属。锌在潮湿空气中会被氧化并在表面形成一层致密的碱式碳酸锌薄膜，保护内层不再被氧化。大量的锌用于制锌铁板（白铁皮）和干电池，锌与铜形成的合金（黄铜）应用也很广泛。

锌的化合物很多，主要形成氧化数为 +2 的化合物。多数锌盐带有结晶水，易形成配合物。

氧化锌（ZnO）为白色粉末，不溶于水，是两性氧化物，既溶于酸，又溶于碱：

$$ZnO + 2HCl = ZnCl_2 + H_2O$$

$$ZnO + 2NaOH = Na_2ZnO_2 + H_2O$$

锌与氧直接化合，得到氧化锌。氧化锌又称为锌白，是优良的白色颜料，也是橡胶制品的增强剂。氧化锌无毒，具有收敛性和一定的杀菌能力，故常用于医用橡皮软膏。

氢氧化锌（Zn(OH)₂）为白色粉末，不溶于水，具有明显的两性，在溶液中具有两种解离方式：

$$Zn^{2+} + 2OH^- \rightleftharpoons Zn(OH)_2 \underset{}{\overset{+2H_2O}{\rightleftharpoons}} 2H^+ + [Zn(OH)_4]^{2-}$$

（碱式电离）　　　　　　　　　　　　　　（酸式电离）

氯化锌（ZnCl₂）为白色固体，可由金属锌和氯气直接合成，其水溶液由于 Zn²⁺ 的水解而显酸性，且由于形成配位酸，而使溶液具有显著的酸性，能溶解金属氧化物：

$$ZnCl_2 + H_2O \rightleftharpoons H[ZnCl_2(OH)]$$

$$2H[ZnCl_2(OH)] + FeO = Fe[ZnCl_2(OH)]_2 + H_2O$$

因此在用锡焊接金属之前，常用浓 ZnCl₂ 溶液清除金属表面的氧化物，便于焊接。

ZnCl₂吸水性强,在有机合成中常用作脱水剂,也可作为催化剂。

七水硫酸锌(ZnSO₄·7H₂O)俗称皓矾,大量用于制备锌钡白(商品名"立德粉"),是ZnS 和 BaSO₄的混合物,由 ZnSO₄ 和 BaS 反应而制得:

$$Zn^{2+} + SO_4^{2-} + Ba^{2+} + S^{2-} \Longrightarrow ZnS \cdot BaSO_4 \downarrow$$

这种白色颜料遮盖力强,而且无毒,所以大量用于油漆工业。ZnSO₄还广泛用作木材防腐剂和媒染剂。

第四节 d 区和 ds 区元素在医药学及临床检验中的应用

铁、锌、铜、钴、钼、锰、钒等人体必需微量元素均属于 d 区和 ds 区元素,一旦缺少,正常的生理功能将会受到影响,甚至导致某种疾病的发生。相关临床用药有许多,如第一代补锌药物硫酸锌,第二代补锌药物如柠檬酸锌、乳酸锌、葡萄糖酸锌、氨基酸螯合锌等有机酸锌盐;用于治疗缺铁性贫血的硫酸亚铁、右旋糖苷铁、富马酸亚铁和葡萄糖酸亚铁等。

在医用材料方面,用于修补人体骨骼及关节的合金材料大多属于 d 区和 ds 元素,如从1951 年就开始使用的钛合金,具有密度小、强度高、耐腐蚀、生物适用性好和易加工成型等特点,已成为临床上人体硬组织修复和替代较为理想的材料。

银具有防止细菌黏附及聚集的特性,抗感染效果显著,毒性最小,广泛应用于血管、尿管、腹腔管等导管,人工心脏瓣膜缝合器及骨科内固定器材的涂层。

在临床医学检验方面,利用 d 区元素与被检测试样产生的特征反应,对试样中某些成分进行定性、定量分析。

研究蛋白质对了解生命规律、进行医学检验、指导工业生产意义重大,而蛋白质的分离纯化是蛋白质研究中不可或缺的重要环节。盐析是提取血液中免疫球蛋白的常用方法,而固定金属离子亲和色谱(IMAC)技术在蛋白质的分离纯化中也得到了广泛应用,该方法是基于蛋白质对固定在基质上的金属离子亲和能力的不同进行分离,具有选择性强、柱寿命长、蛋白质负载量高、不破坏蛋白质生理活性等优点。IMAC 中常用的金属离子有 Cu^{2+}、Ni^{2+}、Zn^{2+} 和 Co^{2+},其中 Cu^{2+} 柱对蛋白质具有最强的结合力。

尿酸是人体嘌呤代谢的最终产物,人体由于某种原因导致血尿酸含量增多,在临床中把高于 420 μmol/L 的尿酸水平称为高尿酸血症。这种病症会增加肾结石、关节炎以及间质性肾炎等疾病的发生率。磷钨酸还原法是目前临床上比较多见的检测尿酸的方法,利用无蛋白滤液中的尿酸在碱性环境中可以被磷钨酸氧化成尿囊素和二氧化碳,而磷钨酸被还原成钨蓝,再通过分光光度法确定尿酸浓度。

肝脏疾病的临床诊断,多以肝功能实验为依据,其中黄疸指数是利用重铬酸钾的颜色作为标准,配制一系列不同浓度的重铬酸钾溶液,呈现一系列色度,以病人的血清与此系列色度进行比较,得出黄疸指数。硫酸锌溶液能与血清中 γ-球蛋白发生沉淀,在肝功能正常情况下,血清中的白蛋白可以保护 γ-球蛋白不被硫酸锌沉淀。当肝功能异常、白蛋白含量下降时,γ-球蛋白被硫酸锌沉淀,溶液出现混浊,而混浊程度与血清中 γ-球蛋白含量有关,该检验称为硫酸锌浊度实验。

碱性磷酸酶(ALP)活性的测定也是临床上常见的测定项目之一。血液中的 ALP 主要来自肝脏和骨骼,ALP 活力测定可以作为黄疸性肝炎、肝癌、佝偻病等疾病的辅助指标。常用的测定方法即根据 ALP 催化磷酸苯二钠分解,生成游离酚和磷酸,酚在碱性溶液中与4-氨基安替比林作用,经铁氰化钾氧化生成红色醌类化合物,根据红色深浅测定酶活力高低。

糖尿病病人的尿糖通常采用班氏试剂进行检测,班氏试剂是由硫酸铜、柠檬酸钠和无水碳酸钠配制成的蓝色溶液。将该试剂加入尿液并煮沸,若尿液中含有高浓度的还原糖则产生红色沉淀物,低浓度时产生黄色沉淀物。在临床化验中最常用的尿糖试纸,又叫硫酸铜试纸,用于糖尿病病人的尿糖测试,根据尿中含糖量的多少,试纸呈现出深浅度不同的颜色变化,从而得出化验结果。

甲状腺具有聚集和吸附碘的功能,而碘含量过多或不足均会引起甲状腺机能紊乱。血清中所含的碘大部分与蛋白质结合而存在,蛋白碘含量的测量方法是在血清中加入硫酸镉溶液,把蛋白碘沉淀后,分离提取蛋白碘,用高氯酸、氯酸钾、铬酸钾等将蛋白质破坏、分解,然后用亚砷酸、马钱子碱反应显色,再进行比色定量测定。

能力检测

一、判断题(正确的打"√",错误的打"×")

1. 许多过渡金属及其化合物具有催化性能。(　　　)

2. 第一过渡系元素比相应的第二、三过渡系元素活泼。(　　　)

3. 在锰的化合物中,锰的最高氧化数等于它在周期表中的族序数。(　　　)

4. 实验室使用的铬酸洗液是用重铬酸钾和浓硫酸配制而成的。(　　　)

5. 过渡元素都是金属元素,也称为过渡金属。(　　　)

二、选择题

1. 第一过渡系元素是指(　　　)。

A. 第 4 周期过渡元素 　　　　　　　　B. 第 5 周期过渡元素

C. 镧系元素 　　　　　　　　　　　　D. 锕系元素

2. 关于下列离子在水溶液中的颜色,错误的是(　　　)。

A. $Cr_2O_7^{2-}$(橙红色) 　　　　　　　B. MnO_4^-(紫红色)

C. Fe^{2+}(淡黄色) 　　　　　　　　　D. Ni^{2+}(绿色)

3. 第二、三过渡系元素性质的差别比第一、二过渡系元素的小,主要原因是(　　　)。

A. 惰性电子对效应 　　　　　　　　　B. 屏蔽效应

C. 双峰效应 　　　　　　　　　　　　D. 镧系收缩

4. 下列金属中熔点最高的是(　　　)。

A. 钛 　　　　　　B. 铬 　　　　　　C. 钼 　　　　　　D. 钨

5. 下列氢氧化物中,颜色为白色的是(　　　)。

A. $Cr(OH)_3$ 　　　　B. $Mn(OH)_2$ 　　　　C. $Fe(OH)_3$ 　　　　D. $Ni(OH)_2$

6. 下列物质加入 HCl,能产生黄绿色有刺激性气味气体的是(　　　)。

A. $Co(OH)_3$ 　　　　B. $Al(OH)_3$ 　　　　C. $Fe(OH)_3$ 　　　　D. $Ni(OH)_2$

7. 下列物质可以与 MnO_2 作用的是( )。

A. 稀盐酸 B. 稀硫酸 C. 浓硫酸 D. 浓 NaOH 溶液

8. 某黄色沉淀不溶于水,但溶于热的稀盐酸,变成橙色溶液,冷却后可析出白色沉淀。这种黄色沉淀是( )。

A. $BaCrO_4$ B. PbI_2 C. $PbCrO_4$ D. Ag_2CrO_4

9. 下列物质中,属于配合物的是( )。

A. $KAl(SO_4)_2 \cdot 12H_2O$ B. $K_4[Fe(CN)_6]$

C. $KCr(SO_4)_2 \cdot 12H_2O$ D. $NH_4Fe(SO_4)_2 \cdot 12H_2O$

10. 下列溶液中,不易长期保存,需要时应现配制的是( )。

A. $ZnSO_4$ B. $FeCl_3$ C. $FeSO_4$ D. $CuSO_4$

三、填空题

1. $ZnCl_2$ 的溶液因形成_____而有显著的酸性。

2. 第一过渡系包括从_____到_____10 种元素,第二过渡系包括从_____到_____10 种元素。

3. Mn 原子的价层电子构型为_____,Fe 原子的价层电子构型为_____,Co 原子的价层电子构型为_____。

4. 铬是_____色的金属。含有 12% 以上铬的钢称为_____钢。

5. 铁易腐蚀,常把锌镀在铁皮上,是因为在潮湿空气中,锌表面形成一层致密的_____薄膜,对内层金属有保护作用。

6. Fe 通常可形成氧化数为_____和_____的化合物。Fe 的最高氧化数为_____。

7. 实验室长期使用后的变色硅胶呈_____色,实际上呈现的是化合物_____的颜色;烘干后的变色硅胶呈_____色,实际上呈现的是化合物_____的颜色。

8. 铬的不同氧化数的常见离子主要有_____、_____、_____、_____。

9. 举出在合金钢中常见的第一过渡系(除铁以外)的 4 种金属:_____、_____、_____、_____。

四、简答题

1. 新生成的氢氧化物沉淀为什么会发生下列变化?

(1) $Mn(OH)_2$ 几乎是白色的,在空气中变为暗褐色;

(2) 蓝色的 $Cu(OH)_2$ 加热时变黑。

2. 用二氧化锰作原料,怎样制备以下物质?

(1) 硫酸锰;

(2) 锰酸钾;

(3) 高锰酸钾。

(谢小雪)

第十二章　元素与人体健康 *

 ## 第一节　人体必需元素

　　人类是大自然的产物,是由多种元素组成的生命体。人体内共有 90 多种元素,人们一般把占人体总重 0.01% 以上的元素称为宏量元素,它们是氧、碳、氢、氮、钙、磷、钾、硫、钠、氯和镁 11 种,人体 99% 以上由宏量元素组成;占人体总重 0.01% 以下的元素称为微量元素,这类元素的总和仅占人体总重的 0.05% 左右。此外,根据机体对微量元素的需要情况,可将微量元素分为必需微量元素、非必需微量元素及有害微量元素,维持人体正常生命活动不可缺少的元素称为必需微量元素。所谓不可缺少,并非缺少将危及生命,而是指缺少时会引起机体生理功能及结构异常,导致疾病发生。目前世界卫生组织(WHO)确认的14 种必需微量元素为铁、锌、铜、钴、钼、锰、钒、锡、氟、碘、硅、硒、镍、锶。钡、硼、铝、银等为非必需微量元素,铝、汞、铅、砷为有害微量元素。

　　微量元素与人类健康有密切关系,它们之间相互影响,它们的摄入过量、不足或缺乏都会不同程度地引起人体生理的异常或发生疾病。因此,微量元素在人体内的含量不仅需要维持在适宜的浓度范围内,还需要保持各种微量元素浓度之间的相对平衡,这样才能维持人体正常的生理功能。表 12-1 列出了科学界公认的人体必需的 14 种微量元素在成人体内的含量、日需量及在地壳中的含量。

表 12-1　必需微量元素在成人体内的含量、日需量及地壳中的含量

元素	成人体内含量/g	日需量/(mg/d)	地壳含量/(μg/kg)
Fe	4.2	12	50000
F	2.6	1	700
Zn	2.3	15	65
Sr	0.32	1.9	450
Se	0.2	0.05	0.09
Cu	0.1	3	50
I	0.03	1.14	0.3
Mn	0.02	8	1000
V	0.018	1.5	110

续表

元素	成人体内含量/g	日需量/(mg/d)	地壳含量/(μg/kg)
Sn	0.017	3	200
Ni	0.01	0.3	58
Cr	<0.006	0.1	200
Mo	<0.005	0.2	1
Co	<0.003	0.0001	24

注：日需量是指体重为 60 kg 的健康男子每日所需量。

 # 第二节 生命元素的生理功能

在人的整个生命周期过程中,身体的健康、疾病以及生命的长短都会受到微量元素的种类和含量的影响。

1. 铜

铜是多种酶的活动中心,参与体内氧化还原过程,尤其是将氧分子还原为水,许多含铜金属酶已在人体中被证实,有着重要的生理功能。人体内缺铜时易患白癜风、关节炎等病,人体内铜过多时易患肝硬化、低蛋白血症、骨癌等病,根据研究发现,癌症病人血清中 Zn/Cu 值明显低于正常人。

2. 钴

人体内的钴主要由消化道和呼吸道吸收,主要通过尿和粪便排泄。钴有刺激造血的功能,主要通过维生素 B_{12} 的形式参与核糖核酸及造血过程中有关物质的代谢,作用于造血过程。人体若缺钴及维生素 B_{12},红细胞的生长发育将受到干扰,出现巨细胞性贫血。维生素 B_{12} 还能参与蛋白质的合成、叶酸的储存、硫酸酶的活化及磷脂的形成。此外,钴与锌、铜、锰还有协同作用,比如锌是氨基酸、蛋白质代谢中不可缺少的元素,而钴能促进锌的吸收并改善锌的生物活性,钴和锌还有相互促进抗衰老,延长寿命的作用。

3. 铁

铁是人体必需的微量元素,也是体内含量最高的微量元素,人体内的铁主要以血红蛋白、肌红蛋白的形式存在,铁在人体内参与造血,并形成血红蛋白、肌红蛋白,参与氧的携带和运输。此外,铁还是多种酶活性中心,缺铁时,人体血液中红细胞不能正常生成,就会导致缺铁性贫血,尤其对孩子的伤害很大,影响孩子的智力。但是补铁过量的话,就有可能诱发肿瘤的发生和发展,因为铁可能是肿瘤细胞生长和复制的限制性营养素。体内铁水平高可刺激某种肿瘤细胞的生存和生长,成为临床上可检测到的肿瘤。

4. 锰

锰是构成正常骨骼时所必要的物质,影响骨骼的正常生长和发育;锰在脑下垂体中含量丰富,对于维持正常脑功能也起到必不可缺的作用;锰也是人体内多种酶的成分之一,如人体内的超氧化物歧化酶(SOD)具有抗衰老作用,因此有人将锰称为"益寿元素"。成人体内缺锰时会引起高血压、肝炎、肝癌、衰老等症状,吸入过量的锰会引起锰中毒,情况严重时会出现精神病的症状,如暴躁、出现幻觉,医学术语叫锰狂症,当人体吸入 5～10 g 锰时可致死。

5. 铬

它是胰岛素不可缺少的辅助成分,参与糖代谢过程,促进脂肪和蛋白质的合成,对于人体的生长和发育起着促进作用。

研究证明,糖尿病病人的头发和血液中的含铬量比正常人低,心血管疾病、近视眼都与人体缺铬有关。当人体缺铬时,由于胰岛素的作用降低,糖的利用发生障碍,使血内脂肪和类脂,特别是胆固醇的含量增加,于是出现动脉硬化、糖尿病。一旦出现高血糖、糖尿、血管硬化现象,就波及眼睛而影响视力。

必须注意,虽然在铬的化合物中三价铬几乎是无毒的,可是六价铬具有很强的毒性,特别是铬酸盐及重铬酸盐的毒性最为突出。如果人吸入含重铬酸盐微粒的空气,就会引起鼻中隔穿孔、眼结膜炎及咽喉溃疡。如果口服,会引起呕吐、腹泻、肾炎、尿毒症,甚至死亡。长期吸入含六价铬的粉尘或烟雾会引起肺癌。

6. 碘

碘是构成甲状腺激素的核心成分,甲状腺激素是促进蛋白质合成、人体生长发育和新陈代谢的重要激素,特别是对中枢神经系统、造血系统和循环系统都有着显著的作用。另外,碘还能调节人体内钙和磷等元素的代谢。碘缺乏时,成人会出现甲状腺肿大的症状,若孕妇缺碘,会导致婴儿的骨骼生长和大脑发育受到严重影响,患上呆小症,其主要表现为生长迟缓、身材矮小、行动迟缓、智力低下。当人体内长期出现碘过量的情况,则会阻止甲状腺激素的合成。一次性摄入过量的碘会引起咳嗽、眩晕、头疼、呕吐等症状,严重时会导致死亡。

7. 锌

锌主要以结合状态(大分子配合物)存在于多种含锌酶中,分布于人体各组织,特别是视网膜、脉络膜、前列腺中的含量最高。此外,锌对促进机体生长发育、维持细胞功能、调节机体免疫具有重要作用。缺锌时酶的活性下降会引起相关的代谢体系紊乱,使人体发育和生长受阻,引发侏儒症、动脉硬化、冠心病、贫血、糖尿病等,尤其对儿童的影响最大,导致儿童生长发育迟缓、免疫功能降低、食欲差等症状。如果锌含量过多,会导致红细胞增多症、甲亢、高血压、多发性神经炎等。

8. 钼

钼是人体内某些酶的组分之一,可能有抗动脉粥样硬化的作用,不足会引发癌症、克山病、动脉硬化及冠心病等,而过量会导致佝偻病、贫血、痛风等。

9. 钒

钒不足会引发动脉硬化、冠心病及贫血,过量会损害呼吸、消化、心血管和神经系统。

 # 第三节　环境污染中有害元素

目前在全球范围内都不同程度地出现了环境污染问题,具有全球影响的方面有大气环境污染、海洋污染、城市环境问题等。随着经济和贸易的全球化,环境污染也日益呈现国际化趋势,近年来出现的危险废物越境转移问题就是这方面的突出表现。一种状态由洁净变污浊的过程叫做污染。环境污染源主要有以下几方面:工厂排出的废烟、废气、废水、废渣和噪音;人们生活中排出的废烟、废气、脏水、垃圾和噪音;交通工具(所有的燃油车辆、轮船、飞机等)排出的废气和噪音;大量使用化肥、杀虫剂、除草剂等化学物质的农田灌溉后流出的水;矿山废水、废渣。

1. 大气污染与人体健康

大气污染主要是指大气的化学性污染。大气中化学性污染物的种类很多,对人体危害严重的多达几十种。我国的大气污染属于煤炭型污染,主要的污染物是烟尘和二氧化硫,此外,还有氮氧化物和一氧化碳等。这些污染物主要通过呼吸道进入人体,不经过肝脏的解毒作用,直接由血液运输到全身。因此,大气的化学性污染对人体健康的危害很大。这种危害可以分为慢性中毒、急性中毒和致癌作用三种。

(1)慢性中毒:大气中化学性污染物的浓度一般比较低,对人体主要产生慢性毒害作用。科学研究表明,城市大气的化学性污染是慢性支气管炎、肺气肿和支气管哮喘等疾病的重要诱因。

(2)急性中毒:通常指在工厂大量排放有害气体并且无风、多雾时,大气中的化学污染物不易散开,而导致人急性中毒。例如,1961 年,日本四日市的三家石油化工企业,因为不断地大量排放二氧化硫等化学性污染物,再加上无风的天气,致使当地居民哮喘病大发生。后来,当地的这种大气污染得到了治理,哮喘病的发病率也随着降低了。

(3)致癌作用:大气中化学性污染物中具有致癌作用的有多环芳烃类和含 Pb 的化合物等,其中 3,4-苯并芘引起肺癌的作用最强烈。燃烧的煤炭、行驶的汽车和香烟的烟雾中都含有很多的 3,4-苯并芘。大气中的化学性污染物,还可以降落到水体和土壤中以及农作物上,被农作物吸收和富集,进而危害人体健康。

大气污染还包括大气的生物性污染和大气的放射性污染。大气的生物性污染物主要有病原菌、霉菌孢子和花粉。病原菌能使人患肺结核等传染病,霉菌孢子和花粉能使一些人产生过敏反应。大气的放射性污染物,主要来自原子能工业的放射性废弃物和医用 X 射线源等,这些污染物容易使人患皮肤癌和白血病等。

2. 水污染与人体健康

河流、湖泊等水体被污染后,对人体健康会造成严重的危害,这主要表现在以下三个方面:第一,饮用污染的水和食用污水中的生物,能使人中毒,甚至死亡。例如,1956 年,日本熊本县的水俣湾地区出现了一些病因不明的病人。病人有痉挛、麻痹、运动失调、语言和听力发生障碍等症状,最后因无法治疗而痛苦地死去,人们称这种怪病为水俣病。科学家们后来研究发现,这种病是由当地含 Hg 的工业废水造成的。Hg 转化成甲基汞后,富集在鱼、虾和贝类的体内,如果人们长期食用这些鱼、虾和贝类,甲基汞就会引起以脑细胞损伤为主的慢性甲基汞中毒。孕妇体内的甲基汞,甚至能使患儿发育不良、智能低下和四肢变形。第二,被人畜粪便和生活垃圾污染了的水体,能够引起病毒性肝炎、细菌性痢疾等传染病,以及血吸虫病等寄生虫疾病。第三,一些具有致癌作用的化学物质,如砷(As)、铬(Cr)、苯胺等污染水体后,可以在水体中的悬浮物、底泥和水生生物体内蓄积。长期饮用这样的污水,容易诱发癌症。

3. 固体废弃物污染与人体健康

固体废弃物是指人类在生产和生活中丢弃的固体物质,如采矿业的废石、工业的废渣,以及生活垃圾。应当认识到,固体废弃物只是在某一过程或某一方面没有使用价值,实际上往往可以作为另一生产过程的原料被利用,因此,固体废弃物又叫"放在错误地点的原料"。但是,这些"放在错误地点的原料",往往含有多种对人体健康有害的物质,如果不及时加以利用,长期堆放,越积越多,就会污染生态环境,对人体健康造成危害。

（谢小雪）

能力检测

简答题

1. 宏量元素和微量元素是如何划分的?

2. 人体必需宏量元素和微量元素分别有哪些?

无机化学实验

实验 1　无机化学实验基本操作

一、实验目的

（1）熟悉无机化学实验常用仪器。
（2）学习常用仪器的洗涤和使用方法，掌握注意事项。
（3）练习固体和液体的取用、加热等操作。
（4）熟悉称量、过滤等操作。

二、实验原理

1. 玻璃仪器的洗涤

在进行化学实验时，首先应保证仪器是洁净的。不同的实验，对于玻璃仪器的要求不同。可视仪器沾染污物情况，采用适当的方法进行洗涤。通常的洗涤方法如下：

（1）自来水刷洗：用自来水和毛刷刷洗，可除去尘土和一般的不溶物。

（2）洗涤剂洗：经自来水刷洗后，如还有污物，可用毛刷蘸取少量去污粉或洗涤剂（如洗衣粉、洗涤灵、肥皂等）刷洗，再用自来水冲洗 3 次，用去离子水洗涤 2~3 次。

本法适用于一般容器（如试管、烧杯、量筒、锥形瓶、烧瓶等）的洗涤。

（3）化学洗液润洗：对于用洗涤剂洗后仍未达到洁净要求、不能用毛刷刷洗的小口径仪器或容量仪器，可考虑用化学洗液润洗。常用的化学洗液有铬酸洗液、浓盐酸、氢氧化钠-高锰酸钾溶液等。

操作方法：取少量洗液，小心转动仪器，使洗液全部润湿仪器内壁，片刻后，再将洗液倒入回收瓶中，然后用自来水冲洗 3 次（第一遍自来水冲洗液仍然含较高浓度的洗液成分，应倒入废液桶，经无害化处理后方能排放，避免污染环境），再用去离子水洗涤 3 次。

另外，对于一些特殊的污物，可根据其性质，有针对性地选择洗液。如 AgCl 沉淀可用少量氨水浸泡除去，难溶硫化物可用盐酸、硝酸等除去。

使用洗液时需要注意：

（1）铬酸洗液是由重铬酸钾、浓硫酸组成的，其中重铬酸根有致癌作用。在使用时尽量回收，避免对环境造成污染。

（2）化学洗液均为强氧化剂，要小心取用。如果不慎沾染到皮肤和衣服，迅速用大量自来水冲洗后,再进行针对性处理。

玻璃仪器洗净标准:仪器经洗涤后,器壁无污物,且倒转后水即顺器壁流下,清洁、透明、不挂水珠。

2. 常用玻璃仪器简介

1)常规仪器

(1)酒精灯:常用于试管、烧杯等一般容器的加热。酒精灯内酒精的体积一般以占酒精灯容积的 1/3～2/3 为宜。在使用前,应先检查酒精灯内酒精量是否合适。用火柴点燃酒精灯。切不可用已燃着的酒精灯点燃,以防引起火灾!在使用过程中,发现酒精灯内酒精量低于容积的 1/3,须将火焰熄灭,并冷却至室温后,再添加酒精。

(2)烧杯:用作反应容器、配制溶液等的容器。烧杯虽然有粗略的刻度,但只能大约估计液体体积,不可当作量器使用。如需加热时,应垫上石棉网,以防止烧杯因受热不均而炸裂。

(3)锥形瓶:常用作反应容器,可减少挥发,如滴定分析。

(4)量筒:可用于量取一定体积的液体。可根据需要选用不同规格的量筒,一般首选能一次完成量取的最小规格量筒,这样可以减少量取误差。量筒不可用于加热,也不能量取热溶液或过冷溶液。读数时需使视线、液体凹液面最低点和刻度在同一水平面上,方可读数,如实验图 1-1 所示。

2)容量仪器

(1)移液管和刻度吸管:在实验中如需精确量取液体,可用移液管或刻度吸管(也叫吸量管)。

① 移液管:中间无分度,用于量取某一整数体积的液体。

② 刻度吸管:中间有分度,可用来量取某一整数、非整数体积的液体。

读数方式同量筒。一般地,能一次量取的体积,就不要分多次量取。量的次数越多,累计的误差就越大。

使用刻度吸管前,应依次用自来水淋洗—洗液浸泡—自来水冲洗 3 次—蒸馏水洗涤 3 次,最后再用待移取液体润洗 2～3 次。

吸取液体时,右手大拇指和中指捏住刻度吸管(或移液管,下同)刻线以上部位,将刻度吸管尖端插入液面下 0.5～1 cm,左手持洗耳球,慢慢吸入液体至刻线以上,迅速用右手食指按紧管口,调节液面高度至所需刻度。取出刻度吸管,左手拿盛放容器并倾斜 30°～45°,刻度吸管直立,将所吸取液体沿容器内壁缓缓放出。待液体流尽,约 15 s 后,取出刻度吸管。注意,不要把刻度吸管尖嘴残留的液体吹出。只有标注了"吹"字的刻度吸管,才需吹下残留液体。

在同一实验中移取同一试剂,尽量使用同一支移液管。另外,不能用移液管移取太热或太冷的液体。

(2)容量瓶:容量瓶是具塞磨口玻璃容器,用于配制精确浓度的溶液,如滴定分析中标准溶液的配制。容量瓶如实验图 1-2 所示。

使用前应先检查是否漏水。方法是加入自来水至标线附近,盖塞,用左手按住瓶塞,右手持容量瓶底部边缘,倒立约 2 min,观察是否有水渗出。直立,再将瓶塞旋转 180°,再次检查。

俯视 ----
平视 ----
仰视 ----

20

30

实验图 1-1　量筒、刻度吸管读数

250mL
20℃

实验图 1-2　容量瓶

经检查不漏水的容量瓶,应依次用洗液、自来水、蒸馏水洗涤。

容量瓶的塞子和瓶身应"一对一"配套使用,一般应将瓶塞固定在瓶颈部。

配制溶液时,如溶质是固体,则先在小烧杯中溶解,再用**玻璃棒引流**,转移至容量瓶中。如溶解过程有热交换,则需放置到室温再进行操作。溶液转移完后,烧杯和玻璃棒分别用少量蒸馏水洗涤 3 次,洗涤液依次转移至容量瓶中。加水至 2/3 容积时,直立轻摇容量瓶(此时切不可倒置!),使溶液初步混匀,再加水至标线。倒置,摇匀,直立。重复 3 次,使溶液浓度均匀一致。

3. 试剂的取用

1) 固体试剂的取用

取用固体试剂时通常用干净的药匙,并且最好专匙专用。取用试剂本着"够用为度"的原则,一旦取出,则不能再放回原瓶,可放入指定的容器。

2) 液体试剂的取用

液体试剂一般根据实验要求,选用滴管、量筒或移液管(或刻度吸管)等量取。粗略量取小于 1 mL 的液体时一般用滴管,按 1 mL 约等于 20 滴取液。

从滴瓶中取液体试剂时,要用与滴瓶配套的滴管。转移液体时,不要让滴管与承接器接触,更不能使滴管伸入其他液体中,以免污染滴管,进而污染整瓶试剂。操作时,滴管口不能向上,以免液体流入胶囊后腐蚀胶囊和污染试剂。

4. 加热

1) 液体的加热

加热少量液体时,可将液体加入试管中,用酒精灯加热。液体体积一般不超过试管容积的 1/3。加热时,用试管夹夹住距试管口 1/3～1/2 的部分,管口向上倾斜,且不要对着任何人。加热时,可先使试管均匀受热,再加热液体部分。加热过程中,要不断移动试管,使液体部分都能受热。若只加热某一部分,则易引起暴沸。

若加热大量液体,则用烧杯等较大型容器盛放,隔石棉网加热。

2) 固体样品的加热

少量固体样品的加热,可用试管。先用酒精灯均匀加热整支试管,再集中加热试管底部的固体。加热时,试管口向下倾斜,防止加热产生的水汽遇冷后凝结、倒流回试管底,而使试管炸裂。

如需加热大量固体样品,则可以用瓷质的蒸发皿。加热时,先用小火预热,再逐渐改用大火加热。加热过程中要注意不断搅拌,使固体受热均匀。

如需高温灼烧固体样品,则需用坩埚盛放,加热方法同蒸发皿加热。坩埚可以承受更高的温度。此时也可用煤气灯的氧化焰加热坩埚,而不用温度不够高的还原焰加热。还可以用其他高温热源。开始时,火不要太大,先使坩埚均匀地受热,然后加大火焰,将坩埚烧至红热。灼烧一定时间后,停止加热,将坩埚放在泥三角上稍冷后,用坩埚钳夹持放在干燥器内。用坩埚钳夹持高温的坩埚时,必须先放在火焰上预热一下。

3)水浴加热

水浴加热常在水浴锅中进行,有时为了方便而用规格较大的烧杯等代替,也可以在恒温水浴箱中进行。水浴锅的材质一般为金属铜,内壁涂锡。盖子由一套不同口径的铜圈组成,可以按加热器皿的外径任意选用。使用时,锅下加热,受热器皿悬置在水中,不能触及锅壁或锅底。水浴锅内存水量应保持在总容积的 2/3 左右。水浴温度最高可达到 95 ℃左右,水浴锅不可作为油浴或砂浴锅用。

在有些情况下,也使用油浴、砂浴、空气浴等加热方法。

5.托盘天平的使用

托盘天平是实验室常备仪器之一,用于一般试剂的称量,其只能称准到 0.1 g。

使用要求:

(1)需放置在水平的地方,游码归零。

(2)调节平衡螺母至指针指向"0"刻度线。

(3)左盘放称量物,右盘放砝码。称量物不可直接放在托盘上,应放在玻璃器皿或洁净的纸上。称量干燥的固体药品时,应在两个托盘上各放一张相同大小和质地的纸,再把药品放在纸上称量。易潮解的药品,必须放在玻璃器皿(如小烧杯、表面皿等)上称量,先称玻璃器皿,然后加药品再称量,用差减法计算出药品质量。

(4)过冷或过热的物体,应先在干燥器内放置至室温后再称量。

(5)加减砝码,可从大到小,并调节游码,直至指针再次指向中央刻度线。

(6)计算物体的质量(物体的质量=砝码质量+游码质量)。

(7)必须用镊子取用砝码,并将取下的砝码放回砝码盒。在称量过程中,不得再触碰平衡螺母。

(8)称量完毕,应当使砝码归盒、游码回"0"。

6.固液分离

1)离心

少量沉淀与溶液的分离,可用离心操作。将盛有待分离样品的离心试管,对称放入离心机,设定转速和时间。在离心力的作用下,实现沉淀与溶液的分离。用排空气后的滴管小心吸取上清液,使固液分离。

离心时需注意:

(1)为防液体溢出,离心试管中盛放的溶液体积不得超过试管总容积的 2/3。

(2)在离心机中放置离心试管时,应注意以轴为中心对称放置。若离心一支试管,则需在对称位置放一支已加入同等水量的离心试管,与之平衡。

2）过滤

（1）常压过滤：这是最常用的固液分离方法。根据待分离样品的多少，选择合适的漏斗和滤纸。圆形滤纸对折两次后，展开一层，呈圆锥形，放入预先洗净干燥的漏斗中，使滤纸与漏斗贴紧（若不合适，应调整滤纸折叠时的角度）。滴加少许蒸馏水，将滤纸润湿，用洁净的中指轻轻按压，使滤纸与漏斗贴紧，两者之间无气泡为佳，有利于加快过滤速度。

过滤时，需将漏斗置于漏斗架上，漏斗下方放一只烧杯，用于承接滤液。往漏斗中倾倒溶液，需用玻璃棒引流。

过滤中注意把握"三低三靠"原则。"三低"即漏斗出口端低于烧杯口，滤纸低于漏斗上部边缘，玻璃棒下端低于滤纸上缘。"三靠"指漏斗下端尖部靠在承接烧杯内壁，玻璃棒轻靠在三层滤纸处（注意不可戳破滤纸！），装有待过滤样品烧杯的尖嘴紧靠玻璃棒，如实验图1-3所示。

转移样品应先转移上清液，待清液滤过后，再转移沉淀物。若沉淀过早转移进入漏斗，则易堵塞滤纸孔隙，影响过滤速度。转移样品后，烧杯、玻璃棒及残余沉淀要用蒸馏水洗涤2～3次，洗涤液一并转移至漏斗，过滤。

（2）减压过滤：又叫抽滤，是利用减压设备（如循环水泵、真空泵等），达到加快过滤速度的一种装置。

减压过滤装置由过滤装置、安全瓶和减压装置三部分组成，如实验图1-4所示。

接安全瓶及减压泵

实验图 1-3　过滤操作　　　　　　　实验图 1-4　减压过滤装置

过滤装置由布氏漏斗（瓷质）和抽滤瓶组成。布氏漏斗底部分为两层，上面一层为带有均匀小孔的筛板。过滤时，先在筛板铺上滤纸，以覆盖小孔，滤纸直径略小于筛板直径，滤纸与筛板之间不得有缝隙。

安全瓶用于连接过滤装置和减压装置，防止滤液进入减压装置，或误操作导致倒吸，污染滤液。

操作方法：安装好装置，用少许溶剂将滤纸润湿，启动减压设备，通过安全瓶上的二通活塞调节真空度。先倒入部分溶液，待已结一层滤饼后，再倒入余下溶液，直至抽"干"为止。结束时，要先通大气，真空度为"0"时，再关泵。

三、仪器与试剂

(1) 仪器:试管、试管夹、烧杯、量筒、玻璃棒、移液管、刻度吸管、滴瓶、滴管、镊子、药匙、酒精灯、托盘天平、50 mL 容量瓶、酒精灯、漏斗、滤纸。

(2) 试剂:Na_2CO_3 粉末、$CuSO_4 \cdot 5H_2O$(固体)。

四、实验内容

1. 常用玻璃仪器的辨认和洗涤

认识各种常用的玻璃仪器,如试管、烧杯、量筒、刻度吸管、移液管、滴瓶、容量瓶、漏斗等,并加以洗涤。

2. 试剂的取用

(1) 溶液的取用与量筒的使用:用小烧杯取少量自来水,采用直接倾倒的方法,用量筒量取 5 mL、10 mL 自来水,直到操作熟练为止。

(2) 移液管、刻度吸管的使用:用移液管、刻度吸管量取 2.50 mL、5.00 mL、10.00 mL、25.00 mL 自来水到烧杯内,练习吸液和放液操作,直至熟练为止。

3. 酒精灯的使用

通过漏斗向酒精灯中加入工业酒精,使酒精的体积为酒精灯容积的 1/2~2/3。

(1) 固体的加热:将盛有少量硫酸铜固体的试管用铁夹固定在铁架台上,试管口向下倾斜。用酒精灯加热时,先使试管均匀预热,再集中加热硫酸铜固体。加热过程中注意观察硫酸铜的形态和颜色变化。

(2) 液体的加热:取一支试管,加入 2 mL 水,用试管夹夹住试管,管口向上倾斜约 45°。先使试管均匀预热,再用酒精灯集中加热液体部分至沸腾。注意:试管口不可对着任何人!

4. 托盘天平的使用

(1) 称量一只干燥小烧杯的质量。

(2) 称取 2.0 g Na_2CO_3 粉末。

五、数据(或现象)记录与处理

在实验过程中,及时记录现象和数据。进行有关数据的处理。

附:化学试剂的分类

化学试剂是化学实验中所必备的,应具有较高的纯度。根据其纯度高低和用途,可分为以下几类。

(1) 优级纯试剂为一级品,亦称保证试剂,纯度高,杂质极少,主要用于科学研究和精密分析,常以 GR 表示。

(2) 分析纯试剂为二级品,亦称分析试剂,纯度略低于优级纯试剂,适用于一般性分析研究工作,常以 AR 表示。

(3) 化学纯试剂为三级品,纯度较分析纯试剂差,适用于工厂、学校一般性的分析工作,常以 CP 表示。

(4) 实验试剂为四级品,纯度比化学纯试剂差,主要用于一般化学实验,不能用于分析工作,常以 LR 表示。

(5)生化试剂:能用于生物化学实验的试剂。

以上分类方法已在我国通用。根据国家标准(GB/T 15346—2012)《化学试剂包装及标志》的规定,化学试剂的不同等级分别用各种不同的颜色来标志,见实验表 1-1。

实验表 1-1　化学试剂等级分类表

级别	一级品	二级品	三级品	四级品	生化试剂
中文标志	优级纯	分析纯	化学纯	实验试剂	生化试剂
符号	GR	AR	CP	LR	BR
标签	绿	红	蓝	棕色等	咖啡色
适用范围	精密分析实验	一般分析实验	一般化学实验	一般化学实验辅助试剂	生物化学实验

（付煜荣）

实验 2　溶液的配制

一、实验目的

(1)掌握一定物质的量浓度、质量浓度、质量分数等溶液的一般配制方法。

(2)掌握托盘天平、电子天平、量筒、移液管、刻度吸管、试剂瓶的使用方法。

二、实验原理

配制溶液时,需要根据配制溶液的组成、所用溶质的摩尔质量和所需配制溶液的体积(或质量)等信息,计算所需溶质的质量或浓溶液的体积,然后进行配制。注意:如果溶质是含结晶水物质,计算时要含结晶水。

1. 所需溶质的质量或浓溶液体积

溶液组成的标度通常有物质的量浓度、质量浓度、质量分数、体积分数、质量摩尔浓度和摩尔分数等。

(1)已知溶液体积(V)和溶质的物质的量浓度(c_B),计算所需溶质的质量(m_B)。

$$m_B = c_B V M_B$$

(2)已知溶液体积(V)和溶液的质量浓度(ρ_B),计算所需溶质的质量(m_B)。

$$m_B = \rho_B V$$

(3)已知质量分数(w_B)和溶液的总质量(m),计算所需溶质的质量(m_B)。

$$m_B = w_B m$$

(4)已知溶质的体积分数(φ_B)和溶液的总体积(V),计算所需溶质的体积(V_B)。

$$V_B = \varphi_B V$$

(5)已知浓溶液的浓度(c_{B1})、稀溶液的浓度(c_{B2})和稀溶液的体积(V_2),计算所需浓溶液的体积(V_1)。

$$c_{B1}V_1 = c_{B2}V_2$$

2. 溶液配制

一般溶液的配制通常有三种方法：

1）水溶法

对易溶于水且不发生水解的固体试剂（如 $NaOH$、$NaCl$、KCl、KNO_3 等），可将称量好的固体直接加适量水溶解，并稀释至相应体积即可。

2）介质法

对于溶于水易水解的固体物质（如 $FeCl_3$、$AgNO_3$、$BiCl_3$ 等）来说，配制溶液时，为抑制其水解，往往先在称量好的固体中，加入适量的酸（或碱）使其溶解，再用去离子水稀释至所需体积。

3）稀释法

如果试剂本身是液体（如硫酸、盐酸、醋酸等），在配制溶液时，可根据所配溶液的浓度和体积，先用量筒量取所需体积的浓溶液，再用溶剂（如蒸馏水）稀释至所需体积。

一些见光易分解或容易被氧化的溶液，应储存于棕色试剂瓶中，并且最好现用现配。

无论用哪种方法配制溶液，都遵循"配制前后，溶质的量（物质的量或质量）不变"的原则。

三、仪器和试剂

(1) 仪器：托盘天平、电子天平（感量为 0.001 g 或 0.0001 g）、量筒（10 mL、50 mL 各 1 个）、容量瓶（50 mL）、烧杯（50 mL、100 mL、250 mL 各 1 只）、药匙、玻璃棒。

(2) 试剂：$NaCl$、Na_2CO_3、$NaOH$、95％乙醇、浓硫酸（98％）。

四、实验内容

1. 由固体配制溶液

(1) 配制 $NaCl$ 质量分数为 5％的 $NaCl$ 溶液 30 g：

① 计算需用 $NaCl$ ＿＿＿＿＿g、蒸馏水 ＿＿＿＿＿mL（水的密度为 1 g/mL）；

② 在托盘天平上称取计算量的 $NaCl$，置于小烧杯中，用量筒量取蒸馏水 ＿＿＿＿＿mL，先加少量水搅拌使之溶解后，再将其余水全部倒入烧杯中，混匀；

③ 将配好的 $NaCl$ 溶液倒入量筒中，其体积是 ＿＿＿＿＿mL，密度为 ＿＿＿＿＿g/mL。

(2) 配制一定质量浓度的溶液：用上述 $NaCl$ 溶液配制质量浓度为 9 g/L 的 $NaCl$ 溶液（即生理盐水）30 mL。

① 计算需用 5％ $NaCl$ 溶液 ＿＿＿＿＿mL；

② 用量筒量取计算量的 5％ $NaCl$ 溶液于 50 mL 量筒中，加水至刻度，搅拌均匀，转移至试剂瓶中。

(3) 配制一定物质的量浓度的溶液：用无水碳酸钠（Na_2CO_3）配制 50 mL 0.100 mol/L Na_2CO_3 溶液。

① 计算需碳酸钠 ＿＿＿＿＿g；

② 用电子天平(或分析天平)称取计算量的 Na_2CO_3 于小烧杯中,加水约 20 mL,用玻璃棒搅拌至完全溶解后,转移至 50 mL 容量瓶中,用少量水洗涤小烧杯,洗涤液也一并倒入容量瓶中,加水至刻度,摇匀。

2. 由液体试剂(或浓溶液)配制溶液

(1) 用体积分数为 95% 的乙醇配制体积分数为 75% 的乙醇(消毒乙醇)50 mL。

① 计算所需体积分数为 95% 的乙醇_____mL;

② 将量取的体积分数为 95% 的乙醇转移至 50 mL 量筒中,加水至 50 mL。

(2) (选做)用浓硫酸(其密度为 1.84 g/mL、H_2SO_4 质量分数为 96%)配制 2 mol/L H_2SO_4 溶液 50 mL。

① 计算配制 2 mol/L H_2SO_4 溶液 50 mL 需用浓硫酸_____mL;

② 在小烧杯内加入约 20 mL 水,用 10 mL 量筒量取所需浓硫酸,将浓硫酸沿玻璃棒缓慢加入水中,边加边搅拌。待溶液冷至室温后,倒入 50 mL 量筒中,再用少量水冲洗 10 mL 量筒和烧杯各 2 次,洗涤液也倒入 50 mL 量筒中,加水至 50 mL,混匀。

五、注意事项

(1) 浓硫酸具有强腐蚀性、强氧化性,故需小心操作。如不慎沾染,则用大量水冲洗。浓硫酸稀释时,要放出大量的热,为避免溶液沸腾溅出而发生危险,应先取适量水,再将浓硫酸缓慢加入水中,并边加边搅拌。

(2) 固体氢氧化钠有腐蚀性,在空气中易吸潮,称量时要放入小烧杯中,且操作要迅速。

六、问题与讨论

(1) 称取固体氢氧化钠时应注意什么?

(2) 由浓硫酸配制稀硫酸时应注意什么?

(罗孟君)

实验 3　离子交换法制备去离子水

一、实验目的

(1) 了解分析实验室用水标准。

(2) 了解离子交换法的原理。

(3) 掌握离子交换柱的制作方法及去离子水的制备方法。

(4) 学习电导率仪的使用及水中常见离子的定性鉴定方法。

二、实验原理

无论是工农业生产用水、日常生活用水,还是科研实验用水,对水质都有一定的要求。

在天然水或者自来水中含有各种各样的无机杂质和有机杂质,常见的无机杂质有 Mg^{2+}、Ca^{2+}、CO_3^{2-}、HCO_3^-、Cl^- 等离子及某些气体。在化学分析实践中,根据实际要求不同,对分析用水的纯度要求也不同。在一般分析工作中,用蒸馏水或去离子水即可,它们又称纯化水。常见制备方法有蒸馏法、电渗析法和离子交换法。本实验中主要介绍离子交换法制备去离子水的原理及操作方法。

1. 离子交换原理

离子交换法是将水通过离子交换树脂,使水中的阴、阳离子分别被树脂吸附,去除水中的无机离子的方法。离子交换法中起核心作用的物质就是离子交换树脂,它是一种具有网状结构的有机高分子聚合物,由本体和交换基团两部分组成,其中本体的作用是作为载体,而本体上附着的交换基团才是活性成分。根据活性基团类型的不同,可以把离子交换树脂分为阳离子交换树脂和阴离子交换树脂。

典型的阳离子交换树脂活性基团是磺酸基,其结构为

$$R—SO_3^-\ \vdots\ H^+$$

本体　活性基团

其中 H^+ 可以解离,进入溶液,并与溶液中阳离子(如 Na^+、Mg^{2+}、Ca^{2+} 等)进行交换,故名为阳离子交换树脂。

$$R—SO_3H+Na^+\rightleftharpoons R—SO_3Na+H^+$$

典型的阴离子交换树脂活性基团是季铵基,其结构为

$$R_4\ N^+\ \vdots\ OH^-$$

本体　活性基团

其中 OH^- 可以解离进入溶液,并与溶液中阴离子(如 SO_4^{2-}、Cl^- 等)进行交换,故名为阴离子交换树脂。

$$R_4NOH+Cl^-\rightleftharpoons R_4NCl+OH^-$$

待净化的水分别经过阳离子交换树脂和阴离子交换树脂后,杂质离子被 H^+ 和 OH^- 所取代,最后通过中和反应生成水,达到净化的目的。

实际生产时,将离子交换树脂装填入容器状管道中,做成离子交换柱(见实验图 3-1),一个阳离子交换柱和一个阴离子交换柱串联在一起使用,称为一级离子交换法水处理装置(见实验图 3-2)。该装置串联的级数越多,去杂质的效果越好。实际上实验室里使用的所谓"蒸馏水",大部分是通过离子交换法制得的。

离子交换柱在使用过一段时间后,柱内树脂的离子交换能力会下降,解决办法是分别用稀 HCl 溶液和稀 NaOH 溶液浸泡失效的阳离子交换树脂和阴离子交换树脂,这一过程叫做离子交换树脂的再生。

2. 水质的检验

由于纯水中只含有微量的 H^+ 和 OH^-,所以电导率极小。如果水中含有电解质杂质,水的电导率会明显增大。故用电导率仪测定水样的电导率大小,可以推测出水样的级别。

三、仪器与试剂

(1)仪器:电导率仪、小烧杯、离子交换柱(2 根)、阳离子交换树脂、阴离子交换树脂、滤

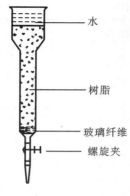

实验图 3-1　离子交换柱

实验图 3-2　离子交换装置

纸、pH 试纸。

（2）试剂：自来水。

四、实验内容

1. 离子交换装置的制作

离子交换装置由两根离子交换柱串联组成。上面一根柱子中装阳离子交换树脂，下面一根柱子中装阴离子交换树脂。柱子底部垫有玻璃纤维，以防止树脂颗粒掉出。

用烧杯将离子交换树脂装入柱内，一直填充到离柱口大约 2 cm 处。在装填过程中一定要填实，不能让柱子内部出现空洞或者气泡，出现以上情况时可以拿玻璃棒伸入树脂内部挤压，使之装填紧密。

最后加水封住离子交换树脂，以避免接触空气。

装置的流程为：自来水→阳离子交换柱→阴离子交换柱→去离子水。

2. 去离子水的制备

将自来水加入阳离子交换柱上端的开口（注意：在实验过程中，要随时补充自来水，以防止树脂干涸，水位高度至少应能覆盖树脂表面）。调节螺旋夹，使得流出液的速度为15～20 滴/min，流出液再流过阴离子交换柱。

将烧杯置于阴离子交换柱下端，而且要保持上、下柱子流速一致。

用烧杯在阴离子交换柱下承接大约 15 mL 流出液后，再用小烧杯收集水样至满，然后进行检验。

实验结束后，将上、下两个螺旋夹旋紧，并把两个柱子加满水。

3. 水质的检验

对自来水和制备得到的去离子水，分别进行电导率的测定。

每次测定前，都要先后用蒸馏水和待测水样冲洗电导电极，并用滤纸吸干，再将电极浸入水样中，务必保证电极头的铂片完全被水浸没，然后按照电导率仪的说明书进行操作。

五、数据记录与处理

将测得的电导率数据记入实验表 3-1 中。

实验表 3-1 实验数据记录

测试水样	电导率/(μS/cm)
自来水	
制得的去离子水	

结论：

六、思考题

（1）写出离子交换树脂再生的有关反应方程式。

（2）为什么要先让流出液流出 15 mL 以后，才能开始收集样品进行检验？

（3）列举出至少 3 种不能用离子交换法去除的水中杂质。

（4）需制备的水为什么先经过阳离子交换树脂处理，后经过阴离子交换树脂处理？反过来如何？

附：实验室用水规格

根据国家标准 GB/T 6682—2008 规定，实验室用水分为三个等级：一级水、二级水和三级水。

（1）一级水用于严格要求的实验，包括对悬浮颗粒有要求的实验。如高压液相色谱分析用水。一级水可用二级水经过石英设备蒸馏或超纯水制备装置制取后，再经 0.2 μm 微孔滤膜过滤。

（2）二级水用于无机痕量分析、病毒免疫等实验，如原子吸收光谱分析。二级水可用多次蒸馏或超纯水制备装置制取。

（3）三级水用于一般化学分析和生化检验实验，可用蒸馏或离子交换等方法制取。

实验室用水应符合实验表 3-2 所列质量要求。

实验表 3-2 实验室用水的质量要求

名 称	一级	二级	三级
pH 值范围(25 ℃)	—	—	5.0～7.5
电导率(25 ℃)/(mS/m)	≤0.01	≤0.10	≤0.50
可氧化物质(以 O 计)/(mg/L)	—	<0.08	<0.4
吸光度(254 nm 波长,1 cm 光程)	≤0.001	≤0.01	—
蒸发残渣(105 ℃±2 ℃)/(mg/L)	—	≤1.0	≤2.0
可溶性硅(以 SiO_2 计)/(mg/L)	<0.01	<0.02	—

（刘忠丽）

实验 4 醋酸解离常数的测定

一、实验目的

(1) 掌握测定醋酸的解离常数方法,进一步理解解离度。
(2) 学会正确使用 pH 计。

二、实验原理

醋酸(CH_3COOH,或简写成 HAc)是弱电解质,在溶液中存在如下解离平衡:

$$HAc + H_2O \rightleftharpoons H_3O^+ + Ac^-$$
$$K_a = [H_3O^+][Ac^-]/[HAc]$$
$$\alpha = [H_3O^+]/c$$

式中,$[H_3O^+]$、$[Ac^-]$ 和 $[HAc]$ 分别为 H_3O^+、Ac^-、HAc 的平衡浓度,K_a 为解离常数,α 为解离度。

醋酸溶液的总浓度用 c 表示,可以用 NaOH 标准溶液滴定测得。其解离出来的 H^+ 的浓度可在一定温度下用 pH 计测得,根据 $pH = -lg[H^+]$ 关系式计算出 H^+ 浓度来。另外,将

$$[H_3O^+] = [Ac^-]$$
$$[HAc] = c - [H_3O^+]$$

代入 K_a 计算公式,便可计算出该温度下的 K_a 值,即

$$K_a = [H_3O^+]^2/(c - [H_3O^+])$$

三、仪器与试剂

(1) 仪器:pH 计、容量瓶(50 mL)、刻度吸管(10 mL)、移液管(25 mL)、碱式滴定管(50 mL)、锥形瓶(250 mL)、塑料瓶、试剂瓶(500 mL)、烧杯(250 mL)、托盘天平。

(2) 试剂:NaOH 标准溶液(0.1000 mol/L)、HAc 溶液(0.2000 mol/L)、酚酞指示剂、邻苯二甲酸氢钾。

四、实验内容

1. NaOH 标准溶液的配制

为了去除 NaOH 中的 Na_2CO_3,通常将 NaOH 配成饱和溶液(其相对密度为 1.56,NaOH 质量分数为 0.52),这是因为 Na_2CO_3 在 NaOH 饱和溶液中溶解度很小,可沉淀于塑料瓶底部。用托盘天平称取 NaOH 约 120 g,倒入装有 100 mL 蒸馏水的烧杯中,搅拌使之溶解,生成饱和溶液,贮于塑料瓶中,静置数日,澄清后备用。

取澄清的饱和 NaOH 溶液 2.8 mL,置于 500 mL 试剂瓶中,加入蒸馏水 500 mL,摇匀、密塞,贴上标签,备用。

2. NaOH 标准溶液浓度的测定

用差减法精密称取在 $105\sim110$ ℃干燥至恒重的基准物邻苯二甲酸氢钾 3 份,每份约 0.5 g,分别置于 250 mL 锥形瓶中,各加蒸馏水 50 mL,使之完全溶解。加酚酞指示剂 2 滴,用待标定的 NaOH 标准溶液滴定至溶液呈淡红色,且 30 s 内不退色即可。平行测定 3 次,根据消耗 NaOH 标准溶液的体积,计算 NaOH 标准溶液的浓度。

3. HAc 溶液浓度的测定

用移液管吸取 25.00 mL HAc 溶液于 250 mL 锥形瓶中,加 2 滴酚酞指示剂,用 NaOH 标准溶液滴定至溶液呈淡红色,摇匀后静置,30 s 内不退色为止,记录滴定所消耗 NaOH 标准溶液的体积,重复滴定 3 次。

HAc 溶液的平均浓度= _____ 。

4. 配制不同浓度的 HAc 溶液

用刻度吸管分别量取已知准确浓度的 0.2000 mol/L HAc 溶液 2.50 mL、5.00 mL、25.00 mL 于三个 50 mL 容量瓶中,用蒸馏水稀释至刻度,摇匀,制得一系列 HAc 标准溶液,并依次编号。

5. 测定一系列 HAc 标准溶液的 pH 值

用四只干燥的 50 mL 烧杯,分别量取 25 mL 上述三种浓度的 HAc 溶液和 0.2000 mol/L HAc 溶液,按照由稀到浓的顺序分别用 pH 计测定它们的 pH 值,并记录温度(室温)。

五、数据记录与处理

将有关数据记入实验表 4-1 中。

实验表 4-1 HAc 解离常数测定实验数据

序号	V_{HAc}/mL	HAc 浓度/(mol/L)	pH 值	$[H_3O^+]$	K_a
1	2.50				
2	5.00				
3	25.00				
4	50.00				

由实验知:在一定温度下,HAc 的解离常数是一固定值,与溶液的浓度无关。

六、思考题

(1) 若 HAc 溶液的浓度相同,温度不同,解离度和解离常数有何变化?

(2) 解离度(α)、解离平衡常数(K_a)与 HAc 溶液的浓度、温度之间有何关系?

(卢庆祥)

实验 5　分光光度法测定碘化铅的溶度积常数

一、实验目的

(1) 掌握分光光度计测定溶度积常数的原理和方法。

(2) 学会分光光度计的使用方法。

二、实验原理

碘化铅是难溶电解质,在其饱和溶液中,存在下列沉淀溶解平衡:

$$PbI_2(s) \Longrightarrow Pb^{2+}(aq) + 2I^-(aq)$$

PbI_2 的溶度积常数表达式为

$$K_{sp,PbI_2}^{\ominus} = (c_{Pb^{2+}}/c^{\ominus})(c_{I^-}/c^{\ominus})^2$$

可简化为

$$K_{sp,PbI_2}^{\ominus} = [Pb^{2+}][I^-]^2$$

在一定温度下,如果测定出 PbI_2 饱和溶液中的 c_{I^-} 和 $c_{Pb^{2+}}$,则可以求得 $K_{sp,PbI_2}^{\ominus}$。

若将已知浓度的 $Pb(NO_3)_2$ 溶液和 KI 溶液按不同体积混合,生成的 PbI_2 沉淀与溶液达到平衡,通过测定溶液中的 c_{I^-},再根据系统的初始组成及测定反应中的 Pb^{2+} 与 I^- 的化学计量关系,可以计算出溶液中的 $c_{Pb^{2+}}$。由此可求得 PbI_2 的溶度积。

本实验先用分光光度法测定溶液中 c_{I^-}。尽管 I^- 是无色的,但可在酸性条件下用 KNO_2 将 I^- 氧化为 I_2(保持 I_2 浓度在其饱和浓度以下)。I_2 在水溶液中呈橙黄色。用分光光度计在 525 nm 波长下,测定由各饱和溶液配制的 I_2 溶液的吸光度(A),然后由标准吸收曲线查出 c_{I^-},则可计算出饱和溶液中的 c_{I^-}。

三、仪器与试剂

(1) 仪器:分光光度计、比色皿、烧杯、试管、刻度吸管、漏斗。

(2) 试剂:6 mol/L HCl 溶液、0.01 mol/L $Pb(NO_3)_2$ 溶液、0.035 mol/L KI 溶液、0.0035 mol/L KI 溶液、0.020 mol/L KNO_2 溶液、滤纸、镜头纸、橡胶塞。

四、实验内容

1. 绘制 A-c_{I^-} 标准曲线

在 5 支干燥的小试管中按实验表 5-1 配制,以蒸馏水做参比,在 525 nm 波长处测溶液的吸光度(A)。以吸光度(A)为纵坐标,c_{I^-} 为横坐标,绘出 A-c_{I^-} 标准曲线。

实验表 5-1　A-c_{I^-} 标准曲线实验数据

试管编号	1	2	3	4	5
0.0035 mol/L KI 溶液体积/mL	1.00	1.50	2.00	2.50	3.00
H_2O 体积/mL	3.00	2.50	2.00	1.50	1.00

续表

试管编号	1	2	3	4	5
KNO_2 溶液体积/mL	2.00	2.00	2.00	2.00	2.00
HCl 溶液	1 滴	1 滴	1 滴	1 滴	1 滴
A(525 nm)					

2. 制备 PbI_2 饱和溶液

在 3 支干燥的大试管中按实验表 5-2 操作。

实验表 5-2 制备 PbI_2 饱和溶液加液量

试管编号	1	2	3
0.015 mol/L $Pb(NO_3)_2$ 溶液体积/mL	5.00	5.00	5.00
0.035 mol/L KI 溶液体积/mL	3.00	4.00	5.00
H_2O 体积/mL	2.00	1.00	0.00

用橡胶塞塞紧试管,充分振荡试管(约 20 min),静置 3~5 min。

用干燥滤纸、漏斗过滤,用干燥试管接滤液。弃去沉淀,保留滤液。

3. 测溶液吸光度

在 3 支干燥的小试管中,用刻度吸管分别注入上述滤液各 2.00 mL,再分别注入 2.00 mL 0.01 mol/L KNO_2 溶液、2.00 mL 蒸馏水和 6 mol/L HCl 溶液 1 滴。摇匀后,分别倒入 2 cm 比色皿中,以蒸馏水为参比,在 525 nm 波长处测溶液的吸光度(A)。将有关数据填入实验表 5-3,进行数据处理。

4. 数据处理

实验表 5-3 PbI_2 溶度积常数测定实验数据

试管编号	1	2	3
稀释后溶液的吸光度			
由标准曲线查 c_{I^-} /(mol/L)			
平衡时 c_{I^-} /(mol/L)			
平衡时溶液中 n_{I^-} /mol			
初始 n_{I^-} /mol			
初始 $n_{Pb^{2+}}$ /mol			
沉淀中 n_{I^-} /mol			
沉淀中 $n_{Pb^{2+}}$ /mol			
平衡时溶液中 $n_{Pb^{2+}}$ /mol			
平衡时 $c_{Pb^{2+}}$ /(mol/L)			
K_{sp,PbI_2}			

五、思考题

1. 配制 PbI_2 饱和溶液时,为什么要充分摇荡?

2. 如果使用湿的小试管配制比色溶液，将对实验结果产生什么影响？

（卢庆祥）

实验 6 缓冲溶液的配制与 pH 值测定

一、实验目的

（1）理解缓冲溶液配制的原理。
（2）掌握缓冲溶液配制的方法和操作技术。
（3）掌握使用 pH 计的基本方法。

二、实验原理

能抵抗外来少量强酸、强碱或适当稀释而保持 pH 值基本不变的溶液叫做缓冲溶液。缓冲溶液由缓冲系共轭酸（HA）及其共轭碱（A⁻）组成，在水溶液中存在如下质子转移平衡：

$$HA + H_2O \rightleftharpoons H_3O^+ + A^-$$

$$pH = pK_a + \lg \left[\frac{[A^-]}{[HA]} \right]$$

或

$$pH = pK_a + \lg \left[\frac{共轭碱}{共轭酸} \right]$$

缓冲溶液 pH 值除主要决定于 pK_a 外，还与共轭碱和共轭酸的浓度比值有关。若配制缓冲溶液所用的共轭酸、碱的原始浓度相等，则缓冲溶液 pH 值可写为

$$pH = pK_a + \lg \frac{V_b}{V_a}$$

式中，V_b、V_a 分别为共轭碱、酸溶液的体积。

配制缓冲溶液时，只要按计算值量取盐和酸（或碱）溶液的体积，混合后即可得到一定 pH 值的缓冲溶液。

缓冲容量是衡量缓冲溶液的缓冲能力的尺度。缓冲溶液的缓冲容量不仅与其总浓度有关，而且与其组分比有关。总浓度越大，缓冲容量越大，但实践中酸（或碱）、盐浓度不宜过大；总浓度一定，其组分浓度比越接近 1，缓冲容量越大。缓冲溶液适当稀释或浓缩，其 pH 值基本保持不变。

三、仪器与试剂

（1）仪器：电子天平（感量为 0.001 g）、pH-3C 型精密 pH 计、容量瓶（100 mL）、刻度吸管（10 mL）、量筒（50 mL、100 mL）、烧杯（100 mL、200 mL）、胶头滴管、洗瓶、洗耳球、玻璃棒等。

（2）试剂：Na₂HPO₄、KH₂PO₄、0.2 mol/L NaOH 溶液、0.1 mol/L HAc 溶液、0.1 mol/L NaAc 溶液、KH₂PO₄-Na₂HPO₄ 标准缓冲溶液（pH＝6.66）。

四、实验内容

1. KH_2PO_4-Na_2HPO_4 缓冲溶液(0.05 mol/L,pH6.9)配制方法一

(1) 分别称取在 115 ℃±5 ℃下烘 2～3 h 的磷酸氢二钠(Na_2HPO_4)0.353 g 和磷酸二氢钾(KH_2PO_4)0.339 g,用蒸馏水溶解后,在容量瓶中定容至 100 mL。

(2) 用 pH 计测定配好的缓冲溶液的 pH 值,倒入试剂瓶,贴上标签,保存备用。

2. KH_2PO_4-Na_2HPO_4 缓冲溶液(0.05 mol/L,pH6.9)配制方法二

(1) 称取 KH_2PO_4 0.678 g,用 40 mL 蒸馏水溶解。

(2) 用 pH 计测定 pH 值,并不断滴加 0.2 mol/L NaOH 溶液,使 pH 值最终达到 6.9,定容至 100 mL。

(3) 将配好的缓冲溶液,倒入试剂瓶,贴上标签,保存备用。

3. HAc-NaAc 缓冲溶液配制(0.1 mol/L,pH4.8)

(1) 计算配制 100 mL HAc-NaAc 缓冲溶液需要分别取 0.1 mol/L NaAc 溶液和0.1 mol/L HAc 溶液的体积。

(2) 分别取一定体积的 0.1 mol/L NaAc 溶液和 0.1 mol/L HAc 溶液,于烧杯中混匀,用 pH 计测定 pH 值,使混合液的 pH 值最终达到 4.8。

(3) 将配制好的缓冲溶液倒入试剂瓶,贴上标签,保存备用。

五、注意事项

(1) 磷酸盐缓冲溶液在常温下容易长霉,应于冰箱中保存或临用现配。

(2) 缓冲溶液的配制要注意精确度。

(3) 了解 pH 计的正确使用方法,注意电极的保护。

六、思考题

(1) 配制缓冲溶液时,选取合适的缓冲试剂,主要根据什么原则?

(2) 为什么缓冲溶液具有缓冲作用?

附:pHS-3C 酸度计(pH 计)使用方法

1. 仪器使用前的准备

将复合电极按要求接好,置于蒸馏水中,并使加液口外露。

2. 预热

按下电源开关,仪器预热 30 min,然后对仪器进行标定。

3. 仪器的标定(单点标定)

(1) 按下"pH"键,将斜率旋钮调至"100％"位置。

(2) 将复合电极洗干净,并用滤纸吸干后将复合电极插入一已知 pH 值的标准缓冲溶液中,将温度旋钮调至标准缓冲溶液的温度,搅拌使溶液均匀。

(3) 调节定位旋钮,使仪器读数为该标准缓冲溶液的 pH 值。仪器标定结束。

4. 测量 pH 值

将电极移出,用蒸馏水洗干净,并用滤纸吸干后将复合电极插入待测溶液中,搅拌使溶液均匀,仪器显示的数值即为该溶液的 pH 值。

（蒋广敏）

实验 7　氧化还原反应

一、实验目的

（1）了解原电池的组成及其粗略测定。

（2）了解几种常见的氧化剂和还原剂,进行氧化剂和还原剂之间反应的实验,观察反应的生成物。

（3）了解电极电势与氧化还原反应的关系,以及溶液浓度、介质的酸度对氧化还原反应的影响。

二、实验原理

氧化还原反应是由于电子得失或电子对的偏移,致使单质或化合物中元素的氧化数发生改变的反应。许多氧化剂、还原剂在不同 pH 值的溶液中的电极电势发生变化,氧化还原能力不同,氧化还原产物也不同。

三、仪器与试剂

（1）仪器:试管、试管架、药匙、酒精灯、试管夹、烧杯、点滴板、伏特计、盐桥。

（2）试剂:锌片、铜片、$FeSO_4$ 溶液（0.2 mol/L）、NH_4SCN 溶液（0.01 mol/L）、Na_2SO_3 溶液（0.1 mol/L）、KI 溶液（0.1 mol/L）、KBr 溶液（0.1 mol/L）、$K_2Cr_2O_7$ 溶液（0.5 mol/L）、$HgCl_2$ 溶液（0.1 mol/L）、H_2SO_4 溶液（3 mol/L）、H_2SO_4 溶液（0.5 mol/L）、NaOH 溶液（6 mol/L）、H_2O_2 溶液（30 g/L）、$KMnO_4$ 溶液（0.2 g/L）、$CuSO_4$ 溶液（1 mol/L）、$ZnSO_4$ 溶液（1 mol/L）、$AgNO_3$ 溶液（0.1 mol/L）、碘水。

四、实验内容

1. 原电池的组成和电动势的测定

在 2 只 50 mL 的烧杯中,分别倒入 20 mL 1 mol/L $ZnSO_4$ 溶液和 20 mL 1 mol/L $CuSO_4$ 溶液,在 $CuSO_4$ 溶液中插入铜片,在 $ZnSO_4$ 溶液中插入锌片,组成两个电极,用盐桥把 2 只烧杯中的溶液连通,锌片与铜片分别用导线与伏特计的负极和正极相连,装备成原电池,接上伏特计,观察伏特计上指针的偏转,记下读数。

2. 氧化还原电对的氧化还原性

1）高价盐的氧化性

取两支试管,分别加入 1 mL 0.5 mol/L $K_2Cr_2O_7$ 溶液,在一支试管中加入 1 mL 0.1 mol/L Na_2SO_3 溶液,另一支试管中加入 1 mL 3 mol/L H_2SO_4 溶液、10 滴 0.1 mol/L KI 溶液,摇匀,观察现象,并解释。

2）低价盐的还原性

在试管中加入 0.5 mL 0.2 mol/L FeSO$_4$ 溶液，加入蒸馏水溶解，摇匀，配成溶液后，加入 1～2 滴 3 mol/L H$_2$SO$_4$ 溶液、2 滴 0.01 mol/L NH$_4$SCN 溶液、4 滴 30 g/L H$_2$O$_2$ 溶液，摇匀，观察现象，并解释。

3. 高锰酸钾在不同条件下的氧化性

1）酸性溶液中

取一支试管，加入 0.5 mL 0.1 mol/L Na$_2$SO$_3$ 溶液和 0.5 mL 0.5 mol/L H$_2$SO$_4$ 溶液后，加入 2 滴 0.2 g/L KMnO$_4$ 溶液，摇匀，观察现象，并解释。

2）中性溶液中

取一支试管，加入 0.5 mL 0.1 mol/L Na$_2$SO$_3$ 溶液和 0.5 mL 蒸馏水后，加入 2 滴 0.2 g/L KMnO$_4$ 溶液，摇匀，观察现象，并解释。

3）碱性溶液中

取一支试管，加入 0.5 mL 0.1 mol/L Na$_2$SO$_3$ 溶液和 0.5 mL 6 mol/L NaOH 溶液后，加入 2 滴 0.2 g/L KMnO$_4$ 溶液，摇匀，观察现象，并解释。

4. 介质的酸度对氧化还原反应的影响

1）介质的酸度对氧化还原产物的影响

取三支试管，各加入 0.05 mol/L KMnO$_4$ 溶液 1 滴。在第一支试管中加入 6 mol/L NaOH 溶液 2 滴，第二支试管中加入 3 mol/L H$_2$SO$_4$ 溶液 2 滴，第三支试管中加入蒸馏水 2 滴，然后在三支试管中各加入 0.1 mol/L Na$_2$SO$_3$ 溶液 3 滴，观察各管的颜色变化，并写出有关反应方程式。

2）酸度对氧化还原反应速度的影响

在两支试管中各加入 0.1 mol/L KBr 溶液 10 滴、0.05 mol/L KMnO$_4$ 溶液 2 滴，其中一支试管中加入 3 mol/L H$_2$SO$_4$ 溶液 10 滴，另一支中加入 1 滴，观察、比较两支试管中紫色退去的快慢。

5. 浓度对氧化还原反应的影响

取一支离心试管加入 0.5 mL 0.2 mol/L FeSO$_4$ 溶液、2 滴碘水。混合后观察碘水颜色是否退去，然后滴加 0.1 mol/L AgNO$_3$ 溶液，边加边振摇。观察有什么变化。离心分离，向上层清液中加几滴 0.01 mol/L NH$_4$SCN 溶液，观察颜色变化，并解释。

五、注意事项

（1）在制作原电池时，若导线（铜丝）与电极接触处或导线另一头有锈蚀，需用砂纸擦净。

（2）盐桥的制作：将 2 g 琼脂和 30 g KCl 溶于 100 mL 蒸馏水中，加热煮沸后，趁热倒入 U 形管，倒满两边，冷却，即可成为盐桥。

六、思考题

（1）高锰酸钾在何种条件下氧化性最强？说明原因。

（2）实验室里常用重铬酸钾和浓硫酸配制洗液，用于洗涤仪器，为什么？使用一段时间后，洗液会逐渐变为绿色，为什么？

（丁润梅）

实验 8　配位化合物

一、实验目的

（1）了解配合物的生成和组成。

（2）了解简单离子和配离子、复盐和配盐的区别。

（3）熟悉使配位平衡移动的方法。

（4）了解螯合物的生成和特征。

二、实验原理

配合物一般分为内界和外界两部分。中心原子和配体组成配合物的内界，称为配离子或配位分子，用方括号括起来。方括号以外的部分为外界。中心原子和配体之间的化学键是配位键，而内界和外界之间的化学键是离子键。

$$K_3[Fe(CN)_6] \Longrightarrow 3K^+ + [Fe(CN)_6]^{3-}$$

配离子在水溶液中一般较稳定，在水溶液中仅有极小部分解离为简单离子，稳定常数（K_s）反映了配离子的稳定性。例如：

$$[Fe(CN)_6]^{3-} \Longrightarrow Fe^{3+} + 6CN^-$$

$$K_{s,[Fe(CN)_6]^{3-}} = \frac{[Fe(CN)_6^{3-}]}{[Fe^{3+}][CN^-]^6}$$

对于同种类型的配合物，K_s 值越大，配合物越稳定。

根据平衡移动的原理，改变中心原子、配体浓度，会使配位平衡发生移动。影响配位平衡移动的因素有酸碱平衡、沉淀溶解平衡、氧化还原平衡。例如，在 $[Ag(NH_3)_2]^+$ 溶液中加入 KBr 溶液，由于生成更稳定的 AgBr 沉淀，Ag^+ 的浓度降低，致使配离子向 $[Ag(NH_3)_2]^+$ 解离方向移动，这就是沉淀反应对配位平衡产生影响。

$$Ag^+ + 2NH_3 \Longrightarrow [Ag(NH_3)_2]^+$$

螯合物的特点是稳定性好，具有特征颜色，常作为鉴定离子的特征反应，还能掩蔽反应中的干扰离子，在药物分析、药物制剂和临床治疗等方面都有重要的作用。

在碱性条件下，Ni^{2+} 与丁二酮肟形成鲜红色且难溶于水的螯合物，此反应作为鉴别 Ni^{2+} 的特征反应。

$$Ni^{2+} + 2 \begin{matrix} H_3C-C=N-OH \\ H_3C-C=N-OH \end{matrix} == \left[\begin{matrix} & H & \\ & O \cdots O & \\ H_3C-C=N & N=C-CH_3 \\ & Ni & \\ H_3C-C=N & N=C-CH_3 \\ & O \cdots O & \\ & H & \end{matrix} \right] \downarrow + 2H^+$$

三、仪器与试剂

(1) 仪器:试管。

(2) 试剂:HNO_3 溶液(2 mol/L)、$CuSO_4$ 溶液(0.1 mol/L)、$BaCl_2$ 溶液(1 mol/L)、$NaOH$ 溶液(2 mol/L)、$NH_3 \cdot H_2O$(2 mol/L)、$AgNO_3$ 溶液(0.1 mol/L)、KBr 溶液(0.1 mol/L)、$Na_2S_2O_3$ 溶液(0.1 mol/L)、KI 溶液(0.1 mol/L)、$NaCl$ 溶液(0.1 mol/L)、$KSCN$ 溶液(0.1 mol/L)、$K_3[Fe(CN)_6]$ 溶液(0.1 mol/L)、$FeCl_3$ 溶液(0.1 mol/L)、$SnCl_2$ 溶液(0.1 mol/L)、$CaCl_2$ 溶液(0.1 mol/L)、$EDTA$ 溶液(0.1 mol/L)、Na_2CO_3 溶液(0.1 mol/L)、$NiCl_2$ 溶液(0.1 mol/L)、丁二酮肟溶液(1%)、蒸馏水。

四、实验内容

1. 配合物的组成

(1) 在两支试管中各加入 15 滴 0.1 mol/L $CuSO_4$ 溶液,然后分别加入 3 滴 1 mol/L $BaCl_2$ 溶液、3 滴 2 mol/L $NaOH$ 溶液,观察现象,写出有关的离子反应方程式。

(2) 在两支试管中各加入 3 滴 0.1 mol/L $CuSO_4$ 溶液,加入过量的 2 mol/L $NH_3 \cdot H_2O$,直至溶液变为深蓝色。然后分别加入 3 滴 1 mol/L $BaCl_2$ 溶液、3 滴 2 mol/L $NaOH$ 溶液,观察是否有沉淀生成,写出有关的离子反应方程式。

根据上面实验的结果,说明 $CuSO_4$ 和 NH_3 所形成的配合物的组成。

2. 简单离子和配离子性质的比较

在两支试管中分别加入 15 滴 0.1 mol/L $FeCl_3$ 溶液和 15 滴 0.1 mol/L $K_3[Fe(CN)_6]$ 溶液,然后各加 2 滴 $KSCN$ 溶液,观察现象。两种化合物都有 Fe(Ⅲ),为何实验结果不同?

3. 配位平衡的移动

1) 配位平衡与介质的酸碱性

在试管中加入 3 滴 0.1 mol/L $AgNO_3$ 溶液和 3 滴 0.1 mol/L $NaCl$ 溶液,然后逐滴加入 2 mol/L $NH_3 \cdot H_2O$,观察沉淀溶解的现象。再向试管中加入过量的 2 mol/L HNO_3 溶液,观察现象并解释,写出有关的离子反应方程式。

2) 配位平衡与沉淀溶解平衡

在试管中加入 3 滴 0.1 mol/L $AgNO_3$ 溶液和 3 滴 0.1 mol/L KBr 溶液,观察沉淀生成现象;再加入过量的 0.1 mol/L $Na_2S_2O_3$ 溶液,有何现象? 再加入过量 0.1 mol/L KI 溶液,又有何现象? 解释现象,写出有关的离子反应方程式。

3）配位平衡与氧化还原平衡

向 0.1 mol/L FeCl$_3$ 溶液中加入 KSCN 溶液，观察现象，再加入 SnCl$_2$ 溶液，观察颜色的变化，写出有关的离子反应方程式。

4. 配合物的应用

（1）取两支试管，分别向 10 滴 0.1 mol/L CaCl$_2$ 溶液中加入 0.1 mol/L EDTA 溶液和蒸馏水各 10 滴，然后各加入 5 滴 0.1 mol/L Na$_2$CO$_3$ 溶液，观察现象，写出有关的离子反应方程式，理解螯合物的特殊稳定性。

（2）取两支试管，分别向 5 滴 0.1 mol/L NiCl$_2$ 溶液中加入 5 滴 2 mol/L NH$_3$·H$_2$O 和 5 滴蒸馏水，然后向混合溶液中加入 3 滴 1% 丁二酮肟溶液，观察现象。此法是检验 Ni^{2+} 的灵敏反应。

五、思考题

向 [Cu(NH$_3$)$_4$]SO$_4$ 溶液中分别加入下列物质：盐酸、Na$_2$S 溶液、氨水。判断平衡移动的方向。

$$[Cu(NH_3)_4]^{2+} \rightleftharpoons Cu^{2+} + 4NH_3$$

（李海霞）

实验 9 　p 区非金属元素性质

Ⅰ 　卤素、氧、硫的性质

一、实验目的

（1）学习氯气、次氯酸盐的制备方法。

（2）掌握次氯酸盐、氯酸盐强氧化性的区别。

（3）掌握 H$_2$O$_2$ 的某些重要性质。

（4）掌握不同氧化态硫的化合物的主要性质。

（5）掌握气体发生的方法和仪器安装。

（6）了解氯、溴、氯酸钾的安全操作。

二、仪器与试剂

（1）仪器：铁架台、石棉网、三脚架、蒸馏烧瓶、烧杯、表面皿、大试管、分液漏斗、集气瓶、滴管、水浴锅、试管、研钵、燃烧匙、酒精灯、T 形管、自由夹、离心机、漏斗。

（2）试剂：二氧化锰、锑粉、硫黄粉、浓盐酸、NaOH 溶液（2 mol/L）、KOH 溶液（30%）、KI 溶液（0.2 mol/L）、KBr 溶液（0.2 mol/L）、液溴、四氯化碳、NiSO$_4$ 溶液（0.2 mol/L）、淀

粉溶液、靛蓝溶液、$Na_2S_2O_3$ 溶液（0.5 mol/L）、H_2SO_4（1 mol/L、3 mol/L、浓）、氯水、NaCl 溶液（0.2 mol/L）、$AgNO_3$ 溶液（0.2 mol/L）、$KMnO_4$ 溶液（0.2 mol/L）、KI 溶液（0.2 mol/L）、$MnSO_4$ 溶液（0.002 mol/L、0.2 mol/L）、$CuSO_4$ 溶液（0.2 mol/L）、Na_2S 溶液（0.2 mol/L）、碘水、$K_2Cr_2O_7$ 溶液（0.2 mol/L）、品红溶液。

三、实验原理

1. Cl_2、$KClO_3$ 和 NaClO 的制备

（1）制备 Cl_2：$MnO_2 + 4HCl(浓) \Longrightarrow MnCl_2 + 2H_2O + Cl_2\uparrow$

$2KMnO_4 + 16HCl(浓) \Longrightarrow 2MnCl_2 + 8H_2O + 2KCl + 5Cl_2\uparrow$

（2）制备 $KClO_3$：$6KOH(30\%) + 3Cl_2 \Longrightarrow KClO_3 + 5KCl + 3H_2O$

（3）制备 NaClO：$2NaOH + Cl_2 \Longrightarrow NaCl + NaClO + H_2O$

（4）制备氯水：将生成的 Cl_2 通入水中。

（5）吸收尾气：$10NaOH + Na_2S_2O_3 + 4Cl_2 \Longrightarrow 2Na_2SO_4 + 8NaCl + 5H_2O$

2. 卤素含氧酸盐的性质

（1）NaClO 的氧化性：$ClO^- + 2I^- + 3H^+ \Longrightarrow HCl + I_2 + H_2\uparrow$

$ClO^- + H_2O + Mn^{2+} \Longrightarrow Cl^- + 2H^+ + MnO_2$

$ClO^- + 2HCl \Longrightarrow Cl^- + Cl_2\uparrow + H_2O$

NaClO 具有氧化性，可使品红退色。

（2）$KClO_3$ 的氧化性：$2ClO_3^- + 10I^- + 12H^+ \Longrightarrow 5I_2 + Cl_2\uparrow + 6H_2O$

$2ClO_3^- + I_2 + 2H^+ \Longrightarrow Cl_2\uparrow + 2HIO_3$

3. 过氧化氢的性质

（1）H_2O_2 的不稳定性：$H_2O_2 \Longrightarrow 2H_2O + O_2$

（2）H_2O_2 的氧化性：

① 在酸性介质中 $2I^- + 2H^+ + H_2O_2 \Longrightarrow I_2 + 2H_2O$

② 中性介质 $PbS + 4H_2O_2 \Longrightarrow PbSO_4\downarrow + 4H_2O$

③ 在碱性介质中 $3H_2O_2 + 2CrO_2^- + 2OH^- \Longrightarrow 2CrO_4^{2-} + 4H_2O$

（3）还原性：在酸性介质中，只有遇到强氧化剂时才能被氧化。

$2KMnO_4 + 3H_2SO_4 + 5H_2O_2 \Longrightarrow K_2SO_4 + 2MnSO_4 + 5O_2\uparrow + 8H_2O$

4. 硫的化合物性质

（1）硫化物的溶解性：除碱金属硫化物易溶于水、碱土金属硫化物微溶于水外，其他金属硫化物难溶于水。

$Mn^{2+} + S^{2-} \Longrightarrow MnS\downarrow$（肉色，溶于 2 mol/L HCl 溶液）

$Pb^{2+} + S^{2-} \Longrightarrow PbS\downarrow$（黑色，溶于浓盐酸）

$Cu^{2+} + S^{2-} \Longrightarrow CuS\downarrow$（黑色，溶于浓硫酸）

$PbS + 4HCl(浓) \Longrightarrow [PbCl_4]^{2-} + 4H^+$

$CuS + 8HNO_3 \Longrightarrow Cu(NO_3)_2 + 6NO_2\uparrow + SO_2 + H_2O$

（2）亚硫酸盐的性质：SO_3^{2-} 中的 S 为 +4 价，既可失去电子作为还原剂，又可得电子作为氧化剂。

$$C_2H_5NS + SO_3^{2-} \longrightarrow S\downarrow（有黄色沉淀生成,溶液变混浊）$$

$$Cr_2O_7^{2-} + 3SO_3^{2-} + 8H^+ = 3SO_4^{2-} + 2Cr^{3+} + 4H_2O$$

酸性条件下不稳定：$SO_3^{2-} + 2H^+ = SO_2\uparrow + 2H_2O$

（3）硫代硫酸盐的稳定性：硫代硫酸盐在酸中易分解,具有较强的还原性和较强的配位性。

①$Na_2S_2O_3$ 遇酸不稳定：$Na_2S_2O_3 + H_2SO_4 = Na_2SO_4 + S\downarrow + SO_2\uparrow + H_2O$

②$Na_2S_2O_3$ 还原性和氧化剂强弱对反应产物的影响：

$$Na_2S_2O_3 + 4Cl_2 + 5H_2O = 2NaCl + 2H_2SO_4 + 6HCl$$

$$Na_2S_2O_3 + I_2 = Na_2S_4O_6 + 2NaI$$

③$Na_2S_2O_3$ 的配位性：$Na_2S_2O_3$ 具有很强的配位能力。

$$S_2O_3^{2-} + 2Ag^+ = Ag_2S_2O_3\downarrow（白色）$$

$Ag_2S_2O_3$ 不稳定,转变为 Ag_2S 黑色沉淀。

$$S_2O_3^{2-} + Ag^+ = [Ag(S_2O_3)_2]^{3-}（更稳定）$$

（4）过二硫酸盐的氧化性：

$$5S_2O_8^{2-} + 2Mn^{2+} + 8H_2O = 2MnO_4^- + 10SO_4^{2-} + 16H^+$$

溶液颜色由无色变为紫红色。

四、实验内容

1. Cl_2、$KClO_3$ 和 $NaClO$ 的制备

1）制备 Cl_2

15 g MnO_2（或 $KMnO_4$）与 30 mL 浓盐酸混合,有刺激性气味的气体产生。

2）制备 $KClO_3$

A 试管中加 15 mL 30% KOH 溶液,通入氯气,热水浴加热。A 试管中由无色变为黄色,产生小气泡,当由黄色变无色后,将 A 试管冷却,即有 $KClO_3$ 晶体析出。

3）制备 $NaClO$

B 试管中加 15 mL 2 mol/L NaOH 溶液,通入氯气。

4）制备氯水

D 试管中,将生成的氯气通入水中。

5）吸收尾气

对于 D 试管,将尾气通入 2 mol/L NaOH、0.5 mol/L $Na_2S_2O_3$ 溶液中。

注意事项：

（1）A、B、C 试管中反应可以分步进行；

（2）装置气密性要完好；

（3）浓盐酸要缓慢滴加；

（4）反应完毕,先向烧瓶中加入大量水,然后拆除装置；

（5）反应开始时要加热,反应开始后,可停止加热。

2. 卤素含氧酸盐的性质

1）NaClO 的氧化性

（1）0.5 mL NaClO 溶液中加 5 滴 0.2 mol/L KI 溶液、2 滴 1 mol/L H_2SO_4 溶液,溶液

由无色变成黄色,解释现象。

（2）0.5 mL NaClO 溶液中加 5 滴 0.2 mol/L $MnSO_4$ 溶液。现象:产生棕褐色沉淀, ClO^- 被还原为 Cl^-,Mn^{2+} 被氧化为 MnO_2。

（3）0.5 mL NaClO 溶液中加 5 滴浓盐酸,有黄绿色气体产生,ClO^- 被还原为 Cl^-, HCl 中的 Cl^- 被氧化为 Cl_2。

（4）0.5 mL NaClO 溶液中加 2 滴品红溶液,NaClO 具有氧化性,使品红退色。

2) $KClO_3$ 的氧化性

向 0.1 mol/L KI 溶液滴加 5 滴 $KClO_3$ 溶液,观察:几乎无现象。

再滴加 10 滴 3 mol/L H_2SO_4 溶液,观察:溶液由无色变为黄色,I^- 被氧化成 I_2,有黄绿色的气体生成,ClO_3^- 被还原成 Cl_2。

再滴加 10 滴 $KClO_3$ 溶液,观察:溶液由黄色变为无色,I_2 被氧化成 IO_3^-,有黄绿色的气体生成,ClO_3^- 被还原成 Cl_2。

3. 过氧化氢的性质

自行设计实验。

4. 硫的化合物的性质

1) 硫化物的溶解性

三支试管中:①0.5 mL 0.2 mol/L $MnSO_4$ 溶液中加 0.2 mol/L Na_2S 溶液;②0.5 mL 0.2 mol/L $Pb(NO_3)_2$ 溶液中加 0.2 mol/L Na_2S 溶液;③0.5 mL 0.2 mol/L $CuSO_4$ 溶液中加 0.2 mol/L Na_2S 溶液。观察现象。离心分离,洗涤沉淀,并检验沉淀在 2 mol/L HCl 溶液、浓盐酸和浓硝酸中的溶解情况。

2) 亚硫酸盐的性质

在试管中,加 2 mL 0.5 mol/L Na_2SO_3 溶液,再加 5 滴 0.2 mol/L H_2SO_4 溶液酸化,观察现象并检验产物。分成两份:一份加 0.1 mol/L 硫代乙酰胺溶液;另一份加入 0.5 mol/L $K_2Cr_2O_7$ 溶液。第一份溶液变混浊,第二份溶液由橙红色变成绿色,$Cr_2O_7^{2-}$ 被还原成 Cr^{3+}。

3) 硫代硫酸盐的性质

（1）$Na_2S_2O_3$ 在酸中的稳定性:取 0.5 mL 0.2 mol/L $Na_2S_2O_3$ 溶液,加 5 滴 3 mol/L H_2SO_4 溶液,观察是否有气体生成,并检验气体的酸碱性。SO_2 使 pH 试纸呈酸性,溶液变混浊。

（2）$Na_2S_2O_3$ 还原性和氧化剂强弱对产物的影响:两支试管中,①0.5 mL 0.2 mol/L $Na_2S_2O_3$ 溶液中加 0.5 mL 氯水;②0.5 mL 0.2 mol/L $Na_2S_2O_3$ 溶液中加 0.5 mL 碘水。观察现象并解释。

（3）$Na_2S_2O_3$ 的配位性:0.5 mL 0.2 mol/L $Na_2S_2O_3$ 溶液中加 0.5 mL 0.2 mol/L $AgNO_3$ 溶液,观察现象并解释。

4) 过二硫酸盐的氧化性

3 mL 1 mol/L H_2SO_4 溶液中加 3 mL 蒸馏水、3 滴 0.002 mol/L $MnSO_4$ 溶液,混匀。分为两份:一份加入少量 $K_2S_2O_8$ 固体;另一份加入少量 $K_2S_2O_8$ 固体、1 滴 0.2 mol/L $AgNO_3$ 溶液,观察现象。

Ⅱ　硅、硼的性质

一、实验目的

（1）掌握硅酸盐、硼酸及硼砂的主要性质。

（2）练习硼砂珠的有关实验操作。

二、仪器与试剂

（1）仪器：小烧杯、蒸发皿、试管、玻璃棒、铂丝（或镍铬丝）。

（2）试剂：6 mol/L HCl 溶液、20％ Na_2SiO_3 溶液、$CaCl_2$、$Co(NO_3)_2$、$CuSO_4$、$NiSO_4$、$ZnSO_4$、$MnSO_4$、$FeSO_4$、$FeCl_3$、硼酸、硼砂、$CrCl_3$。

三、实验原理

1. 硅酸与硅酸盐

1）硅酸水凝胶的生成

H_2SiO_3 称为偏硅酸，是正硅酸（H_4SiO_4）的脱水产物，单个 H_2SiO_3 分子溶于水。通常情况下，H_2SiO_3 经缩合形成溶胶，将硅酸凝胶洗涤，干燥胶水后，即成为多孔性固体，称为硅胶。

2）微溶性硅酸盐的生成

除碱金属的硅酸盐以外，其他金属的硅酸盐都不溶于水。形成水中花园的原因（以 $CoCl_2$ 为例）：将 $CoCl_2$ 固体投入 Na_2SiO_3 溶液时，$CoCl_2$ 晶体表面稍微有些溶解，整个 $CoCl_2$ 晶体被盐溶液包围，此时，Co^{2+} 与 SiO_3^{2-} 反应，在晶体周围形成 $CoSiO_3$ 薄膜，这些金属的硅酸盐薄膜是难溶于水的，而且具有半透性。在半透膜内是溶解度大的金属盐，外面是 Na_2SiO_3 溶液，因此，膜内易形成盐的浓溶液，由于存在渗透现象，薄膜外的水不断地透过膜而进入膜内，内部产生极大的压力，此种压力在半透膜的任何点都是一样的，但由于外液的水压在膜的上部比较小，所以水压小的上部半透膜破裂，在破裂的地方金属盐溶液逸出，与薄膜外的 Na_2SiO_3 溶液作用，在上部又形成新的难溶 $CoSiO_3$ 半透膜，如此反复破裂、形成，则不断向上生长，直至 Na_2SiO_3 液面，最后各晶体形成水中花园。反应方程式如下：

$$CaCl_2 + Na_2SiO_3 == 2NaCl + CaSiO_3（白色微溶物）$$

$$Co(NO_3)_2 + Na_2SiO_3 == 2NaNO_3 + CoSiO_3（紫色微溶物）$$

$$NiSO_4 + Na_2SiO_3 == Na_2SO_4 + NiSiO_3（翠绿色）$$

$$ZnSO_4 + Na_2SiO_3 == Na_2SO_4 + ZnSiO_3（白色）$$

$$MnSO_4 + Na_2SiO_3 == Na_2SO_4 + MnSiO_3（肉红色）$$

$$FeSO_4 + Na_2SiO_3 == Na_2SO_4 + FeSiO_3（淡绿色）$$

$$Fe_2(SO_4)_3 + 3Na_2SiO_3 == 3Na_2SO_4 + Fe_2(SiO_3)_3（棕褐色）$$

影响水中花园的因素：

（1）温度：温度高，则生长速度快。

（2）浓度：Na_2SiO_3 的浓度大，则生长速度快，晶体上芽数目少。

（3）阴离子：同种盐，其阴离子不同，则生长速度、芽的形状和数目不同。

（4）溶解度：溶解度过小的盐不长芽，溶解度过大的盐不产生美丽的芽。

2. 硼酸及硼酸的焰色鉴定反应

1）硼酸的性质

硼酸为一元弱酸，其呈酸性是因为硼原子为缺电子原子，加合来自水分子的 OH^- 而释出 H^+。加入多羟基化合物，可使硼酸的酸性大为增强。

2）硼酸的鉴定反应

$B(OH)_3$ 与醇在浓硫酸作用下，生成硼酸酯。燃烧放出特殊绿色火焰，该焰色用于硼酸或硼酸根的鉴别。反应方程式如下：

$$H_3BO_3 + 3CH_3CH_2OH \Longrightarrow B(OCH_2CH_3)_3 + 3H_2O$$

3. 硼砂珠实验

$$Na_2B_4O_7 + Co(NO_3)_2 \Longrightarrow CoB_4O_7 + 2NaNO_3$$
$$3Na_2B_4O_7 + 2CrCl_3 \Longrightarrow Cr_2(B_4O_7)_3 + 6NaCl$$

四、实验内容

1. 硅酸与硅酸盐

1）硅酸水凝胶的生成

往 2 mL 20% $NaSiO_3$ 溶液中滴加 6 mol/L HCl 溶液，观察反应物的颜色、状态。

现象：该反应生成的 H_2SiO_3 为胶体，呈半凝固状态，是软而透明且具有弹性的硅酸凝胶。

2）微溶性硅酸盐的生成

在 100 mL 小烧杯中加入约 50 mL 20% $NaSiO_3$ 溶液，然后把 $CaCl_2$、$Co(NO_3)_2$、$CuSO_4$、$NiSO_4$、$ZnSO_4$、$MnSO_4$、$FeSO_4$、$FeCl_3$ 固体各一小粒投入烧杯内（注意各固体之间保持一定间隔），放置一段时间后，观察有何现象发生。

现象：在 Na_2SiO_3 溶液中，生成五颜六色的向上生长的化学树，俗称"水中花园"。

2. 硼酸及硼酸的焰色鉴定反应

1）硼酸的性质

取 1 mL 硼酸饱和溶液，用 pH 试纸测其 pH 值。在硼酸溶液中滴入 3～4 滴甘油，再测溶液的 pH 值。该实验说明硼酸具有什么性质？

2）硼酸的焰色鉴定反应

在蒸发皿中放入少量硼酸晶体、1mL 乙醇和几滴浓硫酸。混合后点燃，观察火焰的颜色有何特征。

3. 硼砂珠实验

1）硼砂珠的制备

用 6 mol/L HCl 溶液清洗铂丝，然后将其置于氧化焰中灼烧片刻，取出再浸入酸中，如此重复数次，直至铂丝在氧化焰中灼烧不产生离子特征的颜色，表示铂丝已经洗干净了。将这样处理过的铂丝蘸上一些硼砂珠固体，在氧化焰中灼烧并熔融成圆珠，观察硼砂的颜色、状态。（硼砂为亮白色球体。）

2）用硼酸珠鉴定钴盐和铬盐

用烧热的硼砂珠分别沾上少量 $Co(NO_3)_2$ 和 $CrCl_3$ 固体，使其熔融。冷却后观察硼砂珠的颜色,写出相应的反应方程式。

五、思考题

(1) 设计三种区别硝酸钠和亚硝酸钠的方案。

(2) 用酸溶解磷酸银沉淀,在盐酸、硫酸、硝酸中选用哪一种最适宜?为什么?

(3) 通过实验可以用几种方法将无标签的试剂磷酸钠、磷酸氢二钠、磷酸二氢钠一一鉴别出来?

(4) 为什么装有水玻璃的试剂瓶长期敞开瓶口后水玻璃会变混浊?反应 $Na_2CO_3 + SiO_2 \rightleftharpoons Na_2SiO_3 + CO_2\uparrow$ 能否正向进行?说明理由。

(5) 现有一瓶白色粉末状固体,它可能是碳酸钠、硝酸钠、硫酸钠、氯化钠、溴化钠、磷酸钠中的任意一种。试设计鉴别方案。

(6) 为什么说硼酸是一元酸?在硼酸溶液中加入多羟基化合物后,溶液的酸度会怎样变化?为什么?

(白　熙)

实验 10　d 区元素的性质与分离鉴定

一、实验目的

(1) 熟悉 d 区元素主要氢氧化物的酸碱性。

(2) 掌握 d 区元素主要化合物的氧化还原性。

(3) 掌握 Fe、Co、Ni 配合物的生成和性质及其在离子鉴定中的应用。

(4) 掌握 Cr、Mn、Fe、Co、Ni 混合离子的分离及鉴定方法。

二、实验原理

Cr、Mn 和铁系元素 Fe、Co、Ni 为第 4 周期的 ⅥB、ⅦB、Ⅷ族元素。它们的重要化合物性质如下。

1. Cr 重要化合物的性质

$Cr(OH)_3$(蓝绿色)是典型的两性氢氧化物,$Cr(OH)_3$ 与 NaOH 反应所得的 $NaCrO_2$(绿色)具有还原性,易被 H_2O_2 氧化生成 Na_2CrO_4(黄色):

$$Cr(OH)_3 + NaOH \rightleftharpoons NaCrO_2 + 2H_2O$$

$$2NaCrO_2 + 3H_2O_2 + 2NaOH \rightleftharpoons 2Na_2CrO_4 + 4H_2O$$

铬酸盐与重铬酸盐可以互相转化,在溶液中存在下列平衡关系:

$$2CrO_4^{2-} + 4H_2O_2 + 4H^+ \rightleftharpoons 2CrO(O_2)_2 + 6H_2O$$

$CrO(O_2)_2$(蓝色)在有机试剂乙醚中较稳定。利用上述一系列反应,可以鉴定 Cr^{3+}、CrO_4^{2-} 和 $Cr_2O_7^{2-}$。

$BaCrO_4$、Ag_2CrO_4、$PbCrO_4$ 的 K_{sp} 值分别为 1.17×10^{-10}、1.12×10^{-12}、1.8×10^{-14},它

们均为难溶盐。因 CrO_4^{2-} 与 $Cr_2O_7^{2-}$ 在溶液中存在平衡关系,又 Ba^{2+}、Ag^+、Pb^{2+} 重铬酸盐的溶解度比其铬酸盐的溶解度大,故向 $Cr_2O_7^{2-}$ 溶液中加入 Ba^{2+}、Ag^+、Pb^{2+} 时,根据平衡移动规则,可得到铬酸盐沉淀:

$$2Ba^{2+} + Cr_2O_7^{2-} + H_2O == 2BaCrO_4 \downarrow (橙黄色) + 2H^+$$

$$4Ag^+ + Cr_2O_7^{2-} + H_2O == 2Ag_2CrO_4 \downarrow (砖红色) + 2H^+$$

$$2Pb^{2+} + Cr_2O_7^{2-} + H_2O == 2PbCrO_4 \downarrow (铬黄色) + 2H^+$$

这些难溶盐可以溶于强酸。(为什么?)

在酸性条件下,$Cr_2O_7^{2-}$ 具有强氧化性,可氧化乙醇,反应方程式如下:

$$2Cr_2O_7^{2-}(橙色) + 3C_2H_5OH + 16H^+ == 4Cr^{3+}(绿色) + 3CH_3COOH + 11H_2O$$

根据颜色变化,可定性检查人呼出的气体和血液中是否含有乙醇,可判断是否酒后驾车或乙醇中毒。

2. Mn 重要化合物的性质

$Mn(OH)_2$(白色)是中强碱,具有还原性,易被空气中 O_2 氧化:

$$2Mn(OH)_2 + O_2 == 2MnO(OH)_2(褐色)$$

$MnO(OH)_2$ 不稳定,分解产生 MnO_2 和 H_2O。

在酸性溶液中,Mn^{2+} 很稳定,与强氧化剂(如 $NaBiO_3$、PbO_2、$S_2O_8^{2-}$ 等)作用时,可生成紫红色的 MnO_4^-:

$$2Mn^{2+} + 5NaBiO_3 + 14H^+ == 2MnO_4^- + 5Bi^{3+} + 5Na^+ + 7H_2O$$

此反应用来鉴定 Mn^{2+}。

MnO_4^{2-}(绿色)能稳定存在于强碱溶液中,而在中性或微碱性溶液中易发生歧化反应:

$$3MnO_4^{2-} + 2H_2O == 2MnO_4^- + MnO_2 \downarrow + 4OH^-$$

K_2MnO_4 可被强氧化剂(如 Cl_2)氧化为 $KMnO_4$。

MnO_4^- 具强氧化性,它的还原产物与溶液的酸碱性有关。在酸性、中性和碱性介质中,分别被还原为 Mn^{2+}、MnO_2 和 MnO_4^{2-}。

3. Fe、Co、Ni 重要化合物的性质

$Fe(OH)_2$(白色)和 $Co(OH)_2$(粉色)除具有碱性外,均具有还原性,易被空气中 O_2 氧化:

$$4Fe(OH)_2 + O_2 + 2H_2O == 4Fe(OH)_3$$

$$4Co(OH)_2 + O_2 + 2H_2O == 4Co(OH)_3$$

$Co(OH)_3$(褐色)和 $Ni(OH)_3$(黑色)具强氧化性,可将浓盐酸中的 Cl^- 氧化成 Cl_2:

$$2M(OH)_3 + 6HCl(浓) == 2MCl_2 + Cl_2 + 6H_2O \qquad (M 为 Ni、Co)$$

铁系元素是很好的配合物的形成体,能形成多种配合物,常见的有氨的配合物,Fe^{2+}、Co^{2+}、Ni^{2+} 与 NH_3 能形成配离子,它们的稳定性依次递增。

在无水状态下,$FeCl_2$ 与液氨形成 $[Fe(NH_3)_6]Cl_2$,此配合物不稳定,遇水即分解:

$$[Fe(NH_3)_6]Cl_2 + 6H_2O == Fe(OH)_2 \downarrow + 4NH_3 \cdot H_2O + 2NH_4Cl$$

Co^{2+} 与过量氨水作用,生成 $[Co(NH_3)_6]^{2+}$ 配离子:

$$Co^{2+} + 6NH_3 \cdot H_2O == [Co(NH_3)_6]^{2+} + 6H_2O$$

$[Co(NH_3)_6]^{2+}$ 配离子不稳定,放置于空气中立即被氧化成 $[Co(NH_3)_6]^{3+}$:

$$4[Co(NH_3)_6]^{2+} + O_2 + 2H_2O = 4[Co(NH_3)_6]^{3+} + 4OH^-$$

Ni^{2+} 与过量氨水反应,生成浅蓝色 $[Ni(NH_3)_6]^{2+}$ 配离子。

$$Ni^{2+} + 6NH_3 \cdot H_2O = [Ni(NH_3)_6]^{2+} + 6H_2O$$

铁系元素还有一些配合物,不仅很稳定,而且具有特殊颜色。根据这些特性,可鉴定铁系元素离子(如 Fe^{3+})与黄血盐($K_4[Fe(CN)_6]$)溶液反应,生成深蓝色配合物沉淀:

$$Fe^{3+} + K^+ + [Fe(CN)_6]^{4-} = K[Fe(CN)_6Fe] \downarrow$$

Fe^{2+} 与赤血盐($K_3[Fe(CN)_6]$)溶液反应,生成深蓝色配合物沉淀:

$$Fe^{2+} + K^+ + [Fe(CN)_6]^{3-} = K[Fe(CN)_6Fe] \downarrow$$

Co^{2+} 与 SCN^- 作用,生成艳蓝色配离子:

$$Co^{2+} + 4SCN^- = [Co(SCN)_4]^{2-}$$

当溶液中混有少量 Fe^{3+} 时,Fe^{3+} 与 SCN^- 作用生成血红色配离子:

$$Fe^{3+} + nSCN^- = [Fe(SCN)_n]^{(3-n)} \quad (n=1 \sim 6)$$

少量 Fe^{3+} 的存在即干扰 Co^{2+} 的检出,可采用加掩蔽剂 NH_4F(或 NaF)的方法,F^- 可与 Fe^{3+} 结合形成更稳定且无色的配离子 $[FeF_6]^{3-}$,将 Fe^{3+} 掩蔽起来,从而消除 Fe^{3+} 的干扰:

$$[Fe(SCN)_n]^{3-n} + 6F^- = [FeF_6]^{3-} + nSCN^-$$

Ni^{2+} 在氨性或 $NaAc$ 溶液中,与丁二酮肟反应生成鲜红色螯合物沉淀。

利用铁系元素所形成化合物的特征颜色来鉴定 Fe^{3+}、Fe^{2+}、Co^{2+} 和 Ni^{2+}。

三、仪器与试剂

(1) 仪器:滤纸条、点滴板、离心机。

(2) 试剂:MnO_2,$FeSO_4 \cdot 7H_2O$,NaF 或 NH_4F,$NaBiO_3$,合金钢样。H_2SO_4(1 mol/L、3 mol/L、浓),HNO_3(2 mol/L、6 mol/L、浓),H_3PO_4(浓),HCl(浓)。$NaOH$ 溶液(2 mol/L、6 mol/L、40%),$NH_3 \cdot H_2O$(2 mol/L、6 mol/L)。0.1 mol/L 的盐溶液:Na_2SO_3,$KSCN$,KI,$KMnO_4$,$K_2Cr_2O_7$,$K_4[Fe(CN)_6]$,$K_3[Fe(CN)_6]$,$CrCl_3$,$MnSO_4$,$FeCl_3$,$CoCl_2$,$NiSO_4$。0.5 mol/L 的盐溶液:$CoCl_2$,$NiSO_4$。NH_4Cl 溶液(1 mol/L),H_2O_2 溶液(3%),乙醚,丙酮,丁二酮肟,氯水,乙醇,淀粉,Fe^{3+}、Cr^{3+}、Mn^{2+} 混合液,Fe^{3+}、Co^{2+}、Ni^{2+} 混合液,Cr^{3+}、Mn^{2+}、Fe^{2+}、Co^{2+}、Ni^{2+} 混合液。

四、实验内容

1. 低价氢氧化物的酸碱性及还原性

用 0.1 mol/L $MnSO_4$ 溶液、0.5 mol/L $CoCl_2$ 溶液、少量 $FeSO_4 \cdot 7H_2O$ 固体及 2 mol/L $NaOH$ 溶液,检验 Mn(Ⅱ)、Fe(Ⅱ)及 Co(Ⅱ)氢氧化物的酸碱性及在空气中的稳定性,观察沉淀的颜色,写出有关的反应方程式。

2. 高价氢氧化物的氧化性

用 0.1 mol/L $CoCl_2$、$NiSO_4$ 溶液,6 mol/L $NaOH$ 溶液和溴水溶液制备 $Co(OH)_3$ 和 $Ni(OH)_3$,观察沉淀的颜色,然后向所制取的 $Co(OH)_3$ 和 $Ni(OH)_3$ 中分别滴加浓盐酸,检查是否有氯气产生。写出有关反应方程式。

3. 低价盐的还原性

1）碱性介质中 Cr(Ⅲ) 的还原性

取少量 0.1 mol/L CrCl₃ 溶液,滴加 2 mol/L NaOH 溶液,观察沉淀颜色,继续滴加 NaOH 溶液至沉淀溶解,再加入适量 3% H₂O₂ 溶液,加热,观察溶液颜色的变化,写出有关反应方程式。

2）Mn(Ⅱ) 在酸性介质中的还原性

取少量 0.1 mol/L MnSO₄ 溶液、少量 NaBiO₃ 固体。滴加 6 mol/L HNO₃ 溶液,观察溶液颜色的变化,写出反应方程式。

4. 高价盐的氧化性

1）Cr(Ⅵ) 的氧化性

取数滴 0.1 mol/L K₂Cr₂O₇ 溶液,滴加 3 mol/L H₂SO₄ 溶液,再加入少量 0.1 mol/L Na₂SO₃ 溶液,观察溶液颜色的变化,写出反应方程式。

取 1 mL 0.1 mol/L K₂Cr₂O₇ 溶液,用 1 mL 0.1 mol/L H₂SO₄ 溶液酸化,再滴加少量乙醇,微热,观察溶液由橙色变为何色,写出反应方程式。

2）Mn(Ⅶ) 的氧化性

取三支试管,各加入少量 KMnO₄ 溶液,然后分别加入 1 mL 3 mol/L H₂SO₄ 溶液、H₂O 和 6 mol/L NaOH 溶液,再在各试管中滴加 0.1 mol/L Na₂SO₃ 溶液,观察紫红色溶液分别变为何色。写出有关反应方程式。(做此实验时,滴加介质及还原剂的先后次序是否影响产物的颜色? 为什么?)

3）Fe³⁺ 的氧化性

取数滴 0.1 mol/L FeCl₃ 溶液于试管中,加 0.1 mol/L KI 溶液数滴,观察现象,并写出反应方程式。

5. 锰酸盐的生成及不稳定性

取 10 滴 0.01 mol/L KMnO₄ 溶液,加入 1 mL 40% NaOH 溶液,再加入少量 MnO₂ 固体,微热,搅拌,静置片刻,离心沉降,取出上层绿色清液(即 K₂MnO₄ 溶液)。

(1）取少量绿色清液,滴加 3 mol/L H₂SO₄ 溶液,观察溶液颜色变化和沉淀的颜色,写出反应方程式。

(2）取数滴绿色清液,加入氨水,加热,观察溶液颜色的变化,写出反应方程式。

6. 钴和镍的氨配合物

取数滴 0.5 mol/L CoCl₂ 溶液,滴加少量 1 mol/L NH₄Cl 溶液和过量 6 mol/L NH₃·H₂O,观察溶液颜色,注意其变化,写出有关反应方程式。

取数滴 0.5 mol/L Ni₂SO₄ 溶液,滴加少量 1 mol/L NH₄Cl 溶液和过量 6 mol/L NH₃·H₂O,观察溶液颜色,写出有关反应方程式。

7. Cr^{3+}、Mn^{2+}、Fe^{2+}、Co^{2+}、Ni^{2+}混合液的分离和鉴定

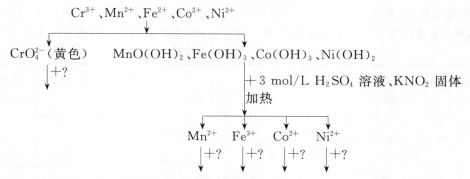

写出鉴定各离子所选用的试剂及浓度,完成上述流程图。

(1)写出各步分离与鉴定的反应方程式。

(2)给出鉴定结果。

五、延伸实验

(1)设计分离方案,并检出以下离子(以流程示意图表示)。

① Al^{3+}、Cr^{2+}、Mn^{2+};

② Fe^{3+}、Co^{2+}、Ni^{2+}。

(2)合金钢中一般含有 Fe、Cr 或 Ni、Mn 等金属元素。设计分离方案,定性鉴定合金钢中含有何种元素(以流程示意图表示)。

六、思考题

(1)分离 Mn^{2+}、Fe^{3+}、Ni^{2+} 与 Cr^{3+} 时,加入过量的 NaOH 和 H_2O_2 溶液,是利用了 $Cr(OH)_3$ 的哪些性质? 写出反应方程式。反应完成后,过量的 H_2O_2 为何要完全分离?

(2)溶解 $Fe(OH)_3$、$Co(OH)_3$、$Ni(OH)_2$、$MnO(OH)_2$ 等沉淀时,除加 H_2SO_4 溶液外,为什么要再一次加入 KNO_2 固体?

(谢小雪)

 实验 11 设计性实验——阴离子的分离与鉴定

一、实验目的

(1)掌握常见阴离子的分离和鉴定方法。

(2)了解离子检出的基本操作。

二、实验原理

利用物质性质的不同特点,根据溶液中离子共存情况,应先通过初步性质检验或进行

分组实验,以排除不可能存在的离子,然后鉴定可能存在的离子。

初步性质检验(见实验表 11-1)一般包括:①试液的酸碱性实验;②是否产生气体的实验;③氧化性阴离子的实验;④还原性阴离子的实验;⑤难溶盐阴离子实验。

实验表 11-1　初步性质检验

离子 \ 试剂	酸 H_2SO_4	Ba^{2+}	Ag^+ $+HNO_3$	H_2SO_4 $+KI$	H_2SO_4 $+I_2$	H_2SO_4 $+KMnO_4$
SO_4^{2-}	—	白色沉淀	*	—	—	—
SO_3^{2-}	酸性气体	沉淀可溶于酸	—	—	反应	反应
$S_2O_3^{2-}$	气体、混浊	*	沉淀转灰色	—	反应	反应
S^{2-}	酸性气体 (臭鸡蛋味)	—	黑色沉淀	—	反应	反应
CO_3^{2-}	酸性气体	沉淀可溶于酸	—	—	—	—
PO_4^{3-}	—	沉淀可溶于酸	—	—	—	—
AsO_4^{3-}	—	沉淀可溶于酸	—	反应	—	—
SiO_3^{2-}	白色沉淀	白色沉淀	—	—	—	—
Cl^-	—	—	白色沉淀	—	—	—
Br^-	—	—	淡黄色沉淀	—	—	反应
I^-	—	—	黄色沉淀	—	—	反应
CN^-	酸性气体	—	*	—	反应	反应
NO_2^-	酸性气体	—	—	反应	—	反应
NO_3^-	—	—	—	—	—	—

* 表示浓度大时可有反应。

$$3Fe^{2+}+NO_3^-+4H^+ \!=\!=\! 3Fe^{3+}+NO\uparrow+2H_2O$$
$$[Fe(H_2O)_6]^{2+}+NO \!=\!=\! [Fe(NO)(H_2O)_5]^{2+}(棕色)+H_2O$$
$$SO_4^{2-}+Ba^{2+} \!=\!=\! BaSO_4\downarrow(白色)$$
$$PO_4^{3-}+3NH_4^++12MoO_4^{2-}+24H^+ \!=\!=\! (NH_4)_3PO_4\cdot12MoO_3\cdot6H_2O\downarrow+6H_2O$$
$$4Na^++S^{2-}+[Fe(CN)_5NO]^{2-} \!=\!=\! Na_4[Fe(CN)_5NOS]$$

经过初步性质检验后,可以对试液中可能存在的阴离子作出判断,然后根据阴离子特性反应作出鉴定。

三、仪器与试剂

(1) 仪器:离心机、点滴盘、试管、试管夹、酒精灯、玻璃棒、蒸发皿。

(2) 试剂:浓硝酸、6 mol/L HNO_3 溶液、浓盐酸、2 mol/L HCl 溶液、浓硫酸、2 mol/L

H_2SO_4 溶液、浓磷酸、6 mol/L HAc 溶液、2 mol/L NaOH 溶液、6 mol/L NaOH 溶液、$NH_3 \cdot H_2O$(6 mol/L)、pH 试纸、碘化钾试纸、醋酸铅试纸、对氨基苯磺酸、α-萘胺、$K_4[Fe(CN)_6]$、$ZnSO_4$、$AgNO_3$、$Na_2[Fe(CN)_5NO]$、$Ba(OH)_2$ 饱和溶液、$CdCl_2$(或 $Cd(NO_3)_2$)、$(NH_4)_2MoO_4$、Na_2CO_3、NaCl、KBr、KI、Na_3PO_4、$BaCl_2$、Na_2SO_4、Na_2SO_3、$Na_2S_2O_3$、$NaNO_3$、$NaNO_2$、Na_2S、氯水、碘水、CCl_4、0.1 mol/L $KMnO_4$ 溶液、硫酸亚铁铵。

四、实验内容

1. 常见阴离子的鉴定

1）CO_3^{2-} 的鉴定

向试管中 Na_2CO_3 溶液加酸,观察现象。

将沾有 $Ba(OH)_2$ 饱和溶液的玻璃棒伸入上述试管,置于溶液上方,观察实验现象。

2）NO_3^- 的鉴定

取 1 小粒硫酸亚铁铵晶体于点滴盘上,加 1 滴 NO_3^- 试液、2 滴浓硫酸,观察实验现象。

3）NO_2^- 的鉴定

取 2 滴 NO_2^- 试液于点滴板上,加 1 滴 2 mol/L HAc 溶液酸化,再加 1 滴对氨基苯磺酸溶液和 1 滴 α-萘胺。如有玫瑰红色出现,表示有 NO_2^- 存在。

4）SO_4^{2-} 的鉴定

向试管中滴加 $Ba(OH)_2$ 溶液,观察有无白色沉淀生成。

5）SO_3^{2-} 的鉴定

SO_3^{2-} 溶液酸化后滴加 1 滴 $KMnO_4$ 溶液,观察实验现象。

6）$S_2O_3^{2-}$ 的鉴定

向 $AgNO_3$ 溶液中滴加 1 滴 $Na_2S_2O_3$ 溶液,观察实验现象。

7）PO_4^{3-} 的鉴定

将 Na_3PO_4 溶液酸化后,加入$(NH_4)_2MoO_4$,微热,观察实验现象。

8）S^{2-} 的鉴定

取 1 滴 S^{2-} 试液于离心试管中,加 1 滴 2 mol/L NaOH 溶液碱化,再加 1 滴 $Na_2[Fe(CN)_5NO]$ 试剂,如溶液变成紫色,表示有 S^{2-} 存在。

9）Cl^- 的鉴定

在 NaCl 溶液中滴加 $AgNO_3$ 溶液,产生沉淀后离心分离,用 6 mol/L $NH_3 \cdot H_2O$ 溶解,最后重新用 HNO_3 溶液酸化,观察实验现象。

10）I^- 的鉴定

取 1 滴 I^- 溶液,加 1 滴酸酸化,加几滴 CCl_4,然后逐滴滴加氯水,用力振荡,每滴加 1 滴氯水,注意观察有机层颜色变化。

11）Br^- 的鉴定

取 1 滴 Br^- 溶液,加 1 滴酸酸化,加几滴 CCl_4,然后逐滴滴加氯水,用力振荡,每滴加 1 滴氯水,注意观察有机层颜色变化。

2. 混合离子的分离方案设计

（1）参照相关离子的鉴定反应,自行设计 S^{2-}、SO_3^{2-}、$S_2O_3^{2-}$ 混合物的分离和鉴定方案。

（2）参考方案如实验图 11-1 所示。

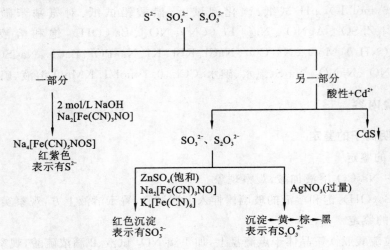

实验图 11-1　参考方案

五、思考与讨论

自行设计 Cl⁻、Br⁻、I⁻ 混合液的分离与鉴定方案。

（白　熙）

能力检测答案

第一章

一、选择题

1. D 2. C 3. D 4. D 5. B 6. C 7. D 8. C 9. C 10. C 11. D 12. A

二、填空题

1. 融化

2. mol/L,g/L

3. 蒸气压下降,凝固点降低,沸点升高,溶液具有渗透压

4. 有半透膜存在,膜两侧溶液有浓度差

5. 280～320

6. 渗透浓度,溶质的本性

7. 人体血浆总渗透压

8. 小分子,维持细胞内外盐和水的平衡,大分子,维持血管内外水的平衡

9. 胶粒带电,溶剂化膜的存在

三、计算题

1. 8 g/L,0.2 mol/L   2. 4.68 g,520 mL   3. 0.003 mol,0.15 mol/L   4. 59.8 g/mol   5. (2)>(1)>(3)

第二章

一、单项选择题

1. C 2. A 3. D 4. C 5. A 6. D 7. C 8. D 9. B 10. D 11. C

二、多项选择题

1. AB   2. BDE   3. BCD   4. AD

三、简答题(略)

四、计算题

T/K	973	1073	1173	1273
$K^{\ominus}$	0.618	0.905	1.29	1.66

吸热反应。

第三章

一、单项选择题

1. B 2. D 3. D 4. C 5. B 6. C 7. D 8. A 9. B 10. C 11. B 12. A
13. B 14. D 15. C 16. D

二、多项选择题

1. ABCE 2. AE 3. BCD 4. BC

三、简答题(略)

四、计算题

1. (1) 8.73;(2) 4.16;(3) 4.76
2. (1) $[\mathrm{H^+}]=0.58\ \mathrm{mol/L}$;(2) $[\mathrm{H^+}]=3.16\times10^{-8}\ \mathrm{mol/L}$;(3) $[\mathrm{OH}]=2.51\times10^{-5}$ $\mathrm{mol/L}$;(4) $[\mathrm{OH^+}]=6.31\times10^{-11}\ \mathrm{mol/L}$
3. 0.2 L,0.35 L

第四章

一、选择题

1. A 2. B 3. A 4. A

二、填空题

1. $K_{\mathrm{sp}}=[\mathrm{Ca^{2+}}][\mathrm{F^-}]^2$,$K_{\mathrm{sp}}=[\mathrm{Bi^{3+}}]^2[\mathrm{S^{2-}}]^3$
2. 3.72×10^{-5}
3. 减小,增大

三、计算题

1. (1) 1.29×10^{-3};(2) 1.29×10^{-3},2.57×10^{-3};(3) 8.49×10^{-7}

第五章

一、选择题

1. C 2. D 3. A 4. C 5. B 6. B

二、填空题

1. 电极,浓度,分压,温度
2. 由强氧化剂和强还原剂,较弱的氧化剂和较弱的还原剂
3. 0 V
4. BrO_3^-,Sn^{2+},Cl_2,BrO_3^-
5. 强,弱

三、简答题

选择 $Fe_2(SO_4)_3$。根据电极电势值比较,电极电势越大,电对中氧化态物质的氧化能力越强,而 $\varphi^{\ominus}_{Fe^{3+}/Fe^{2+}}$ 大于 $\varphi^{\ominus}_{I_2/I^-}$,而小于 $\varphi^{\ominus}_{Br_2/Br^-}$ 和 $\varphi^{\ominus}_{Cl_2/Cl^-}$。

四、计算题

1. (1) $(-)Cu(s)|Cu^{2+}(0.5\ mol/L)\parallel Ag^+(0.5\ mol/L)|Ag(s)(+)$
(2) 负极反应为 $Cu^{2+}+2e^-\Longrightarrow Cu$
正极反应为 $Ag^++e^-\Longrightarrow Ag$
电池反应式:$2Ag^++Cu\Longrightarrow2Ag+Cu^{2+}$
(3) 0.4505 V
2. 0.66 V

第六章

一、判断题

1. √ 2. × 3. × 4. × 5. √ 6. √ 7. × 8. × 9. × 10. ×

二、选择题

1. C 2. B 3. A 4. D 5. C 6. D 7. A 8. B 9. C 10. A 11. A 12. B
13. D 14. C 15. C 16. A 17. A 18. D 19. C 20. B

三、填空题

1. B

2. 4p,3,(4,1,0,1/2;4,1,1,1/2;4,1,-1,1/2)或(4,1,0,-1/2;4,1,1,-1/2;4,1,-1,-1/2),33,As

3. Cr,Mn

4. Cr

5. $Zn[Ar]3d^{10}4s^2$,4,ⅡB

6. 1s、1s、2s,③>①=②

7. 升高,降低

8.

元素符号	位置(区、周期、族)	价层电子构型	单电子数
Be	s区、第2周期、ⅡA族	$2s^2$	0
Co	d区、第4周期、Ⅷ族	$3d^74s^2$	3
Cu	ds区、第4周期、IB族	$3d^{10}4s^1$	1
O	p区、第2周期、ⅥA族	$2s^22p^4$	2

四、简答题

1. $26,Fe,[Ar]3d^{10}4s^1$

2. $Cr、[Ar]3d^54s^1$

6个价层电子的量子数组合:$n=3,l=2,m=0,s=+1/2$;
$n=3,l=2,m=1,s=+1/2$;$n=3,l=2,m=-1,s=+1/2$;
$n=3,l=2,m=2,s=+1/2$;$n=3,l=2,m=-2,s=+1/2$;
$n=4,l=0,m=0,s=+1/2$

第七章

一、判断题

1. ×　2. ×　3. √　4. ×　5. ×　6. ×　7. √　8. √　9. √　10. √　11. √　12. √　13. √　14. ×

二、名词解释

化学键是指直接相邻原子或离子之间强烈的相互作用。

离子键是指阴、阳离子通过静电作用而形成的化学键。

共价键是指原子间通过共用电子对所形成的化学键。

　　杂化轨道是指处于激发态且能量相近的 2 个或多个轨道再进行混合,组成沿着不同的取向且能量相等的 2 个或多个的新轨道。

　　分子间作用力是指分子与分子之间的相互作用的力。

　　氢键是指在分子中与电负性特别大的原子 X(一般为 N、O、F)以共价键相连的 H 原子(带接近一个单位的正电荷),能和另一分子中(或同一分子邻近基团中)的一个电负性特别大的原子 Y(一般为 N、O、F,所带负电荷接近一个单位)之间的相互作用。

三、填空题

1. 方向性,饱和性,σ 键,π 键
2. 平面三角形,等于,sp^2 杂化,三角锥形,大于,不等性 sp^3 杂化
3. 4 个,p,σ 键,$109°28'$,极性键,非极性分子,正四面体,等于
4. 非极性;色散力;$CCl_4 > CBr_4 > CCl_4 > CF_4$;结构相似的分子,相对分子质量越大,分子间作用力也越大,其熔点也逐渐增高
5. 具有自旋方向相反的成单电子,越大,牢固
6. 方向性和饱和性,方向性和饱和性,分子间氢键,分子内氢键
7. 小于,对氨基苯酚,分子间氢键
8. NH_3、HNO_3、H_3BO_3、CH_3OH、CH_3COOH

四、选择题

1. A　2. A　3. C　4. A　5. B　6. C　7. C　8. A　9. D　10. D　11. C　12. D　13. D

五、简答题

1. 化学键分为离子键、共价键和金属键。离子键有无饱和性和无方向性,共价键有饱和性和方向性。

2. (1) CO_2 中的 C 为 sp 杂化,形成的两个直线形的原子轨道与两个 O 原子成键,形成直线形分子。

　　(2) NH_3 中的 N 原子的 2s 轨道中有一对成对电子,为不等性 sp^3 杂化,形成三角锥形的分子结构。

　　(3) H_2O 中的 O 原子的 2s、2p 轨道中各有一对成对电子,为不等性 sp^3 杂化,形成 V 形分子。

　　(4) C 为等性 sp^3 杂化,形成正四面体形的分子结构。

　　(5) $CHCl_3$ 中的 C 为等性 sp^3 杂化,但由于成键的原子 1 个是 H,3 个是 Cl,其键角和键长不一样,形成的是不等边的四面体形分子结构。

第八章

一、判断题

1. ×　2. ×　3. ×　4. √　5. √　6. ×

四、选择题

1. B 2. D 3. C 4. D 5. D 6. D 7. D 8. D 9. D 10. D 11. B 12. D

六、计算题

1.6×10^{-3}

其余略。

第九章

一、选择题

1. C 2. C 3. C 4. B 5. C

二、简答题

1. $2Na_2O_2 + 2CO_2 \rule[0.5ex]{1em}{0.4pt}\rule[0.5ex]{1em}{0.4pt} 2Na_2CO_3 + O_2 \uparrow$

   $2Na_2O_2 + 2H_2O \rule[0.5ex]{1em}{0.4pt}\rule[0.5ex]{1em}{0.4pt} 4NaOH + O_2 \uparrow$

2. NaOH 在空气中易潮解,与空气中的二氧化碳反应,生成碳酸钠。

3. 氢氧化钠能与玻璃中的 SiO_2 反应。

三、计算题

0.2 mol/L

第十章

一、选择题

1. A 2. D 3. D 4. C 5. A

二、填空题

1. 氟,氯,溴,碘

2. 0.9,NaCl

3. 氧化,硫单质,$2H_2S + O_2 \rule[0.5ex]{1em}{0.4pt}\rule[0.5ex]{1em}{0.4pt} 2S\downarrow + 2H_2O$

4. 氧,硫,ⅥA,6

第十一章

一、判断题

1. × 2. √ 3. × 4. √ 5. √

二、选择题

1. A 2. C 3. D 4. D 5. B 6. A 7. C 8. D 9. B 10. C

三、填空题

1. 配位酸

2. Sc,Zn,Y,Cd

3. $3d^5 4s^2$,$3d^6 4s^2$,$3d^7 4s^2$

4. 银白色,不锈

5. 碱式碳酸锌

6. +2,+3,+3

7. 粉红,$CoCl_2 \cdot 6H_2O$,蓝,$CoCl_2$

8. Cr^{3+},Cr^{6+},$Cr_2O_7^{2-}$,CrO_4^{2-}

9. 锰,钴,镍,锌

四、简答题

1. (1) $2Mn(OH)_2 + O_2 === 2MnO(OH)_2$ （$MnO(OH)_2$为暗褐色）

(2) $Cu(OH)_2 === CuO + H_2O$ （CuO为黑色）

2. $MnO_2 + H_2SO_4 + H_2O_2 === MnSO_4 + O_2 \uparrow + 2H_2O$

$2MnO_2 + 4KOH + O_2 === 2K_2MnO_4 + 2H_2O$

$2K_2MnO_4 + Cl_2 === 2KMnO_4 + 2KCl$

第十二章

略。

附　　录

附录 A　国际单位制的基本单位

量的名称	单位名称	单位符号
长度	米	m
质量	千克(公斤)	kg
时间	秒	s
电流	安(培)	A
热力学温度	开(尔文)	K
物质的量	摩(尔)	mol
发光强度	坎(德拉)	cd

附录 B　常见弱电解质在水中的解离常数

名称	化学式	分步	温度/℃	$K_a^{\ominus}$	$pK_a^{\ominus}$
砷酸	H_3AsO_4	1	25	5.5×10^{-3}	2.26
		2	25	1.74×10^{-7}	6.76
		3	25	5.13×10^{-12}	11.29
亚砷酸	H_3AsO_3	1	25	5.1×10^{-10}	9.29
硼酸	H_3BO_3	1	20	5.37×10^{-10}	9.27
碳酸	H_2CO_3	1	25	4.47×10^{-7}	6.35
		2	25	4.68×10^{-11}	10.33
铬酸	H_2CrO_4	1	25	1.8×10^{-1}	0.74
		2	25	3.2×10^{-7}	6.49

续表

名称	化学式	分步	温度/℃	$K_a^\ominus$	$pK_a^\ominus$
氢氟酸	HF	1	25	6.31×10^{-4}	3.20
氢氰酸	HCN	1	25	6.16×10^{-10}	9.21
亚硝酸	HNO_2	1	25	5.6×10^{-4}	3.25
磷酸	H_3PO_4	1	25	6.92×10^{-3}	2.16
		2	25	6.23×10^{-8}	7.21
		3	25	4.79×10^{-13}	12.32
氢硫酸	H_2S	1	25	8.91×10^{-8}	7.05
		2	25	1.20×10^{-13}	12.92
亚硫酸	H_2SO_3	1	25	1.4×10^{-2}	1.85
		2	25	6.3×10^{-8}	7.20
硫酸	H_2SO_4	2	25	1.0×10^{-2}	1.99
次溴酸	HBrO	1	25	2.8×10^{-9}	8.55
次氯酸	HClO	1	25	4.0×10^{-8}	7.40
次碘酸	HIO	1	25	3.2×10^{-11}	10.50
碘酸	HIO_3	1	25	1.7×10^{-1}	0.78
高碘酸	HIO_4	1	25	2.3×10^{-2}	1.64
正硅酸	H_4SiO_4	1	30	1.3×10^{-10}	9.90
		2	30	1.6×10^{-12}	11.80
		3	30	1.0×10^{-12}	12.00
		4	30	1.0×10^{-12}	12.00
铵离子	NH_4^+	1	25	5.62×10^{-10}	9.25
甲酸	HCOOH	1	25	1.78×10^{-4}	3.75
乙酸(醋酸)	CH_3COOH	1	25	1.75×10^{-5}	4.756
丙酸	C_2H_5COOH	1	25	1.35×10^{-5}	4.87
一氯乙酸	$ClCH_2COOH$	1	25	1.35×10^{-3}	2.87
草酸	$H_2C_2O_4$	1	25	5.9×10^{-2}	1.23
		2	25	6.5×10^{-5}	4.19
苯酚	C_6H_5OH	1	25	1.02×10^{-10}	9.99
柠檬酸	$HOC(CH_2COOH)_2COOH$	1	25	7.41×10^{-4}	3.13
		2	25	1.74×10^{-5}	4.76
		3	25	3.98×10^{-7}	6.40
苯甲酸	C_6H_5COOH	1	25	6.25×10^{-5}	4.204
邻苯二甲酸	$C_6H_4(COOH)_2$	1	25	1.14×10^{-3}	2.943
		2	25	3.70×10^{-6}	5.432

名称	化学式	分步	温度/℃	$K_a^\ominus$	$pK_a^\ominus$
巴比土酸	$C_4H_4N_2O_3$	1	25	9.8×10^{-5}	4.01
甲胺盐酸盐	$CH_3NH_2 \cdot HCl$	1	25	2.3×10^{-11}	10.63
二甲胺盐酸盐	$(CH_3)_2NH \cdot HCl$	1	25	1.86×10^{-11}	10.73
乙胺盐酸盐	$C_2H_5NH_2 \cdot HCl$	1	25	2.24×10^{-11}	10.65
乳酸	$CH_3CH(OH)COOH$	1	25	1.4×10^{-4}	3.86
Tris-HCl	Tris-HCl	1	37	1.4×10^{-8}	7.85

注：本表数据主要录自 Lide DR. CRC Handbook of Chemistry and Physics. 90th ed. New York：CRC Press，2010。

氢硫酸的 $K_{a1}^\ominus$、$K_{a2}^\ominus$ 引自 Lange's Handbook of Chemistry. 16th ed. ，2005。

附录 C 常见难溶电解质的
溶度积(298 K)

化学式	$K_{sp}^\ominus$	$pK_{sp}^\ominus$	化学式	$K_{sp}^\ominus$	$pK_{sp}^\ominus$
AgBr	5.35×10^{-13}	12.27	$Fe(OH)_2$	4.87×10^{-17}	16.31
Ag_2CO_3	8.46×10^{-12}	11.07	$Fe(OH)_3$	2.79×10^{-39}	38.55
AgCl	1.77×10^{-10}	9.75	FeS	6.3×10^{-18}	17.20
Ag_2CrO_4	1.12×10^{-12}	11.95	Hg_2Cl_2	1.43×10^{-18}	17.84
AgI	8.52×10^{-17}	16.07	Hg_2Br_2	6.40×10^{-23}	22.19 ∗
AgSCN	1.03×10^{-12}	11.99	HgI_2	2.90×10^{-29}	28.54
Ag_2S	6.3×10^{-50}	49.20	Hg_2I_2	5.2×10^{-29}	28.28
Ag_2SO_4	1.20×10^{-5}	4.92	HgS(黑)	1.6×10^{-52}	51.80
Ag_3PO_4	8.89×10^{-17}	16.05	$MgCO_3$	6.82×10^{-6}	5.17
$Al(OH)_3$(无定形)	1.1×10^{-33}	32.97	$Mg(OH)_2$	5.61×10^{-12}	11.25
$BaCO_3$	2.58×10^{-9}	8.59	MgF_2	5.16×10^{-11}	10.29
$BaCrO_4$	1.17×10^{-10}	9.93	$Mn(OH)_2$	2.06×10^{-13}	12.69
$BaSO_4$	1.08×10^{-10}	9.97	MnS	2.5×10^{-13}	12.60
$CaCO_3$	3.36×10^{-9}	8.47	$Ni(OH)_2$	5.48×10^{-16}	15.26
CaC_2O_4	2.32×10^{-9}	8.63	NiS(α)	3.2×10^{-19}	18.50
CaF_2	3.45×10^{-10}	9.46	$PbCO_3$	7.40×10^{-14}	13.13
$Ca_3(PO_4)_2$	2.07×10^{-33}	32.68	$PbCl_2$	1.70×10^{-5}	4.77
$CdCO_3$	1.00×10^{-12}	12.00	PbF_2	3.30×10^{-8}	7.48
$Cd(OH)_2$	7.20×10^{-15}	14.14	PbI_2	9.80×10^{-9}	8.01

续表

化学式	$K_{sp}^{\ominus}$	$pK_{sp}^{\ominus}$	化学式	$K_{sp}^{\ominus}$	$pK_{sp}^{\ominus}$
CdS	8.0×10^{-27}	26.10	$Pb(OH)_2$	1.43×10^{-20}	19.84
CuBr	6.27×10^{-9}	8.20	PbS	8.0×10^{-28}	27.10
CuCl	1.72×10^{-7}	6.76	$PbSO_4$	2.53×10^{-8}	7.60
CuI	1.27×10^{-12}	11.90	$SrCO_3$	5.60×10^{-10}	9.25
CuS	6.3×10^{-36}	35.20	$SrSO_4$	3.44×10^{-7}	6.46
Cu_2S	2.26×10^{-48}	47.64	$Sn(OH)_2$	5.45×10^{-27}	26.26
CuSCN	1.77×10^{-13}	12.75	SnS	1.0×10^{-25}	25.00
$Cu_3(PO_4)_2$	1.40×10^{-37}	36.86	$Zn(OH)_2$（无定形）	3×10^{-17}	16.51
$FeCO_3$	3.13×10^{-11}	10.50	$ZnS(\alpha)$	1.6×10^{-24}	23.80

注：本表数据主要录自 Lide DR. CRC Handbook of Chemistry and Physics. 90th ed. New York：CRC Press，2010。

附录 D 常见氧化还原电对的标准电极电势 $\varphi^{\ominus}$

1. 在酸性溶液中

电对	电 极 反 应	$\varphi^{\ominus}/V$
Li^+/Li	$Li^+ + e^- \Longrightarrow Li$	-3.0401
Cs^+/Cs	$Cs^+ + e^- \Longrightarrow Cs$	-3.026
K^+/K	$K^+ + e^- \Longrightarrow K$	-2.931
Ba^{2+}/Ba	$Ba^{2+} + 2e^- \Longrightarrow Ba$	-2.912
Ca^{2+}/Ca	$Ca^{2+} + 2e^- \Longrightarrow Ca$	-2.868
Na^+/Na	$Na^+ + e^- \Longrightarrow Na$	-2.71
Mg^{2+}/Mg	$Mg^{2+} + 2e^- \Longrightarrow Mg$	-2.70
H_2/H^-	$1/2\ H_2 + e^- \Longrightarrow H^-$	-2.23
Al^{3+}/Al	$Al^{3+} + 3e^- \Longrightarrow Al$	-1.662
Mn^{2+}/Mn	$Mn^{2+} + 2e^- \Longrightarrow Mn$	-1.185
Zn^{2+}/Zn	$Zn^{2+} + 2e^- \Longrightarrow Zn$	-0.7618
Cr^{3+}/Cr	$Cr^{3+} + 3e^- \Longrightarrow Cr$	-0.744
$CO_2/H_2C_2O_4$	$2CO_2 + 2H^+ + 2e^- \Longrightarrow H_2C_2O_4$	-0.49
Fe^{2+}/Fe	$Fe^{2+} + 2e^- \Longrightarrow Fe$	-0.447
Cr^{3+}/Cr^{2+}	$Cr^{3+} + e^- \Longrightarrow Cr^{2+}$	-0.407
Cd^{2+}/Cd	$Cd^{2+} + 2e^- \Longrightarrow Cd$	-0.4030

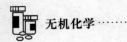

续表

电对	电极反应	$\varphi^{\ominus}/V$
$PbSO_4/Pb$	$PbSO_4+2e^- \Longrightarrow Pb+SO_4^{2-}$	-0.3588
$[Ag(CN)_2]^-/Ag$	$[Ag(CN)_2]^-+e^- \Longrightarrow Ag+2CN^-$	-0.31
Co^{2+}/Co	$Co^{2+}+2e^- \Longrightarrow Co$	-0.28
$PbCl_2/Pb$	$PbCl_2+2e^- \Longrightarrow Pb+2Cl^-$	-0.2675
Ni^{2+}/Ni	$Ni^{2+}+2e^- \Longrightarrow Ni$	-0.257
AgI/Ag	$AgI+e^- \Longrightarrow Ag+I^-$	-0.15224
Sn^{2+}/Sn	$Sn^{2+}+2e^- \Longrightarrow Sn$	-0.1375
Pb^{2+}/Pb	$Pb^{2+}+2e^- \Longrightarrow Pb$	-0.1262
Fe^{3+}/Fe	$Fe^{3+}+3e^- \Longrightarrow Fe$	-0.037
H^+/H_2	$2H^++2e^- \Longrightarrow H_2$	0.0000
$AgBr/Ag$	$AgBr+e^- \Longrightarrow Ag+Br^-$	0.07133
S/H_2S	$S+2H^++2e^- \Longrightarrow H_2S(aq)$	0.142
Sn^{4+}/Sn^{2+}	$Sn^{4+}+2e^- \Longrightarrow Sn^{2+}$	0.151
Cu^{2+}/Cu^+	$Cu^{2+}+e^- \Longrightarrow Cu^+$	0.153
$AgCl/Ag$	$AgCl+e^- \Longrightarrow Ag+Cl^-$	0.22233
Hg_2Cl_2/Hg	$Hg_2Cl_2+2e^- \Longrightarrow 2Hg+2Cl^-$	0.26808
Cu^{2+}/Cu	$Cu^{2+}+2e^- \Longrightarrow Cu$	0.3419
$S_2O_3^{2-}/S$	$S_2O_3^{2-}+6H^++4e^- \Longrightarrow 2S+3H_2O$	0.5
I_2/I^-	$I_2+2e^- \Longrightarrow 2I^-$	0.5355
MnO_4^-/MnO_4^{2-}	$MnO_4^-+e^- \Longrightarrow MnO_4^{2-}$	0.558
$H_3AsO_4/HAsO_2$	$H_3AsO_4+2H^++2e^- \Longrightarrow HAsO_2+2H_2O$	0.560
Ag_2SO_4/Ag	$Ag_2SO_4+2e^- \Longrightarrow 2Ag+SO_4^{2-}$	0.654
O_2/H_2O_2	$O_2+2H^++2e^- \Longrightarrow H_2O_2$	0.695
Fe^{3+}/Fe^{2+}	$Fe^{3+}+e^- \Longrightarrow Fe^{2+}$	0.771
Hg_2^{2+}/Hg	$Hg_2^{2+}+2e^- \Longrightarrow 2Hg$	0.7973
Ag^+/Ag	$Ag^++e^- \Longrightarrow Ag$	0.7996
Hg^{2+}/Hg	$Hg^{2+}+2e^- \Longrightarrow Hg$	0.851
Cu^{2+}/CuI	$Cu^{2+}+I^-+e^- \Longrightarrow CuI$	0.86
Hg^{2+}/Hg_2^{2+}	$2Hg^{2+}+2e^- \Longrightarrow Hg_2^{2+}$	0.920
NO_3^-/HNO_2	$NO_3^-+3H^++2e^- \Longrightarrow HNO_2+H_2O$	0.934
NO_3^-/NO	$NO_3^-+4H^++3e^- \Longrightarrow NO+2H_2O$	0.957
HNO_2/NO	$HNO_2+H^++e^- \Longrightarrow NO+H_2O$	0.983
$[AuCl_4]^-/Au$	$[AuCl_4]^-+3e^- \Longrightarrow Au+4Cl^-$	1.002
Br_2/Br^-	$Br_2(l)+2e^- \Longrightarrow 2Br^-$	1.066

续表

电对	电极反应	$\varphi^{\ominus}/V$
$Cu^{2+}/[Cu(CN)_2]^-$	$Cu^{2+}+2CN^-+e^- \rightleftharpoons [Cu(CN)_2]^-$	1.103
IO_3^-/HIO	$IO_3^-+5H^++4e^- \rightleftharpoons HIO+2H_2O$	1.14
IO_3^-/I_2	$2IO_3^-+12H^++10e^- \rightleftharpoons I_2+6H_2O$	1.195
MnO_2/Mn^{2+}	$MnO_2+4H^++2e^- \rightleftharpoons Mn^{2+}+2H_2O$	1.224
O_2/H_2O	$O_2+4H^++4e^- \rightleftharpoons 2H_2O$	1.229
$Cr_2O_7^{2-}/Cr^{3+}$	$Cr_2O_7^{2-}+14H^++6e^- \rightleftharpoons 2Cr^{3+}+7H_2O$	1.232
Cl_2/Cl^-	$Cl_2+2e^- \rightleftharpoons 2Cl^-$	1.35827
ClO_4^-/Cl_2	$2ClO_4^-+16H^++14e^- \rightleftharpoons Cl_2+8H_2O$	1.39
ClO_3^-/Cl^-	$ClO_3^-+6H^++6e^- \rightleftharpoons Cl^-+3H_2O$	1.451
PbO_2/Pb^{2+}	$PbO_2+4H^++2e^- \rightleftharpoons Pb^{2+}+2H_2O$	1.455
ClO_3^-/Cl_2	$ClO_3^-+6H^++5e^- \rightleftharpoons 1/2\,Cl_2+3H_2O$	1.47
BrO_3^-/Br_2	$2BrO_3^-+12H^++10e^- \rightleftharpoons Br_2+6H_2O$	1.482
$HClO/Cl^-$	$HClO+H^++2e^- \rightleftharpoons Cl^-+H_2O$	1.482
MnO_4^-/Mn^{2+}	$MnO_4^-+8H^++5e^- \rightleftharpoons Mn^{2+}+4H_2O$	1.507
$HBrO/Br_2$	$2HBrO+2H^++2e^- \rightleftharpoons Br_2+2H_2O$	1.596
H_5IO_6/IO_3^-	$H_5IO_6+H^++2e^- \rightleftharpoons IO_3^-+3H_2O$	1.601
$HClO/Cl_2$	$2HClO+2H^++2e^- \rightleftharpoons Cl_2+2H_2O$	1.611
$HClO_2/HClO$	$HClO_2+2H^++2e^- \rightleftharpoons HClO+H_2O$	1.645
MnO_4^-/MnO_2	$MnO_4^-+4H^++3e^- \rightleftharpoons MnO_2+2H_2O$	1.679
$PbO_2/PbSO_4$	$PbO_2+SO_4^{2-}+4H^++2e^- \rightleftharpoons PbSO_4+2H_2O$	1.6913
H_2O_2/H_2O	$H_2O_2+2H^++2e^- \rightleftharpoons 2H_2O$	1.776
Co^{3+}/Co^{2+}	$Co^{3+}+e^- \rightleftharpoons Co^{2+}$	1.92
$S_2O_8^{2-}/SO_4^{2-}$	$S_2O_8^{2-}+2e^- \rightleftharpoons 2SO_4^{2-}$	2.010
O_3/O_2	$O_3+2H^++2e^- \rightleftharpoons O_2+H_2O$	2.076
F_2/F^-	$F_2+2e^- \rightleftharpoons 2F^-$	2.866
F_2/HF	$F_2+2H^++2e^- \rightleftharpoons 2HF$	3.503

2. 在碱性溶液中

电对	电极反应	$\varphi^{\ominus}/V$
$Mn(OH)_2/Mn$	$Mn(OH)_2+2e^- \rightleftharpoons Mn+2OH^-$	-1.56
$[Zn(CN)_4]^{2-}/Zn$	$[Zn(CN)_4]^{2-}+2e^- \rightleftharpoons Zn+4CN^-$	-1.26
ZnO_2^{2-}/Zn	$ZnO_2^{2-}+2H_2O+2e^- \rightleftharpoons Zn+4OH^-$	-1.215
SO_4^{2-}/SO_3^{2-}	$SO_4^{2-}+H_2O+2e^- \rightleftharpoons SO_3^{2-}+2OH^-$	-0.93
$HSnO_2^-/Sn$	$HSnO_2^-+H_2O+2e^- \rightleftharpoons Sn+3OH^-$	-0.909

续表

电对	电极反应	$\varphi^{\ominus}/V$
H_2O/H_2	$2H_2O+2e^- \rightleftharpoons H_2+2OH^-$	-0.8277
$Ni(OH)_2/Ni$	$Ni(OH)_2+2e^- \rightleftharpoons Ni+2OH^-$	-0.72
AsO_4^{3-}/AsO_2^-	$AsO_4^{3-}+2H_2O+2e^- \rightleftharpoons AsO_2^-+4OH^-$	-0.71
SO_3^{2-}/S	$SO_3^{2-}+3H_2O+4e^- \rightleftharpoons S+6OH^-$	-0.59
$SO_3^{2-}/S_2O_3^{2-}$	$2SO_3^{2-}+3H_2O+4e^- \rightleftharpoons S_2O_3^{2-}+6OH^-$	-0.571
S/S^{2-}	$S+2e^- \rightleftharpoons S^{2-}$	-0.47627
$[Ag(CN)_2]^-/Ag$	$[Ag(CN)_2]^-+e^- \rightleftharpoons Ag+2CN^-$	-0.31
$CrO_4^{2-}/Cr(OH)_3$	$CrO_4^{2-}+4H_2O+3e^- \rightleftharpoons Cr(OH)_3+5OH^-$	-0.13
O_2/HO_2^-	$O_2+H_2O+2e^- \rightleftharpoons HO_2^-+OH^-$	-0.076
NO_3^-/NO_2^-	$NO_3^-+H_2O+2e^- \rightleftharpoons NO_2^-+2OH^-$	0.01
$S_4O_6^{2-}/S_2O_3^{2-}$	$S_4O_6^{2-}+2e^- \rightleftharpoons 2S_2O_3^{2-}$	0.08
$[Co(NH_3)_6]^{3+}/[Co(NH_3)_6]^{2+}$	$[Co(NH_3)_6]^{3+}+e^- \rightleftharpoons [Co(NH_3)_6]^{2+}$	0.108
$Co(OH)_3/Co(OH)_2$	$Co(OH)_3+e^- \rightleftharpoons Co(OH)_2+OH^-$	0.17
Ag_2O/Ag	$Ag_2O+H_2O+2e^- \rightleftharpoons 2Ag+2OH^-$	0.342
O_2/OH^-	$O_2+2H_2O+4e^- \rightleftharpoons 4OH^-$	0.401
MnO_4^-/MnO_2	$MnO_4^-+2H_2O+3e^- \rightleftharpoons MnO_2+4OH^-$	0.595
BrO_3^-/Br^-	$BrO_3^-+3H_2O+6e^- \rightleftharpoons Br^-+6OH^-$	0.61
BrO^-/Br^-	$BrO^-+H_2O+2e^- \rightleftharpoons Br^-+2OH^-$	0.761
ClO^-/Cl^-	$ClO^-+H_2O+2e^- \rightleftharpoons Cl^-+2OH^-$	0.841
H_2O_2/OH^-	$H_2O_2+2e^- \rightleftharpoons 2OH^-$	0.88
O_3/OH^-	$O_3+H_2O+2e^- \rightleftharpoons O_2+2OH^-$	1.24

注:本表数据主要录自 Lide DR CRC Handbook of Chemistry and Physics. 90th ed. New York:CRC Press,2010。

附录 E　常见配离子的稳定常数

配体	金属离子	n	$\lg\beta_n$
NH_3	Ag^+	$1,2$	$3.24,7.05$
	Cu^{2+}	$1,2,\cdots,4$	$4.31,7.98,11.02,13.32$
	Co^{2+}	$1,2,\cdots,6$	$2.11,3.74,4.79,5.55,5.73,5.11$
	Co^{3+}	$1,2,\cdots,6$	$6.7,14.0,20.1,25.7,30.8,35.2$
	Ni^{2+}	$1,2,\cdots,6$	$2.80,5.04,6.77,7.96,8.71,8.74$
NH_3	Zn^{2+}	$1,2,\cdots,4$	$2.37,4.81,7.31,9.46$

续表

配体	金属离子	n	$\lg\beta_n$
	Hg^{2+}	$1,2,\cdots,4$	$8.8,17.5,18.5,19.28$
F^-	Al^{3+}	$1,2,\cdots,6$	$6.10,11.15,15.00,17.75,19.37,19.84$
	Fe^{3+}	$1,2,3$	$5.28,9.30,12.06$
Cl^-	Hg^{2+}	$1,2,\cdots,4$	$6.74,13.22,14.07,15.07$
	Bi^{2+}	$1,2,\cdots,4$	$2.44,4.7,5.0,5.6$
SCN^-	Fe^{3+}	$1,2$	$2.95,3.36$
CN^-	Ag^+	$2,3,4$	$21.1,21.7,20.6$
	Fe^{2+}	6	35
	Fe^{3+}	6	42
	Ni^{2+}	4	31.3
	Zn^{2+}	4	16.7
$S_2O_3^{2-}$	Ag^+	$1,2$	$8.82,13.46$
	Hg^{2+}	$2,3,4$	$29.44,31.90,33.24$
OH^-	Cu^{2+}	$1,2,\cdots,4$	$7.0,13.68,17.00,18.5$
	Zn^{2+}	$1,2,\cdots,4$	$4.40,11.30,14.14,17.66$
en	Cu^{2+}	$1,2,3$	$10.67,20.00,21.0$
	Zn^{2+}	$1,2,3$	$5.77,10.83,14.11$
	Fe^{2+}	3	9.70
$C_2O_4^{2-}$	Fe^{2+}	$1,2,3$	$2.9,4.52,5.22$
	Fe^{3+}	$1,2,3$	$9.4,16.2,20.2$
	Zn^{2+}	$1,2,3$	$4.89,7.60,8.15$
EDTA	Ag^+	1	7.32
	Ca^{2+}	1	11.0
	Cd^{2+}	1	16.4
	Co^{3+}	1	36.00
	Cu^{2+}	1	18.70
	Fe^{2+}	1	14.33
	Fe^{3+}	1	24.23
	Hg^{2+}	1	21.80
	Mg^{2+}	1	8.64
	Zn^{2+}	1	16.4

注:录自 Lange's Handbook of Chemistry. 16th ed. 2005。

参考文献

CANKAOWENXIAN

[1] 宋克让,周建庆,于昆.无机化学[M].武汉:华中科技大学出版社,2012.

[2] 牛秀明.无机化学[M].北京:人民卫生出版社,2009.

[3] 冯务群.无机化学[M].2版.北京:人民卫生出版社,2010.

[4] 张培宇,陆艳琦,刘忠丽.无机化学[M].武汉:华中科技大学出版社,2012.

[5] 傅春华.基础化学[M].北京:人民卫生出版社,2013.

[6] 汤启昭.化学原理与化学分析[M].北京:科学出版社,2010.

[7] 黄南珍.无机化学[M].北京:人民卫生出版社,2008.

[8] 刘志红.无机化学[M].西安:第四军医大学出版社,2011.

[9] 谢庆娟,李维斌.分析化学[M].2版.北京:人民卫生出版社,2013.

[10] 张国升,靳学远.无机化学[M].北京:化学工业出版社,2013.

[11] 刘洪波.无机化学[M].北京:中国医药科技出版社,2015.

[12] 胡琴,祁嘉义.基础化学[M].3版.北京:高等教育出版社,2014.

[13] 谢吉民,于丽.无机化学[M].3版.北京:人民卫生出版社,2015.

[14] 张天蓝,姜风超.无机化学[M].6版.北京:人民卫生出版社,2011.

[15] 董国力.微量元素铁、锌、碘、硒、氟与人体健康的相关性探究[J].中国当代医药,2013,20(6):183,184.

[16] 孟晋宏,梁哲,鞠躬.锌对人体生理功能的影响及作用机制[J].微量元素与健康研究,1997,14(3):54-56.

[17] 牛芸民,杨天林.若干重要微量金属元素的生物化学功能及其与人体健康的关系[J].微量元素与健康研究,2014,31(2):78-80.

[18] 吴茂江.钴与人体健康[J].微量元素与健康研究,2013,30(4):61,62.

[19] 吕金荣.微量元素铁与人体健康[J].微量元素与健康研究,2006,23(3):63,64.

[20] 吴茂江.锰与人体健康[J].微量元素与健康研究,2007,24(6):69,70.

[21] 高职高专化学教材编写组.无机化学[M].4版.北京:高等教育出版社,2014.

[22] 杨宏孝.无机化学[M].北京:高等教育出版社,2010.

[23] 张志华,彭芳玲,李婉丽.氨基酸螯合锌的研究应用概况[J].中南药学,2010,8(12):919-923.

[24] 张凤,张晓鸣.氨基酸螯合物营养强化剂的制备及应用研究[D].无锡:江南大学,2008.

[25] 孙长峰,郭娜.微量元素铁对人体健康的影响[J].微量元素与健康研究,2011,

28(2):64-66.

［26］　赖冬梅.小儿缺铁性贫血的药物治疗研究近况[J].广西中医药大学学报,2015,18(1):66-69.

［27］　张净宇,王卓鹏,郭嵩,等.含银抗感染制剂的研究进展[J].科学通报,2010,55(17):1639-1647.

［28］　于振涛,周廉,贺新杰.人体硬组织修复和替代用钛合金材料的开发与应用[J].功能材料,2006,37:654-670.

［29］　吴少辉,刘光明.蛋白质分离纯化方法研究进展[J].中国药业,2012,21(1):1-3.

［30］　李蓉,陈国亮,赵文明.固定金属离子亲和色谱——蛋白质分离的方法、原理、特性和应用[J].化学通报,2005,5:352-360.

［31］　闭清.血尿酸检测在老年高血压患者中的临床意义[J].现代诊断与治疗,2013,24(9):2106,2107.

［32］　杨莉,谭唱,王莉,等.最新血尿酸检测方法概述[J].吉林医学,2014,35(1):144,145.

［33］　张娜,边玮玮,李耀辉.荧光光度法测定血清中碱性磷酸酶[J].分析化学研究简报,37(5):721-724.